Jay Storer / John H. Haynes

DAS Ford Mustang

SCHRAUBERHANDBUCH

REPARIEREN UND RESTAURIEREN LEICHT GEMACHT

1964½–1970

HEEL WERKSTATT

Impressum

HEEL Verlag GmbH
Gut Pottscheidt
53639 Königswinter
Telefon 0 22 23 / 92 30-0
Telefax 0 22 23 / 92 30 13
Mail: info@heel-verlag.de
Internet: www.heel-verlag.de

3. Auflage, 2022

Der Originaltitel „Haynes Restoration Guide – Mustang, 1964 ½ thru 1970" ist erschienen bei:
Haynes Publishing, Sparkford, Nr Yeovil, Somerset, BA22 7JJ, England

Deutsche Übersetzung: Kai Huwer
Lektorat: Jost Neßhöver

Satz und Gestaltung der deutschen Ausgabe: Huwer-Design, Hürth

Titelbild: Kimball Stock

Printed in Slovenia

ISBN 978-3-95843-499-8

Hinweis:
Dieses Buch soll Hilfe zur Selbsthilfe sein. Die hier veröffentlichten technischen Ratschläge entsprechen nicht immer den üblichen Handwerksregeln.

Für etliche technische Ratschläge in diesem Buch wird handwerkliches Grundwissen vorausgesetzt, ohne das man die entsprechenden Arbeiten nicht angehen sollte.

Im Zweifelsfall sollte man vor technischen Arbeiten immer einen geschulten Spezialisten zu Rate ziehen und die Arbeiten nicht selbst vornehmen.

Etliche Ratschläge können bei fehlerhafter Ausführung unter bestimmten Umständen zu erheblichen Folgeschäden führen.

Autor, Übersetzer und Verlag lehnen daher ausdrücklich jede Haftung für die veröffentlichten Arbeitsanweisungen und daraus gefolgerte Schlüsse ab. Für alle anhand dieses Buches ausgeführten Arbeiten übernimmt der durchführende Schrauber, Bastler oder Mechaniker das alleinige und uneingeschränkte Risiko. Ebenso ist die Haftung von Autor, Übersetzer und Verlag für Druckfehler, Schreibfehler und sachliche Fehler jeder Art ausdrücklich ausgeschlossen.

Beim vorliegenden Handbuch handelt es sich um eine Übersetzung aus dem Englischen.

Danksagung

Wir möchten uns bei Coker Tire, National Parts Depot und Painless Performance für die Unterstützung unseres Restaurierungsprojekts bedanken.

Inhalt

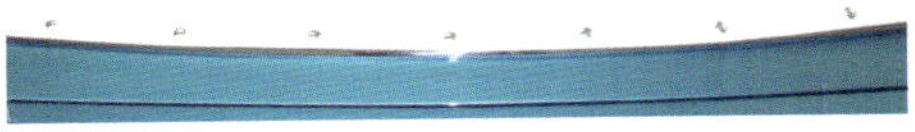

289

1. Einleitung

Geschichte

Es gibt viele klassische Automobile, die aufgrund ihrer revolutionären Technik oder ihres zukunftweisenden Designs als Meilensteine der Automobilgeschichte gelten und Industrie sowie öffentliche Wahrnehmung geprägt haben. Einige davon tragen klangvolle Namen wie Duesenberg, Packard oder Pierce-Arrow. Sie waren fortschrittlich, kostspielig und niemals Fahrzeuge für die Masse. Diese großen, fantastischen Automobile der zwanziger und der dreißiger Jahre findet man heute nur noch in Büchern und Museen oder in den Garagen wohlhabender Sammler.

Auch die Ford Motor Company hat einige dieser Meilensteine produziert, etwa das Model T, den 1932er Grauguss-V8-Motor sowie einige signifikante Modelle in den 1950ern. Dieses Buch befasst sich mit einem etwas jüngeren Ford-Meilenstein, dem 1965er Mustang. Bereits Anfang 1964 vorgestellt, wird der Mustang noch heute produziert. Er ist aufgrund seines sportlichen Designs, seiner Fahrleistungen und seines Preis-Leistungs-Verhältnisses niemals aus dem Fokus der Autointeressierten verschwunden.

Obwohl es manchmal so scheint, als hätte es so etwas wie den Mustang vorher nicht gegeben, hatte er natürlich Vorfahren. Chevrolet hatte die Corvette, die als „Amerikas einzig wahrer Sportwagen" vermarktet wurde. Das ärgerte Ford natürlich, und so konterte man von 1955 bis 1957 mit einem eigenen Zweisitzer, dem Thunderbird. Ein großartig aussehendes Fahrzeug mit beeindruckender Leistung, wenn man den größten V8-Motor orderte. Aber das Sportwagen-Handling war dem Komfort geopfert worden. Und so stellte sich bald heraus, dass der Thunderbird mehr für den Country Club als für die Rennstrecke geeignet war.

Ford hatte kein passendes Fahrzeugangebot für die Lücke, die der frühe Thunderbird hinterließ. Als in den späten fünfziger Jahren kleinere, sportlichere Fahrzeuge aus Europa in die USA kamen, wollte jedoch keiner der Big Three den Importeuren so einfach das Feld überlassen.

Fords Einstiegsmodell war der Falcon, vorgestellt 1960 mit einer leichten, selbsttragenden Karosserie mit Hilfsrahmen, klaren Karosserielinien, sparsamen 6-Zylinder-Motoren und wahlweise gar mit einem kleinen V8-Motor mit 260 Cubic-Inch, dem Vorgänger des 289er-Motors.

Der Falcon erwies sich als praktisch und sehr erfolgreich. Ford verdiente damit gutes Geld, die wenigen heimischen Wettbewerber waren Plymouth Valiant und der eigenwillige Chevrolet Corvair mit luftgekühltem Heckmotor. Letzterer war ein innovatives Experiment, das die Kundschaft aber nicht so recht annehmen mochte. In der ersten Hälfte der 60er deckte Ford also den heimischen Markt für kleine, preiswerte und sparsame Fahrzeuge gut ab. Rund eine halbe Million Exemplare wurden alleine im ersten Modelljahr produziert.

Mit ein paar kosmetischen Änderungen wurden als Comet auch Modelle für Mercury produziert und als 1960½ Modelle vorgestellt. Sogar der Ranchero wurde von Ford auf Falcon-Größe geschrumpft und so zum ersten kompakten Pick-up-Truck. Er sah aus wie ein Falcon-Kombi, freilich ohne Dach ab der B-Säule, und kam beim Publikum ebenfalls gut an. All das geschah unter der Regie von Lido „Lee“ Iacocca als Fords General-Manager, der sich zu einer einflussreichen Persönlichkeit innerhalb der Firma entwickelte.

Die letzte Nische, die Ford nun noch erobern wollte, war das „Personal Car“. Es sollte klein, flink und gutaussehend sein, Spaß machen und dabei erschwinglich bleiben. Obwohl sich der Thunderbird recht gut verkaufte, nachdem er zum Viersitzer geworden war, gab es immer noch jüngere Kunden aus der Generation der „Baby-Boomer“, die Lust auf so etwas wie den ersten, den zweisitzigen, T-Bird hatten.

Schon früh wurde die Entscheidung getroffen, die Karosserie- und Rahmenkonstruktion des Falcon sowie einen Großteil seiner Motor-, Kraftübertragungs- und Fahrwerkskomponenten für das neue Fahrzeug zu verwenden. Die Designer mussten jetzt nur noch Aussehen und Image entwickeln. Viele Tonmodelle wurden erstellt, bevor eines mit dem Codenamen „Cougar“ Iacoccas Aufmerksamkeit auf sich zog. Es entwickelte sich zum „Mustang II“-Konzept, das Ford 1963 beim US-Grand-Prix in Watkins Glen der Öffentlichkeit vorstellte. Jetzt war man bereit für den Produktionsstart im kommenden Jahr.

Nun sehnten die potenziellen Kunden die Markteinführung herbei. Der Wagen gab sein Debüt früher als die meisten anderen dieses Modelljahres bereits auf der Weltausstellung in New York. Dieses Ereignis, in Verbindung mit einer massiven Werbekampagne, trieb fast vier Millionen Interessenten in die Ford-Verkaufsräume, wo die Fahrzeuge landesweit gleichzeitig enthüllt wurden.

Die meisten Händler waren sofort ausverkauft, und so wurde, um die gewaltige Nachfrage zu decken, die Fertigung in San Jose, Kalifornien, komplett auf die Herstellung des Mustangs umgestellt. In Metuchem, New Jersey, wurde gleich eine neue Fabrik eröffnet. Bislang waren es meist die teuren Sportwagen und Luxuskarossen, die die Aufmerksamkeit von Medien und Publikum auf sich zogen, selten jedoch schlug ein Auto für den Massenmarkt und mit einem so günstigen Preis-Leistungs-Verhältnis derart ein.

Was macht dieses Modell so besonders? Viele würden spontan die Kombination aus langer Schnauze und kurzem Heck nennen, die wie bei den großen Wagen der Dreißiger Jahre einen dicken Motor unter der Haube suggerierte. Auf dem Markt fand sich nichts Vergleichbares. Mit rund 1200 Kilogramm Leergewicht hatte Ford ein leichtes Fahrzeug auf die Räder gestellt, was sich günstig auf Kraftstoffverbrauch, Fahrleistung und Handling auswirkte, unabhängig von der Motorenwahl, und das Ganze für ungefähr einen Dollar pro Pfund, was ein extrem günstiges Angebot war.

Während der Sechziger war „Performance" das Grundthema der Ford Motor Company, und so gab es auch beim Mustang verschiedene V8-Motoren und Fahrwerksoptionen. Ein kräftiger V8 in Verbin-

dung mit einem leichten Fahrzeug war schon immer eine begehrte Kombination bei leistungshungrigen Käufern. Die einzigen anderen Angebote aus Detroit, die Leistung versprachen, waren größer und schwerer, etwa Oldsmobiles 442 und Pontiacs GTO, während die Corvette mit ihrer Fiberglas-Karosserie stets eine Klasse für sich blieb. Diese potenten Modelle waren wesentlich teurer als der kleine Mustang mit seinem unglaublich günstigen Basispreis von 2368 Dollar!

Sein Styling begeisterte die Massen, und die sparsamen Sechszylinder-Fahrzeuge waren optisch bis auf eine kleine Plakette am vorderen Kotflügel identisch mit den Achtzylinder-Modellen. Auch die übrigen Hersteller versuchten, auf diesem Markt Fuß zu fassen. Chevrolet brachte den Camaro und die Chrysler Corporation den Barracuda. Letzterer hatte ein spektakuläres Fastback-Dach auf der Basis des Plymouth Valiant und wurde sogar zwei Wochen vor dem Mustang eingeführt.

Anhand der Verkaufszahlen wird aber klar, dass der Mustang alle in den Schatten stellte. Vom Barracuda wurden im ersten Jahr 23.443 Einheiten verkauft. Diese Zahl schaffte der Mustang auch – und zwar noch am Tag seines Erscheinens!

Sowohl *Newsweek* als auch das *Time Magazine* brachten den Mustang und seinen Schöpfer Lee Iacocca auf ihren Titelseiten. Der Barracuda war nur ein Jahrzehnt lang auf dem Markt, der Mustang hingegen hält seine herausragende Stellung seit mittlerweile mehr als 50 Jahren.

In den Sechzigern hatte Ford eine Reihe von leistungsstarken Fahrzeugen in seinem Sortiment, meist Fairlanes und Galaxies mit großen Motoren. Die kraftvollsten V8 im 1965er Mustang waren der 289er mit Vierfachvergaser und einer Verdichtung von 9,0:1, der anfangs mit 210, später mit 225 PS angegeben wurde, sowie der 289er Hi-Po (für High Performance) mit 271 PS, der durch eine Reihe von internen und externen Verbesserungen für höhere Drehzahlen und bessere Haltbarkeit ausgelegt war. Viele Bücher befassen sich mit dieser Zeit, die bei Ford das „Total-Performance-Jahrzehnt" genannt wurde. Wir werden uns hier also nicht tiefer mit dieser Thematik beschäftigen, außer mit einem Modell, das in keinem Buch über 1965-1966er Mustangs fehlen darf, dem Shelby GT350.

Der Texaner Caroll Shelby, ehemaliger Hühnerzüchter, renommierter Rennfahrer und Rennwagenkonstrukteur, ist und bleibt der Held aller Ford-Fans, seit er Fords 289er Hi-Po-Motor in den britischen AC-Roadster verpflanzt hatte. Das Resultat war die legendäre AC Cobra, die mit Shelbys überarbeiteten 289er und dem 427er-Big-Block-NASCAR-Motor zahlreiche Siege einfuhr.

Stets auf Publicity bedacht, beauftragte Ford Shelby, eine Rennversion aus dem 1965er Mustang Fastback zu entwickeln. Dazu wurden Fahrzeuge in Wimbledon White von der Fabrik in San Jose zu Shelby nach Venice, Kalifornien, transportiert. Dort überarbeiteten die Angestellten das Fahrwerk, um das Handling zu verbessern, sie ersetzten die Motorhaube durch eine leichtere aus Fiberglas und führten eine Vielzahl von weiteren Modifikationen durch.

Äußere Erkennungszeichen waren die seitlichen GT350-Schriftzüge und die optional erhältlichen Le-Mans-Streifen in Guardsman Blue, die von vorne nach hinten über das gesamte Fahrzeug liefen. Der 289er erhielt eine „High-Rise"-Ansaugbrücke aus Aluminium, Fächerkrümmer und eine geänderte Nockenwelle, was die Motorleistung auf 306 PS erhöhte. Man schlug sich damit sehr gut im Rennsport, und das Mustang-Image profitierte kräftig.

Zusätzlich machte Shelby mit der Mietwagenfirma Hertz einen Deal über 1000 GT350. Diese Fastbacks, von denen die meisten Schwarz mit goldfarbenen Streifen waren und die auf der Seite die Aufschrift GT350H trugen, waren überwiegend mit Automatikgetrieben ausgestattet. Damals konnte man ab einem Mindestalter von 21 Jahren zum Autovermieter gehen und sich einen nur leicht gedrosselten Shelby für das Wochenende ausleihen. Einige von diesen Leihwagen tauchten auf den Drag Strips auf, und wir vermuten, dass nicht wenige von ihren jungen Kunden mit dem Kommentar „Ich weiß auch nicht, Sir, was passiert ist, aber die Antriebswelle ist einfach abgefallen" zurückgebracht wurden.

Ein weiterer Aspekt von Fords brillantem Marketing-Plan war die endlose Liste an Zusatzausstattungen. Es mag dem heutigen Autokäufer, der viele Händler abklappern muss, um ein passend ausgestattetes Fahrzeug zu finden, seltsam erscheinen, aber im Jahre 1965 hatte der Mustang-Kunde die freie Wahl zwischen drei verschiedenen Karosserieformen (Coupé, Cabriolet und Fastback), diversen Motoren, Getrieben, Fahrwerks- und Innenausstattungen, Instrumentierungen und Felgen sowie 28 verschiedenen Farbkombinationen für den Innenraum und 25 Außenfarben.

Die allermeisten Mustangs hatten Einzelsitze, obwohl auch eine durchgehende Sitzbank angeboten wurde. Diese wurde aber nur selten bestellt, da sie für die damaligen Käufer nicht zur Definition eines sportlichen Fahrzeugs passte. Die Einzelsitze gab es in der Standardausführung und in der gehobenen Version mit besserer Polsterung und Pferde-Motiv, oft Pony-Interior genannt.

Man konnte sich seinen Mustang also beim Ford-Händler individuell zusammenstellen. Die Bestellung ging an Ford, die für die Region zuständige Fabrik wurde beauftragt und das „Build Sheet" wurde erstellt, das während des gesamten Fertigungsprozesses im Fahrzeug verblieb. Ein paar Monate später konnte man seinen Wagen beim Händler in Empfang nehmen.

Anfangs waren die Käufer vielleicht über jeden Mustang froh, der überhaupt verfügbar war, aber die Ausstattungsliste erlaubte eine so starke Personalisierung des Mustangs, dass Restaurierer heute oft einzigartige Ausstattungskombinationen vorfinden. Das macht die Geschichte des eigenen Fahrzeugs umso interessanter. Es wird keinen „typischen" 1965er Mustang geben. Mit beispielsweise einem 289er, Deluxe Interior, Viergangschaltung, Nebelscheinwerfern, weißer Innenausstattung mit Ivy Gold, Standardsitzen, Servolenkung und Dynasty Grün als Außenlackierung hatte man sicher schon damals einen seltenen Mustang. 1965 liefen wahrscheinlich nur wenige Modelle mit derselben Ausstattungskombination vom Band, und ein damals seltener Mustang ist heute umso seltener.

Von 1967 bis 1970 wurde der Mustang länger, breiter und schwerer, bis er 1971 nur noch wenig mit dem Meilenstein von 1965 gemeinsam hatte. Immerhin passte nun Fords FE-Big-Block hinein. Es gab 390er, 428er und sogar 427er wie in den brachialen Cobra-Roadstern. Es gab außerdem 302-Modelle, die Ford den Eintritt in die SCCA-Trans-Am-Serie ermöglichten.

1970 reichte die Palette der Motoren vom alten 200er Sechszylinder (eher zu schwach für die großen und schweren Mustangs) über den 250er Sechszylinder, den normalen 302-V8, eine 351er Version des Windsor-V8, den Boss 302, den Cobra-Jet V8 und den Super Cobra-Jet bis zum ultimativen Muscle-Car-Motor, dem Boss 429 – nur ein Cubic-Inch mehr als der 428er, aber konsequent für NASCAR- und Beschleunigungsrennen konstruiert.

Zurückhaltend mit 375 PS angegeben, tauchten die meisten 429er Boss in Fords Total-Performance-Niederlassungen auf, um im Drag Racing eingesetzt zu werden. Diese nur sehr limitiert hergestellten Modelle sind heute sehr selten und damit die teuersten Mustangs. Die Fahrzeuge mit FE-Motoren, speziell das GT-A-Modell, sind heute sehr beliebt, jedoch nicht unbedingt bei Mechanikern. Der Zündkerzenwechsel in dem engen Motorraum ist nicht einfach, und der Einbau von Fächerkrümmern sorgt garantiert für blutige Knöchel.

Restaurierung eines 1965–1970er Mustang

Unser Leitfaden behandelt alle Details der Restaurierung eines 1965er Cabriolets. Diese Arbeitsschritte gelten auch für spätere Mustang-Baujahre. Vieles von dem, was wir hier zeigen, kann man auch auf alle anderen Mustangs der Baujahre 1965 bis 1970 anwenden.

Wer dieses Buch liest, ist wahrscheinlich bereits vom Mustang-Virus infiziert, hat die Auftritte von Mustangs in Kinofilmen, Fernsehshows und Werbespots erlebt. Wann immer das Drehbuch nach einem coolen Kerl (oder Mädchen) verlangt, gibt man ihm oder ihr einen klassischen Mustang anstatt eines neuen BMW. Wir können Caroll Shelby und Steve McQueen für ihren Beitrag zur anhaltenden Faszination für alte Mustangs danken. Die Leute lieben diese Autos einfach immer noch.

Klassische Mustangs wandern heute nicht mehr auf den Schrott, selbst wenn sie sich in hoffnungslosem Zustand befinden. Jeder kennt ihren Wert. Nehmen Sie es als Belohnung, wenn Sie nach der Restaurierung Ihres alten Mustangs immer und immer wieder die eine Frage zu hören bekommen: „Wollen Sie Ihren Mustang verkaufen?“

Sieben Gründe, warum der Mustang ein idealer Restaurierungskandidat ist

1. Millionen von Mustangs wurden produziert und immer noch sind ziemlich viele unterwegs.
2. Restaurierungskandidaten gibt es – noch – zu halbwegs moderaten Preisen. Coupés sind noch am preiswertesten und in restaurierungsfähigem Zustand für weniger als 10.000 Euro zu bekommen. Fastbacks und Cabrios sind trotz geringerer Verfügbarkeit wohl am begehrtesten. Für beide werden teils abenteuerliche Summen aufgerufen, selbst wenn sie kaum noch rettbar erscheinen. Gründliche Recherche und Preisvergleich lohnen sich in jedem Fall.
3. Jede Aufgabe und jedes Problem, das bei der Restaurierung auftaucht, wurde bereits tausendfach von anderen gelöst. Es gibt daher eine Fülle an Informationen in Zeitschriften, auf Webseiten, in Mustang-Clubs oder in Restaurierungsanleitungen wie dieser hier.
4. Die mechanischen Komponenten sind im Vergleich zu heutigen Fahrzeugen einfach konstruiert und unkompliziert zu handhaben.

5. Die Motoren haben keine Computerbauteile oder komplizierte Abgasreinigung, sie besitzen Vergaser statt Einspritzanlagen, und die Zündanlage besteht aus Verteiler und Zündkabeln, was Fehlerdiagnose und Abstimmung stark vereinfacht.
6. Ersatzteile für Mustangs sind, im Gegensatz zu denen vieler anderer klassischer Fahrzeuge, reichlich verfügbar.
7. Mustangs sind sehr beliebt, egal ob sie von 1965 oder 2016 stammen. Die Begeisterung und die nostalgischen Gefühle für sie sind nie abgeebbt, und gut restaurierte Exemplare werden ihren Wert als Sammlerstücke behalten.

All diese Faktoren sind wichtig, aber Punkt 6 verdient noch einen zweiten Blick. Die Restaurierung eines Fahrzeugklassikers etwa aus den dreißiger Jahren ist nichts für schwache Nerven oder klamme

Geldbeutel. Manche Ersatzteile gibt es nicht für Geld und gute Worte. Sie müssen häufig aufwändig von Hand nachgefertigt werden, und die Oldie-Besitzer sind ohne ein Team von Fachleuten meist aufgeschmissen. Eine solche Restaurierung gestaltet sich dann extrem geld- und zeitintensiv.

Aber nicht nur mit millionenteuren Duesenbergs hat man dieses Problem, auch mit vielen US-Fahrzeugen der Sechziger steckt man in diesem Dilemma. Wenn man einen 1962er Pontiac Bonneville oder einen 1972er GTO restauriert, können selbst gewöhnliche Teile wie Türschlösser, Instrumentenblenden, Zierleisten und allerhand andere Teile enorm viel Zeit und Geld verschlingen.

Im Falle der klassischen Mustangs ist praktisch jedes Teil aus einer Vielzahl von Quellen erhältlich. Karosserieteile gibt es – zumindest in den USA – teilweise sogar noch auf spezialisierten Schrottplätzen. Gelegentlich gelingt gar noch der klassische Teilefund in Scheune oder Hinterhof. Viele Mustang-Teilehändler begannen mit NOS-Teilen (New Old Stock) aus Ford-Lagerbeständen. Heute gibt es mehr als 12.000 Nachfertigungen, von Karosserieblechen über Fahrwerkskomponenten bis hin zu kompletten Innenraumausstattungen in den authentischen Farben.

Manche dieser Teile werden noch immer von den Herstellern produziert, die schon Ford ans Band lieferten, andere arbeiten mit den originalen Ford-Werkzeugen und wieder andere erfüllen die Qualitätsauflagen des Ford-Restoration-Parts-Licensing-Programms. Nahezu alles, was Sie für Ihren Mustang benötigen, ist mit einem Telefonanruf oder einem Klick im Internet bestellbar.

Wenn Sie also eine Mustang-Restaurierung anstreben, sorgen Sie sich nicht über die Ersatzteilsituation oder darüber, dass die Ihre handwerklichen Fähigkeiten übersteigen könnte. Es gibt zudem überall Mustang-Clubs, deren Mitglieder auf Anfrage mit Rat und Tat zur Seite stehen. Außerdem gibt es Werkstätten, die auf diese Fahrzeuge spezialisiert sind. Deren Betreiber sind meist sehr hilfsbereit und können Ihnen schneller Auskunft geben als es ein Online-Shop zu leisten vermag.

1.1 Besuchen Sie so viele Autoausstellungen mit Mustangs wie möglich, bevor Sie Ihr Restaurierungs-Abenteuer beginnen. Sie können viel von den Enthusiasten lernen, die diese Aufgabe bereits erfolgreich gemeistert haben.

1.2 Die ursprüngliche Inspiration für den Mustang stammt vom sportlichen zweisitzigen Thunderbird der Baujahre 1955–1957. Von den Käufern heiß begehrt, fanden ihn Kritiker jedoch für ein Luxusauto zu klein und für einen Sportwagen zu lahm. Sein größerer, viersitziger Nachfolger wurde für Ford ein echter Erfolg im höheren Preissegment. Glücklicherweise wurde das Konzept einer langen Schnauze in Kombination mit einem kurzen Heck beim Mustang erneut aufgegriffen.

1.3 Detroit beobachtete die zunehmende Popularität kleiner Importfahrzeuge und entschied sich, auf diesem Markt mitzumischen. Ford war dabei ab 1960 mit dem Falcon am erfolgreichsten. Der bot mit seiner selbsttragenden Karosserie einen großzügigen Innenraum und selbst mit dem kleinen 90-PS-Sechszylinder gute Fahrleistungen. Den geringen Kraftstoffverbrauch hätte mancher noch heute gerne in seinem modernen Fahrzeug, am liebsten in Kombination mit den damaligen Benzinpreisen.

1.4 Obwohl eigentlich als „Economy Cars“ konzipiert, wurden Falcon und Comet bald auch in sportlicheren Versionen angeboten. Dies hier ist ein restaurierter 65er Falcon Sprint mit 260er V8 und Viergangetriebe. Diese Falcons waren im Grunde wie Mustangs mit mehr Platz auf den Rücksitzen und im Kofferraum.

1.5 Die höchste Aufmerksamkeit der Rennfans erhielten die großen NASCAR-Modelle, die von den Big Three mit den stärksten Motoren ausgestattet wurden. Ford schlug sich gut mit den Galaxies der Jahre 1960 bis 1964, aber man wollte sich mit leistungsstarken Fahrzeugen in allen Segmenten profilieren. Hier ein 64er Modell.

1.6 Das gelungene Resultat war der 1965er Mustang. Die leichtgewichtige und stabile Konstruktion des Falcon in Kombination mit bewährten Sechszylindern und kleinen V8-Motoren sowie dem hinreißenden Design begeistert noch heute. Ein restaurierter 65er Mustang passt auf jede Show mit klassischen Fahrzeugen. Und jeder liebt das Cabriolet!

1.7 Der Fastback (oder 2+2) ist für viele der attraktivste Karosseriestil. Allerdings geht es auf den Rücksitzen noch enger zu als im Cabriolet. Fastbacks und Cabrios als Restaurierungsbasis sind nicht nur teurer, sondern auch schwerer zu finden.

1.8 Erwachsene Mitfahrer auf dem Rücksitz beschwerten sich über die starke Sonneneinstrahlung unter dem großen, ungetönten Heckfenster.

1.9 Mercury baute ab 1967 seine eigene Version des Mustangs, den Cougar, allerdings nicht in derart hohen Stückzahlen. Cougars boten etwas mehr Platz und Komfort im Innenraum sowie ein besseres Fahrverhalten aufgrund des höheren Gewichts. Sie wurden eher als „Personal Luxury Cars" denn als sportliche Modelle vermarktet. Auch ein Cougar ist eine tolle Grundlage für eine Restaurierung.

1.10 Rund 200.000 der 65er Mustangs wurden mit dem bewährten 200 Cubic Inch großen Sechszylinder ausgeliefert. Mit 120 PS leistete er mehr als im Falcon.

1.11 Die riesige Auswahl an Optionen beim Bestellen eines neuen Mustangs war schon der halbe Spaß. Beim Antrieb konnte man zwischen dem 260er V8 (bei den frühen Modellen), dem 200 PS starken 289er mit Zweifachvergaser, dem 220 PS starken 289er mit Vierfachvergaser und dem 289er HiPo mit 271 PS wählen.

1.12 Bereits das Standardinterieur wirkte 1965 luxuriös. Allein die Ausstattung mit Einzelsitzen und die standardmäßige Positionierung des Schalthebels auf dem Getriebetunnel entfalteten sportliches Flair.

1.13 Eine wichtige Option für die Innenausstattung war das „Deluxe Package". Wegen der im Polsterbezug eingeprägten Pferdemotive wird es meist „Pony Interior" genannt. Bei Restaurierungen wird diese Ausstattung häufig verbaut, auch wenn das Fahrzeug im Original nicht damit ausgestattet war. Erhältlich sind die Sitzbezüge bei vielen Anbietern.

1.14 Der Fastback kam erst später zum Modellangebot dazu, aber sobald Carroll Shelby ihn entdeckte, ließ er 110 Stück davon in seiner Firma Shelby-American zum Shelby GT350 umbauen. Eine Reihe von Modifikationen an Motor, Fahrwerk und Karosserie verhalfen dem GT350 zum Erfolg beim SCCA-Racing, wo er die B-Production Championship drei Jahre in Folge gewann. Heute sind diese Modelle gesuchte Sammlerstücke.

1.15 Obwohl dieses rote Cabriolet kein echter Shelby GT350 ist, besitzt es einen 289er HiPo-Motor (271 PS im Standard-Mustang), der mit „Hi-Rise"-Ansaugbrücke, größerem Vierfachvergaser, schärferer Nockenwelle und Fächerkrümmern auf Shelby-Spezifikationen aufgerüstet wurde. Die Leistung beträgt 306 PS bei 6000/min. Außerdem sind hier zwei Fahrwerksmodifikationen zu sehen, eine Monte Carlo Bar (vorne) und eine einteilige Export Brace (hinten). Beides dient zur Versteifung des Vorderwagens zwischen den Federdomen.

1.16 Die original Ford-VIN (Fahrzeugidentifikationsnummer) befindet sich am vorderen linken Kotflügel. Shelby nietete einfach eine Aluminiumplakette mit der eingestanzten GT350-Seriennummer darüber. Ein Shelby-Clone kann dieses Repro-Schildchen für Show-Zwecke ebenfalls tragen, aber ohne eine Shelby-Seriennummer. Die meisten Shelby Mustangs sind im offiziellen Shelby-Register verzeichnet, um eventuelle Fälschungen und Nachbauten besser identifizieren zu können.

1.17 Die meisten Shelby GT350 waren in Wimbledon White lackiert und einige hatten blaue Le-Mans-Streifen, wie man sie auch häufig auf den Cobras fand. Die für die Hertz-Autovermietung hergestellten Modelle waren meist schwarz, und goldfarbene Streifen verliefen über das ganze Fahrzeug sowie über die Seiten. Das Auto rechts hat die offene Frontschürze eines R-Modells, die es so auf den Hertz-Shelbys nie gab.

1.18 Eines der populärsten Ausstattungspakete war das sportliche GT-Package, das spezielle Seitenstreifen, ein GT-Emblem auf den vorderen Kotflügeln, einen GT-Tankverschluss, diverse Fahrwerksverbesserungen und zwei Nebelscheinwerfer im Kühlergrill beinhaltete. Heute können sich Mustangfahrer diese Ausstattungsmerkmale aus den Zubehörkatalogen zusammensuchen und so tun, als sei noch einmal 1965.

1.19 Hier die korrekte Position der GT-Embleme und der Seitenstreifen am Schweller. Fahrzeuge bis einschließlich 1966 hatten „Mustang"-Buchstaben im Zwischenraum, ab 1967 stand dort „GT".

1.20 Hinten ist der GT am speziellen Tankdeckel und den Auspuffblenden zu erkennen, die durch die Heckschürze geführt werden.

1.21 Chromrahmen in den Ausschnitten des Heckblechs schützen den Lack vor Auspuffhitze. Die Auspuffblenden besitzen Lamellen, die das Abgas nach unten führen sollen, um zu verhindern, dass das Auto verschmutzt wird.

1.22 Der GT-Tankdeckel ist schmaler und cooler als die große Standard-Ausführung der 65er und 66er Mustangs.

1.23 Ein weiteres beliebtes Ausstattungsmerkmal war das Rally-Pac, ein Instrumentenpaar, das auf die Lenksäule montiert wurde. Es enthielt zwar nur eine Uhr und einen Drehzahlmesser, aber die Position und die Art der Montage verströmten Sportwagenflair. Originale Instrumente sind sehr rar, aber es gibt mittlerweile Nachbauten in guter Qualität.

1.24 Die Felgenwahl war ein weiteres heißes Thema unter Mustangkäufern. Das hier ist das einfachste Radkappenmodell, es gab aber noch ein schlichteres mit langen Belüftungsschlitzen.

1.25 Beide Radkappentypen konnte man auch mit Zentralverschlussattrappen ordern.

1.26 Eine weitere hübsche Option war die Speichenradkappe. Aus einiger Entfernung wirkte sie wie ein echtes Speichenrad, wie es bei europäischen Sportwagen zu finden war.

1.27 Die wahrscheinlich attraktivste Wahl war das „Styled-Steel-Wheel“. Es wirkte wie eine Leichtmetallfelge, war aber aus verchromtem Stahl und konnte sowohl direkt bestellt als auch beim Händler nachgerüstet werden.

1.28 Diese „Styled-Steel-Wheels“ stehen jedem Mustang, unabhängig von Lackfarbe oder anderen Ausstattungsmerkmalen. Es gibt mittlerweile viele Nachbauten dieser Felgen in verschiedenen Größen.

1.29 Der 1966er Mustang gleicht seinem Vorgänger bis auf den geänderten Kühlergrill mit horizontalen Streben. Das Kühlerornament mit dem galoppierenden Pony wurde beibehalten.

1.30 Einige Mustangs verfügen über ein Chrom-Ornament an der seitlichen Vertiefung vor dem hinteren Radlauf. Es sollte eine Bremsenbelüftung für die Hinterräder simulieren, wie man sie bei Rennwagen findet. Die 65er Modelle hatten glatte Ornamente, 1966 kamen die hier gezeigten drei „Zähne" dazu. Manche Mustang-Fans mögen sie, andere nicht.

1.31 Manche der originalen Shelby GT350 werden noch immer im historischen Motorsport bewegt, aber ihre ständige Wertsteigerung führt selbst bei nur leichten Crashs zu ernsthaften finanziellen Verlusten. 1965 wurden rund 77.000 und 1966 weitere 35.698 Fastbacks (ohne Shelby-Versionen) gebaut. Die werden zwar auch immer seltener, aber manche Rennfahrer nehmen lieber ein Standard-Fastback und tunen ihn mit GT350-Komponenten. Das soll die Kosten und das Risiko im Rennbetrieb niedriger halten als mit einem der wertvollen Shelbys.

1.32 Wenn ein Serien-Mustang für Rennen präpariert wird, bekommt die selbsttragende Karosserie verstärkte Fahrwerksteile und Blechverstärkungen verpasst. Mustang Plus ist eine der führenden Firmen bei der Herstellung von Komponenten für „Resto-Mods“ und bietet eine große Auswahl an Fahrwerksverbesserungen. Hier sieht man einen Mustang, an dessen Unterseite Verbindungen zwischen Front- und Heckhilfsrahmen der Versteifung dienen.

1.33 Die Trennung zwischen verschiedenen Mustang-Generationen, wie man sie auf großen Treffen findet, beruht nicht auf Animositäten zwischen Besitzern Mustangs verschiedener Baujahre, es soll lediglich den Juroren die Arbeit erleichtern. Und wenn Sie vielleicht Fan des Boss 302 sind, wissen Sie direkt, wo Sie suchen müssen. Ab 1967 wurden die Mustangs zwar größer und schwerer, aber dafür gab es sie nun auch mit Performance-Optionen wie einer 9-Zoll-Hinterachse und größeren Motoren. Die 67er und 68er GTs mit ihren 390er und später noch größeren Motoren sind begehrenswerte Muscle Cars. Nicht zuletzt wurde der 68er Fastback durch die Verfolgungsjagd mit Steve McQueen in „Bullit“ zur Legende.

Mustangs Plus
ENTRANCE

2. Was ist eine Restaurierung?

Der Begriff „Restaurierung" bedeutet das Wiederherstellen des ursprünglichen Zustands. Im Umfeld von besonders wertvollen klassischen Automobilen wird dies bei der Beurteilung wörtlich genommen. Durch Bauteile, die nicht zu Baujahr oder Modell passen, sinken die Siegchancen bei Wettbewerben drastisch. Dabei starten die zu bewertenden Fahrzeuge mit einer Punktzahl von 100, und jede Abweichung vom Originalzustand führt zu Punktabzug.

Im großen Kreis der Automobilenthusiasten hat jeder eine eigene Definition des Begriffs „Restaurierung", häufig eine, die zum eigenen Auto passt. Im Fernsehen laufen Serien, in denen Schrottplatzmitarbeiter ein Fahrzeug innerhalb von zwei Wochen restaurieren und danach auf Auktionen versteigern. Sie bauen da etwa den defekten Motor eines 1962er Galaxies aus und suchen dann auf dem Schrottplatz nach einem lauffähigen Exemplar. Es folgen noch eine schnelle Lackierung sowie neue Sitzbezüge und Teppiche. Das Ergebnis wird dann „Restaurierung" genannt.

Jeder Galaxiefan würde bereits beim ausgetauschten Motor protestieren, da es sich dabei um ein gut zehn Jahre jüngeres, niedrig verdichtetes Modell handelt, das hauptsächlich in Trucks eingesetzt wurde. Aber auch wenn es sich hier nicht um eine Restaurierung im eigentlichen Sinne handelt, kann das Ergebnis die Mühe wert sein.

Viele Leute überholen ihre Fahrzeuge mit einer einfachen Lackierung, einem Satz schicker Felgen sowie ein paar kosmetischen und mechanischen Modifikationen des Motors, um ihr Fahrzeug wieder neu erscheinen zu lassen. Andere versuchen, einen fabrikneuen Zustand wiederherzustellen, der jedoch, vielleicht mit ein paar Extras aufgepeppt, nicht unbedingt genau dem des vorliegenden Fahrzeugs entsprechen muss. Und Sie haben sicherlich klassische Muscle Cars gesehen, die von ihren Besitzern mit umfangreichen Modifikationen wesentlich leistungsstärker und cooler gemacht wurden als sie es ohnehin schon waren, als sie vom Band liefen. Wenn Sie jedoch den Begriff „Restaurierung" in diesem Buch lesen, ist damit der größtmögliche Aufwand gemeint, ein Auto wieder in den Zustand zu versetzen, den es ursprünglich im Schaufenster des Händlers hatte.

Zur Idee der Restaurierung gehört mittlerweile, das betreffende Modell nicht besser als ein Original dastehen zu lassen. Über Jahrzehnte hinweg wurden wertvolle klassische Fahrzeuge, historische Rennwagen und Sportwagen häufig überrestauriert. Die Rückseiten von Karosserieteilen wurden hochglänzend lackiert und anschließend poliert, Befestigungsteile wurden verchromt, die es vorher nicht waren, und weitere Maßnahmen wurden getroffen, um Punkte von den Juroren zu erhalten. Rennwagen hatten häufig Kampfspuren und erhielten technische Veränderungen, sie bekamen verbesserte Motoren und Fahrwerksteile von jüngeren Modellen. Solche einzigartigen Merkmale zurückzubauen, verändert den ursprünglichen Zustand ebenfalls. Heutzutage wird eine Überrestaurierung genau wie eine Unterrestaurierung mit Punktabzug bestraft.

Wie sind die Pläne für Ihren Mustang?

Das angestrebte Qualitäts-Niveau ist davon abhängig, wie Sie gedenken, Ihren Mustang zu nutzen. Wie häufig wollen Sie ihn fahren? Ein korrekt restauriertes Fahrzeug hat viel Arbeit, Zeit und Geld gekostet. Wenn das Auto fertiggestellt ist, werden Sie es vorsichtig behandeln, keine Vollgasorgien auf der Autobahn veranstalten und immer ein wenig besorgt sein, wo man es sicher abstellen kann. Wenn Sie an Schönheitswettbewerben teilnehmen wollen, werden Sie darauf bedacht sein, dass es wie frisch aus dem Verkaufsraum wirkt, auf Hochglanz poliert und in allen Details makellos (siehe auch Kapitel 9).

Wer seinen klassischen Mustang aber so heftig liebt, dass er ihn ständig fahren möchte, riskiert natürlich

Parkkratzer, Steinschlagschäden, verblassenden Lack und alle andere Zeichen des Alltagsgebrauchs. In diesem Fall ist eine aufwändige Restaurierung der Außenhaut vielleicht nicht angebracht. Mancher Mustangfahrer beschränkt sich auf die mechanischen Belange des Autos, fährt es ein paar Jahre lang und nimmt es anschließend für eine gründliche Aufarbeitung von der Straße.

Für viele, die ein Fahrzeug wieder aufgebaut haben, gehört das Fahren natürlich dazu. Dazu ein Exkurs: Fords Model A wurde von 1928 bis 1931 millionenfach gebaut, und einige Autos sind immer noch unterwegs. Es waren immer beliebte Restaurierungsobjekte, A-Modelle werden aber nach wie vor auch gern auf längeren Touren bewegt. Eine originalgetreue Restaurierung der einfachen Technik steht aber im Widerspruch zum modernen Straßenverkehr. Diese echten Oldtimer besitzen mechanische Trommelbremsen ohne hydraulische Haupt- und Radbremszylinder, die imstande wären, die Bremskraft zu regulieren. So sind einige Model A heute mit den hydraulischen Bremsen der Vorkriegs-V8-Fords ausgerüstet, was sie zwar nicht so sicher wie moderne Autos macht, aber trotzdem einen großen Fortschritt darstellt.

Es gibt viele weitere Verbesserungen, die ein Model A alltagstauglicher machen. Um die Besitzer dieser Fahrzeuge nicht auszuschließen, gibt es bei einigen Wettbewerben Klassen sowohl für originalgetreue und als auch für leicht modernisierte Modelle. Diese Modifikationen tun dem äußeren Erscheinungsbild und dem nostalgischen Reiz dieser Klassiker keinen Abbruch.

Resto-Mod Mustangs

Ihr 1965-1966er Mustang ist zwar kein Vorkriegsklassiker, aber viele seiner Bestandteile hinken der Technologie Ihres Alltagsfahrzeugs immerhin ein halbes Jahrhundert hinterher. Die Art der Restaurierung hängt von vielen Faktoren ab: vom Budget, von der zur Verfügung stehenden Zeit und davon, wie der Besitzer das Auto später nutzen will – und natürlich Geschmacksache vom Geschmack.

Viele Besitzer passen ihr Fahrzeug zugunsten von mehr Sicherheit und Komfort im heutigen Straßenverkehr mit modernen, sprich: nicht originalen Komponenten an. Es gibt eine Vielzahl von Angeboten zur Verbesserung von Bremsen und Handling sowie moderne Klimaanlagen und Bauteile, die die Umrüstung auf aktuelle Kältemittel erlauben.

Außerdem stehen eine Menge Teile zur optischen Aufwertung zur Auswahl sowie Umbausätze für

modernere Motoren. Bei einer Vielzahl von Modifikationen und Änderungen wie einem neueren Fünfliter-V8 mit Einspritzanlage und einem T-5-Fünfganggetriebe haben Sie dann keinen klassischen Mustang mehr, sondern einen Resto-Mod.

Wünschen Sie zeitgemäße Performance und geringeren Kraftstoffverbrauch, könnte das Ihr Weg sein. Seien Sie versichert: Solange die Modifikationen nur Bremsen und Fahrwerk betreffen, wird das 99 Prozent der Bewunderer Ihres Mustangs nicht auffallen. Es gibt viele Mustangs, die äußerlich original wirken aber eine Vielzahl von Veränderungen unter dem Blech tragen. Beachten Sie aber, dass viele dieser Veränderungen die Zulassung als historisches Fahrzeug (H-Kennzeichen) in Deutschland unmöglich machen.

Für dieses Buch werden wir jedenfalls ein 1965er Cabriolet so gut wie möglich in seinen Urzustand zurückversetzen, mit seinem originalen Farbton, korrekten Felgen, sorgsam überholtem Originalmotor und -fahrwerk sowie einer Innenausstattung in der ursprünglichen Farbkombination. Jedes rettbare Originalteil wird aufgearbeitet, statt es durch ein Neuteil zu ersetzen.

Das soll aber nur ein Beispiel sein. Falls Sie es vorziehen, Ihren Mustang regelmäßig weiterzufahren und sich gelegentlich um alle anfallenden Arbeiten zu kümmern, tun Sie das. Fahren Sie weiter, nehmen Sie sich nach und nach das Blech vor, lassen Sie eine Lackierung in der Originalfarbe auftragen, stecken Sie hier und da etwas Arbeit in Motor und Fahrwerk sowie in neue Teppiche und Innenver-

kleidungen. Sie werden Spaß mit dem Fahrzeug haben, das auch so für Gesprächsstoff sorgen wird, wo auch immer Sie vorfahren. Sie können also das volle Mustang-Vergnügen genießen, auch ohne das Ding bis auf die letzte Schraube zerlegt und nach allen Regeln der Kunst restauriert zu haben. Hier sehen Sie natürlich trotzdem, wie so etwas geht.

Also passen Sie den Restaurierungsaufwand nach Gusto Ihren Bedürfnissen und Ihrem Vermögen an. Wir weisen darauf hin, dass Karosseriearbeiten und Außenlackierung den kostspieligsten und wichtigsten Teil der Restaurierung eines klassischen Mustangs ausmachen. Wenn Sie sich aktuell nur die Lackierung leisten können oder wollen, lassen Sie das von einer Werkstatt mit gutem Ruf und Referenzen ausführen. Ein beulen- und rostfreier Mustang muss lediglich abgeschliffen, grundiert und lackiert werden.

Wir alle kennen Autos, die aus einigen Metern Entfernung gut aussehen, aber bei näherem Betrachten Wellen und andere Unzulänglichkeiten offenbaren. Das ist dann das untere Ende der Skala, begründet in mangelnder Vorarbeit.

Wenn Sie sich um den Wiederverkaufswert sorgen, raten wir Ihnen, nur Farbtöne aus der Originalfarbpalette des spezifischen Baujahres zu verwenden. Die meisten davon sind sehr attraktiv – vor allem, wenn sie professionell aufgetragen und auspoliert werden. Wenn Sie mit der Originalfarbe Ihres Mustangs nicht zufrieden sind, sollten Sie sich für eine andere originale Werksfarbe entscheiden. Auch wenn Sie eine coole Farbe auf einem Neuwagen sehen, sollten Sie diese nicht für Ihren Mustang verwenden, das würde den Wiederverkaufswert beträchtlich senken.

Der potenzielle Käufer Ihres Mustangs, der Ihre Restaurierung vielleicht weiterführen will, wäre gezwungen, das komplette Fahrzeug abzuschleifen und neu zu lackieren. Vielleicht dreht er sich auch auf der Stelle um oder macht Ihnen nur ein wesentlich niedrigeres Angebot. Wenn Sie dagegen eine hochwertige Lackierung in einem Originalfarbton vorzuweisen haben, werden Sie bei Kaufinteressenten punkten, die planen, Ihre angefangene Arbeit fortzuführen.

Wir zeigen hier professionelle Restaurierungsarbeiten und befassen uns mit allen mechanischen und kosmetischen Aspekten unseres 65ers. Natürlich unterscheiden sich die 1967er bis 1970er Modelle technisch und optisch, aber der Ablauf der Restaurierung gilt für alle. Anhand der einzelnen Kapitel können Sie entscheiden, wie weit Sie Ihr Restaurierungsprojekt treiben wollen. Sie können natürlich auch zunächst nur Fahrwerk und Bremsen herrichten, um sich später Motor und Getriebe zu widmen, um den Mustang erst einmal zuverlässig und alltagstauglich zu machen. Der Rest lässt sich dann getrost auch später erledigen.

Handwerkliche Fähigkeiten, Erfahrung, Platz

Bevor Sie mit der Suche nach einem Mustang-Projekt beginnen, müssen Sie sich ein paar Fragen stellen. Haben Sie bereits einschlägige handwerkliche Erfahrung? Falls dem so ist, werden Ihnen die Zerlegung eines klassischen Mustangs und das Ersetzen der meisten Bauteile keine Schwierigkeiten bereiten. Wenn Sie häufiger an moderneren Fahrzeugen gearbeitet haben, wird die Überschaubarkeit der fünf Jahrzehnte alten Technik ein Traum für Sie sein. Bei modernen Automobilen ist alles derart in den Motorraum oder hinter das Armaturenbrett gestopft, dass Wartung und Reparatur leicht unmöglich erscheinen.

Wir gehen jetzt allerdings nicht so weit zu behaupten, dass alles an einem Mustang einfach zu reparieren sei. Jedes alte Fahrzeug hat festsitzende Schrauben und Muttern, die Sie ärgern werden. Sie werden sich schneiden und die Fingerknöchel aufkratzen, selbst wenn Sie Arbeitshandschuhe tragen.

Komfortabel an Fahrzeugen der Sechziger ist jedoch, dass stets genug Platz da ist, um an alle Komponenten heranzukommen, und keine ausufernden Kabelbäume, elektrischen Bauteile und Leitungen den Zugriff erschweren. Ausnahme sind einige Mustangs ab 1967 mit großem V8. Aber selbst für den simplen Mustang werden Sie gegebenenfalls tiefergehende Werkstatthandbücher mit genauen Spezifikationen, Schaltplänen, Fehlerdiagnosen, Wartungsplänen und Reparaturanleitungen benötigen.

Wenn Sie bereits Erfahrung mit der Autoschrauberei haben, setzen wir eine Grundausstattung an Werkzeugen wie Schraubenschlüssel, Ratschen und Schraubendreher voraus. Zusätzlich sollten Sie vier stabile Unterstellböcke und einen guten hydraulischen Wagenheber besitzen. Es werden auch einige wenige Spezialwerkzeuge benötigt, etwa Abzieher für Lenkrad und Schwingungsdämpfer. Vielleicht können Sie diese auch mieten, da Sie sie wahrscheinlich nur ein einziges Mal benötigen werden.

Ein Multimeter (Volt/Ampere/Ohm) und ein Durchgangsprüfer sind hilfreich bei elektrischen Problemen und günstig zu haben. Ein hochwertiger Drehmomentschlüssel wird für Arbeiten an Motor und Fahrwerk gebraucht, wo Befestigungsteile mit einem bestimmten Moment angezogen werden müssen. Ein Motorheber hilft bei Aus- und Einbau von Motor und Getriebe, aber auch so etwas lässt sich mieten. Die meisten Autoschrauber, egal ob Profi oder engagierter Laie, träumen von einer mit allen Spezialwerkzeugen voll ausgestatteten Werkstatt. Das würde Sie eine horrende Summe kosten, ist aber selten und schon gar nicht beim Mustang nötig. Am Anfang Ihres Projekts werden Sie mit einer soliden Grundausstattung bestens hinkommen.

Platz ist ein weiterer wichtiger Faktor bei einer Fahrzeug-Restaurierung. Bei gutem Wetter können Sie unter einem Carport oder auf Ihrem Grundstück im Freien arbeiten, aber der feste Boden einer Garage – und natürlich ein Dach überm Kopf – ist ein Riesenvorteil, speziell wenn Wagenheber und Unterstellböcke zum Einsatz kommen. Haben Sie erst einmal mit der Zerlegung Ihres Klassikers begonnen, werden Sie merken, dass Sie zum Restaurieren eines einzigen Autos eigentlich eine Dreifachgarage brauchen.

Sobald die Innenausstattung ausgebaut und gut verpackt ist (siehe Kapitel 3), Motor, Getriebe, Hinterachse und schließlich noch die Karosserieteile wie Türen, Hauben und Kotflügel aus- und abgebaut sind, haben Sie genug Einzelteile, um die komplette Garage zu füllen. Nun werden Sie wahrscheinlich keine Dreifachgarage besitzen. Denken Sie also rechtzeitig vorher über ausreichend Stauraum im Keller oder in einem Schuppen nach – Sie werden ihn benötigen.

Machen Sie sich einen Zeitplan

Machen Sie sich einen realistischen Zeitplan für Ihr Projekt. Wenn Sie, sagen wir, ein Jahr für Ihren Mustang einplanen, sollten Sie alle nötigen Arbeiten auflisten und sie in monatliche Einzelschritte unterteilen. Dabei ist ein abwaschbares Whiteboard nützlich. Sie werden für einzelne Teile oder externe Arbeiten Geld sparen müssen und werden vielleicht auch nicht jeden Monat Geld für Ihr Projekt übrig haben, aber den Ablauf einmal auf einer großen Tafel niedergeschrieben zu haben, wird Ihnen helfen, am Ball zu bleiben. Sie werden auf einen Blick erkennen, welchen Fortschritt Sie erzielt haben und was noch an Restarbeiten übrig ist.

Sie können auf diesem Chart auch die Kostenkalkulationen für die einzelnen Schritte festhalten. Wenn Sie etwa bei Bremsen und Fahrwerk angelangt sind (Kapitel 6), addieren Sie die Kosten der benötigten neuen Teile wie Stoßdämpfer, Brems- und Lenkungsteile, Querlenker und Kugelgelenke auf Ihrer Liste. Dies wird dann eine grobe Richtschnur für Ihre Ausgaben, aber Sie werden sicherlich noch weitere Dinge wie Kleinteile, Bremsflüssigkeit und Befestigungsteile besorgen müssen.

Das richtige Fahrzeug finden

Auf der Suche nach dem passenden Restaurierungsexemplar geht es bei weitem nicht nur um den Kaufpreis. Wenn der übrigens zu gut scheint, um wahr zu sein, ist er es wahrscheinlich auch. Im Idealfall treten Sie schon vor Beginn Ihres Vorhabens einem Mustang-Club bei und lernen dort von erfahrenen Mitgliedern. Die können Ihnen auch bei Fahrzeugbesichtigungen zur Seite stehen und eventuelle Fehlkäufe verhindern.

Versuchen Sie, bei der Mustangsuche Ihre Emotionen unter Kontrolle zu halten. Der Verkäufer könnte Ihre Begeisterung für sein Auto spüren und dadurch weniger verhandlungsbereit sein. Üben Sie ein Pokerface, das weder Euphorie noch Enttäuschung verrät.

Checken Sie die Anzeigen in Zeitungen und Magazinen und achten Sie auf abgebrochene Projekte und Fahrzeuge mit Restaurierungsbedarf in Werkstätten und Garagen. Vielleicht hat der Eigentümer die Lust an seinem Mustang verloren.

Im Internet können Sie spezielle Mustangforen und lokale Kleinanzeigenportale durchstöbern. Bei Ebay raten wir Ihnen, nur Angebote in akzeptabler Distanz zu beachten. Schlechte Fotos im Internet sind selten aussagefähig in Bezug auf den wahren Zustand des Fahrzeugs. Viele Kaufinteressenten wurden so getäuscht. Kaufen Sie nie ein Fahrzeug nur anhand von Bildern! Inspizieren Sie es immer persönlich.

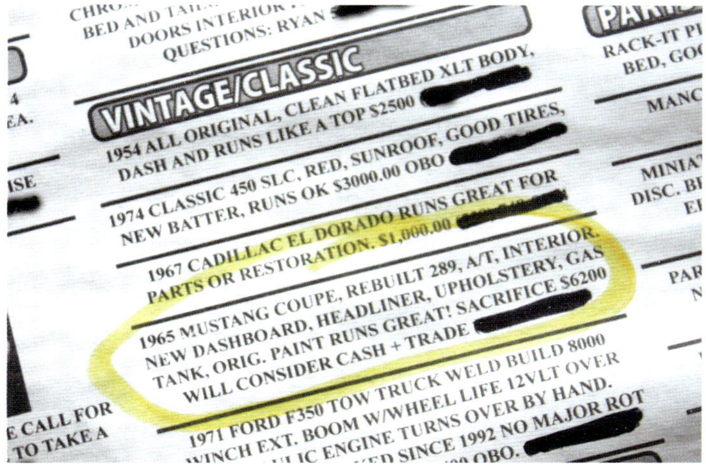

Wenn Sie im Internet ein Fahrzeug ungesehen kaufen und es von weit her oder sogar aus dem Ausland anliefern lassen, werden Sie erst in der Werkstatt die Wahrheit über seinen wirklichen Zustand erfahren. Bei Privatverkäufen gibt es weder Haftung noch Gewährleistung, daher ist hier Wissen Macht. Einen Kenner an seiner Seite zu wissen, ist eine enorme Hilfe. Er erkennt, welcher Restaurierungsaufwand bereits getrieben wurde und wie viele nicht originale Teile verbaut sind, und er kann den Wert von Teilen schätzen, die zusätzlich im Verkaufspreis inbegriffen sind.

Ist der Mustang Ihr erstes Restaurierungsobjekt überhaupt, sollten Sie vielleicht keinen bereits zerlegten Wagen erwerben. Für einen Anfänger ist es kompliziert, aus einem Haufen Teile wieder einen kompletten Mustang aufzubauen. Und fehlende Teile erhöhen die Kosten.

Kontrollieren Sie die VIN (Fahrzeugidentifikationsnummer) und vergleichen Sie diese mit der Nummer

auf der Zulassung und dem Fahrzeugbrief. Sie findet sich bei frühen Mustangs auf einer Plakette an der Hinterkante der Fahrertür und auf dem Blech des inneren Kotflügels der Fahrerseite. Sie können sie bei geöffneter Haube in der Aussparung des Kotflügels erkennen. Es gibt noch eine weitere Stelle für die VIN auf der Beifahrerseite, die allerdings vom Blech des Kotflügels verdeckt ist. Passen die Nummern nicht zusammen, lassen Sie das Auto stehen. Ist es fahrbereit und zugelassen, machen Sie unter allen Umständen eine längere Probefahrt. Nur so können Sie das Fahrverhalten beurteilen und auf ungewöhnliche Geräusche achten.

Lassen Sie den Verkäufer den Motor hochdrehen, während Sie sich am Fahrzeugheck die Farbe der Auspuffgase ansehen. Schwarz bedeutet zunächst einmal zu fettes Gemisch, was etwa auf einen klemmenden Choke schließen lassen kann. Bläut der Mustang achtern, verbrennt der Motor Öl, und das kann genauso schlimm sein wie weiße Wolken, die ihren Ursprung an einer defekten Zylinderkopfdichtung haben können.

Schauen Sie sich den letzten Hauptuntersuchungs-Bericht an: Was haben die Prüfer bemängelt, wie lange gilt die Plakette noch? Untersuchen Sie die Reifen, sie sagen eine Menge aus. Nutzen Sie zur Beurteilung die Abbildungen unregelmäßig abgefahrener Reifenprofile, die Sie in vielen Reparaturanleitungen finden. Solche Merkmale zeugen von ausgeschlagenen Kugelgelenken, Buchsen, Radlagern oder Tragarmen. Drehen Sie das Lenkrad und prüfen Sie, ob allzu viel Spiel herrscht.

Achten Sie unbedingt auf das untere Blech des Windlaufs. Zwischen der hinteren Kante der Motorhaube und der Windschutzscheibe findet sich das nicht abschraubbare obere Windlaufblech mit den Schlitzen für die Frischluftzufuhr von Heizung und Lüftung. Vom darunterliegenden Blech mit den Luftschächten soll das durch die Lüftungsschlitze eingetretene Regenwasser eigentlich abfließen, tatsächlich sind die Abläufe aber häufig verstopft. Dann sammelt sich dort die Feuchtigkeit, und das untere Blech rostet durch, was zu feuchten Stellen im Innenraum führt.

Falls das nicht bemerkt wird, zieht die Nässe in den Teppich und lässt das darunterliegende Bodenblech durchrosten. Das kann jahrelang unbemerkt bleiben. Am Ende droht eine aufwändige Reparatur. Es beginnt damit, das obere Blech mit seinen über 100 Schweißpunkten zu entfernen, um an die untere Sektion zu gelangen. Nach der Rostreparatur muss auch das obere Blech wieder eingeschweißt und lackiert werden.

Kontrollieren Sie außerdem den Kofferraumboden, indem sie die Matte anheben. Die Oberseite des Tanks ist Teil des Kofferraumbodens. Wenn sich dort und in den umliegenden Bereichen Rost gebildet hat, müssen Tank und Bodenteile ersetzt werden.

Stellen Sie sich auch schon mal auf den Austausch der Windschutzscheibe und der Scheibendichtung ein. Nach rund 50 Jahren ist jede Frontscheibe blind und mit Steinschlagschäden übersät. Am besten sollten auch gleich alle Tür- und Fenstergummis ersetzt werden.

Für einige Menschen ist eine Restaurierung eine Geldanlage. Sie suchen sich ihre Objekte wie Investoren aus, nicht wie Enthusiasten. Das ist ein weiterer Punkt, den Sie bedenken sollten. Sie können Geld beim Verkauf Ihres Mustangs verdienen, aber nicht, wenn er nur teilweise fertiggestellt ist. Wenn Sie einen Neuwagen kaufen und damit auch nur eine Woche herumfahren, hat er bereits eine Menge an Wert verloren. Wollten Sie ihn bald verkaufen, müssten Sie beträchtliche finanzielle Einbußen hinnehmen.

Der Wert eines Mustangs lässt sich nicht am Kilometerstand ablesen, es zählen Qualität und Originalität. Einmal fertiggestellt und fortan gut gepflegt, wird er seinen Wert mindestens behalten. Behalten Sie das während der Restaurierung im Hinterkopf, wenn Sie glauben, ein Fass ohne Boden gekauft zu haben oder Ihre Familie mutmaßt, Sie stellten als nächstes Ihr Bett in der Garage auf, weil Sie dort sowieso Ihre gesamte Zeit verbringen. Sobald die Familienmitglieder ihre erste Fahrt im fertigen Wagen hinter sich haben, werden sie ihn lieben. Sie werden stolz darauf sein, dass Sie das Projekt bis zum Ende durchgezogen haben. Und jeder in der Nachbarschaft wird einmal mitfahren wollen.

2.1 Wann und wo werden Sie Ihren Traum-Mustang finden? Es könnte nächste Woche oder nächstes Jahr sein, aber nur, wenn Sie fleißig Ausschau halten. Dieser hier teilt sich die Scheune mit einem 49er GMC-Lieferwagen und einem alten Truck und wurde von einem aufmerksamen Urlauber gefunden.

2.2 Die Reifen sind in den Boden eingesunken, und eine dicke Schicht Staub bedeckt dieses 66er Coupé mit V8-Motor. Aber die Karosserie ist gesund, die Lackierung hat den Aufenthalt in der Scheune gut überstanden, und binnen weniger Tage war das Pony wieder auf den Beinen.

2.3 Ein weiteres Beispiel dafür, dass man sich nicht durch Oberflächlichkeiten abschrecken lassen darf. Dieser hier war zwar nicht zu verkaufen, aber wie steht es um ihn? Der Lack ist bereits stark abgewetzt, und die auflackierten Shelby-Streifen sind nicht original. Aber es ist ein Cabriolet, eines der begehrtesten klassischen Mustang-Modelle. Ein genauer Blick aufs Blech verrät: Hier ist alles gerade und gesund, und das ist das Wichtigste!

2.4 Wenn teure V8-Cabriolets aus preislichen Gründen gar nicht in Frage kommen, lohnt ein Blick auf ein Sechszylinder-Coupé. Das ist meist viel günstiger und im restaurierten Zustand genauso hübsch. Dieses Modell mit der fleckigen Grundierung hatte einen vernünftigen Preis, und der Primer schützte (siehe Kapitel 6) die bereits ausgeführten Karosseriearbeiten. Der Käufer musste sich nur noch eine Farbe aussuchen und den Lackierer beauftragen.

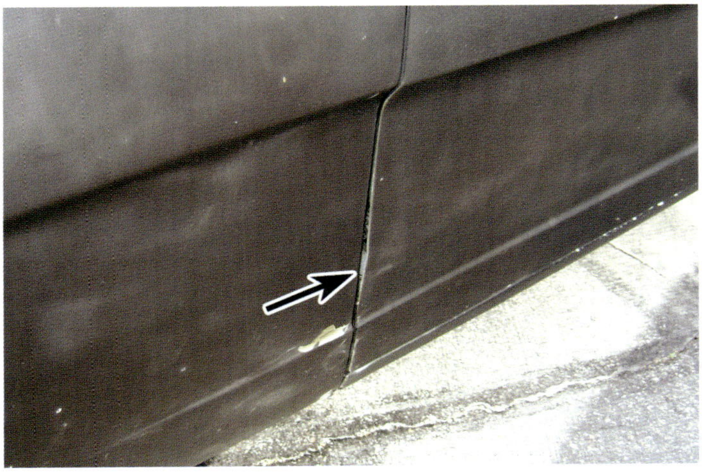

2.5 Es gilt, beim Mustang auf ein paar Besonderheiten zu achten. Das untere Türscharnier besitzt eine stabile Feder, die es mit dem Fanghaken verbindet. Die Fahrertür wird in der Regel häufiger benutzt, und ihre Feder bricht dann irgendwann einmal. Diese Beule entsteht, wenn der ungesicherte Fanghaken an Tür und Kotflügel stößt.

2.6 Die Mustang-Sechszylindermotoren liefern bei sauberer Einstellung gute Verbrauchswerte und sind unglaublich robust. Wenn Sie einen Reihensechser sorgfältig instandsetzen, wird er den Rest des Fahrzeugs überleben.

2.7 Das Interesse an diesem Mustang scheint groß – es fehlen bereits einige der Telefonnummern am Abreißzettel. Hier ist die Meinung eines fachkundigen Freundes unbezahlbar. Wenn bei diesem Preis bereits einige umfangreiche Restaurierungsarbeiten ausgeführt wurden, könnte der Wagen ein Schnäppchen sein.

2.8 Bei diesem Mustang im Resto-Mod-Look wurde viel Geld investiert, um etwa die breiten Reifen unterzubringen. Diese Umbauten sind nicht so einfach zu revidieren. Aber in der Mustang-Szene ist Platz für viele verschiedene Stilrichtungen.

2.9 Am anderen Ende des Umbau-Spektrums steht dieses hübsche Cabrio-Interieur. Es besitzt Fußraumverkleidungen für große Stereolautsprecher, die aber jederzeit wieder mit Originalteilen ersetzt werden können. Es besteht also kein Grund, vor einem Kauf zurückzuschrecken.

2.10 Man sieht häufig klassische Mustangs mit modernen Felgen und Reifen. Aber solange die Kotflügel nicht bearbeitet wurden, um Platz für die größeren Räder zu schaffen, wird es einen Restaurierer nicht stören. Häufig haben die Besitzer sogar zwei Radsätze, einen originalen für Showzwecke und einen für mehr Spaß.

2.11 Wenn Sie verchromte Felgen den Standard-Radkappen vorziehen, können Sie Styled-Steel-Felgen nehmen, wie sie schon damals als Option verfügbar waren. Nachfertigungen im Originallook sind reichlich verfügbar und sehr beliebt.

2.12 Rost ist der Feind aller Autos. Zu reparieren, was mangelnde Pflege und der Zahn der Zeit dem Blech und anderen Komponenten angetan haben, ist kostspielig. Man achte daher vor allem auf Rost. Es lohnt der Blick unter die Teppiche im Fußraum. Oberflächlicher Rost ist zu vernachlässigen, Löcher im Blech bedeuten jedoch eine umfangreiche Reparatur (siehe dazu Kapitel 6 mit dem aufwändigen Austausch des Bodenblechs).

2.21 Trotz verbreiteten Online-Shoppings schätzt so mancher noch die Möglichkeit, Teile erst in Augenschein zu nehmen. Im Fachhandel gibt es zum Kauf in der Regel auch noch Expertise dazu – den Fachhandel wie hier in Sacramento gibt es natürlich in den USA häufiger als hierzulande.

2.22 Der Besuch in einer Mustang-Werkstatt ist wie eine Zeitreise in die Vergangenheit. Aber an solch einem Ort wird natürlich auch noch nach alter Väter Sitte geschraubt.

2.23 Nicht jedes erhältliche Mustangteil ist eine Reproduktion. Häufig finden sich auch noch originale Karosserie- oder Fahrwerksteile in den Lagern.

CONVERT. TOP
FRONT BUMPER BOLTS
LH DOOR HINGE
EXHAUST BOLTS

3. Organisation

Schlechte Organisation ist der häufigste Grund, warum die Restaurierung eines Fahrzeugs scheitert und es dann als Haufen undefinierbarer Einzelteile weiterverkauft wird. Wer seinen Mustang für eine Instandsetzung komplett zerlegt, hat es mit der Demontage, dem Kennzeichnen und der Lagerung der Teile zu tun. Im Falle von unvorhergesehenen Ereignissen während des Projekts ist es hilfreich, alle Teile sauber beschriftet und verstaut zu haben. Falls Sie Ihr Restaurierungsobjekt aus Geldnot verkaufen müssen, ist ein unorganisierter Haufen Einzelteile wesentlich weniger wert als Sie vielleicht denken. Selbst wenn ein Mustangkenner die Teile realistisch bewertet, lehnt er möglicherweise dankend ab, ein 5000-Teile-Puzzle zusammensetzen zu müssen.

Wie bereits im vorigen Kapitel erwähnt, braucht man im Idealfall eine Dreiergarage oder entsprechend weiteren Stauraum, um alle Teile eines einzelnen Fahrzeuges unterzubringen. Lagern Sie alles an einem sicheren Ort, wo nichts von Regalen herunterfallen kann, und weit weg von Feuchtigkeit, Chemikalien oder starker Hitze. Empfindliche Innenraum- und Karosserieteile sollten mit Decken voneinander getrennt aufbewahrt werden. Generell sollten diese Komponenten Ihnen in der Garage nicht im Weg stehen. Halten Sie die Laufwege frei, damit Sie nicht gegen etwas treten und es über den Betonboden gegen ein anderes, empfindliches Bauteil geschleudert wird. Wem das häufiger passiert, der lernt das Fluchen ganz neu.

Sie sollten sich die Zeit nehmen, bei der Demontage Schritt-für-Schritt-Fotos zu machen und alle Teile sauber zu beschriften und ordentlich zu lagern. Das wird sich beim späteren Zusammenbau Ihres Mustangs immer wieder und bei jedem einzelnen Teil bezahlt machen.

Wer die Teile auf dem Fußboden lagert, sollte eine Plastikplane unterlegen. So wird verhindert, dass speziell in der kalten Jahreszeit Feuchtigkeit durch den Boden dringt und unbemerkt zu Korrosion an den Teilen führt.

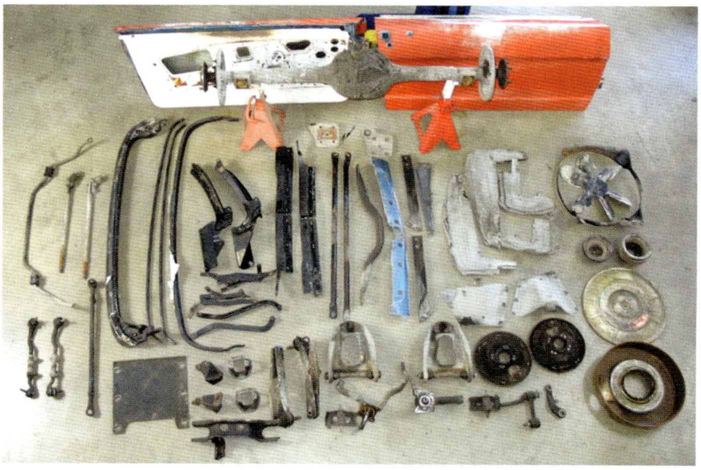

3.1 Organisation und Identifikation der einzelnen Teile sind entscheidend zu Beginn einer gründlichen Restaurierung. Dies ist eine erste Teilesammlung vom Beginn der Mustang-Demontage, markiert und fotografiert.

3.2 Sie werden eine Menge Kisten in verschiedenen Größen benötigen, um alle Einzelteile zu lagern und zu schützen. Innenraum- und Zierteile brauchen besseren Schutz als grobe Fahrwerksteile.

3.3 Beschriften Sie die Boxen von außen, auch mit Hinweisen wie „vorne" oder „rechts". Wer ausreichend Platz auf dem Boden oder im Regal hat, lässt Sie die Kisten geöffnet und stapelt sie nicht aufeinander. So lässt sich der Inhalt jederzeit im Blick behalten.

3.4 Es ist hilfreich, stets eine freie Werkbank für die Begutachtung, die Instandsetzung und das Zusammensetzen kleinerer Baugruppen zu haben.

3.5 Plastikbeutel eignen sich gut, um Kleinteile einzulagern. Die Beutel gehören natürlich mit Klebeband, Marker oder Klebezetteln klar gekennzeichnet. Für schwerere Kleinteile wie Fahrwerksschrauben sind stabile Gefrierbeutel gut zu gebrauchen.

3.6 Eine große Kiste voll mit winzigen Plastiktüten macht die Suche nach einem bestimmten Teil schwierig. Kleine Tüten und markierte Kleinteile sind besser in Sortierkisten und Schränkchen mit ordentlich beschrifteten Schubfächern untergebracht.

3.7 Machen Sie reichlich Gebrauch von Ihrer Digitalkamera. Dokumentieren Sie, wie Teile im Original montiert waren, besonders, bevor Sie Kabel, Schalter und die Anschlüsse des Kabelbaums hinter dem Armaturenbrett lösen.

3.8 Arbeiten Sie nur bei bester Beleuchtung, notfalls mit Taschenlampen und Blitzlicht, und kontrollieren Sie jedes Foto gleich auf dem Kameradisplay. Stellen Sie sicher, dass das Gewünschte zu erkennen ist.

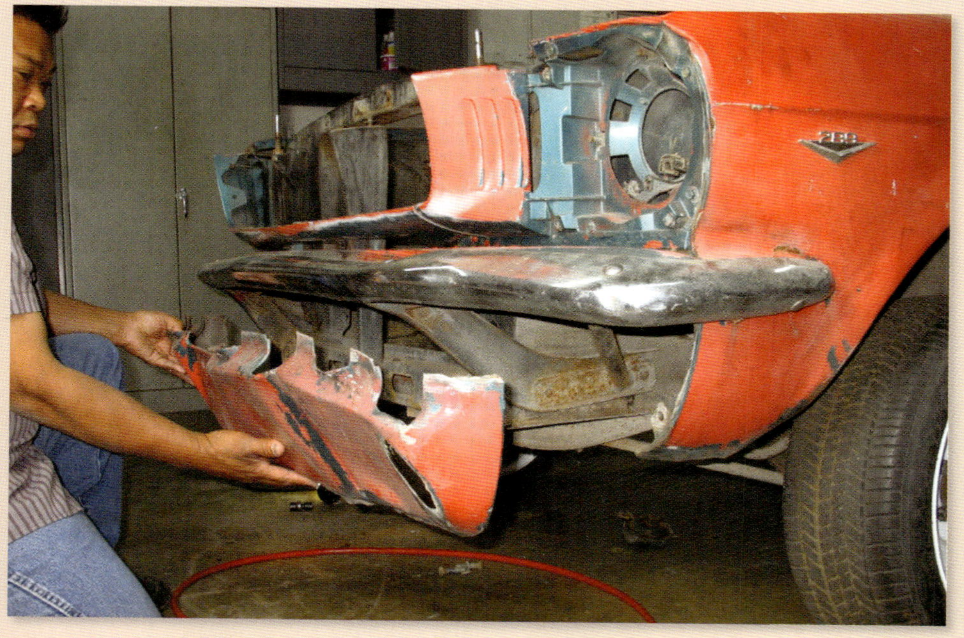

4. Demontage

Die Demontage kann an der Fahrzeugfront, am Heck oder mit der Innenausstattung beginnen. Wichtig ist nur, dass Sie alle Teile benennen und markieren (siehe Kapitel 3). Warten Sie mit der Fahrwerksdemontage, bis alles andere heraus ist, umso länger lässt sich das Auto noch hin- und herrollen.

Dort, wo Sie in der Garage das Auto zerlegt haben, werden Sie auch weiterhin arbeiten wollen, also muss die Rohkarosserie irgendwann aus dem Weg. Wir zeigen später in Kapitel 5, wie Sie ein stabiles Rollgestell dafür bauen, mit dessen Hilfe das Mustangskelett beweglich bleibt.

Noch ein wichtiger Tipp: Behandeln Sie alle Einzelteile stets mit Sorgfalt, auch wenn sie später noch mehr oder weniger gründlich restauriert und gar lackiert werden müssen.

Wer an der Fahrzeugfront beginnen will, nimmt als erstes die Motorhaube ab. Das wird kaum ohne Helfer gelingen. Wer am Heck beginnt, entfernt zuerst den Kofferraumdeckel. Karosseriebleche wie Hauben und Kotflügel können beim Ausbau von schweren Motorteilen oder des Benzintanks sonst leicht beschädigt werden.

Es wird auch für weitere Teile ein zweites Paar Hände erforderlich sein. Fragen Sie einen Freund, stellen Sie ein paar Getränke bereit und erledigen Sie mit ihm zusammen die Zwei-Mann-Jobs wie den Ausbau von Türen, Hauben und Motor.

Es zahlt sich immer aus, für das Bewegen schwerer Teile einen Helfer zu holen oder zumindest ein Rollbrett oder -gestell unterzuschieben. Sind erst tiefe Kratzer in der Autotür oder in der eigenen Haut, ist es zu spät, sich zu überlegen, dass man es besser nicht allein hätte versuchen sollen.

Bevor es nun mit dem Zerlegen losgehen kann, muss die Klimaanlage entleert werden – sofern eine an Bord ist. Eine Werkstatt sollte das Kältemittel absaugen und entsorgen. Das Zeug ist umweltschädlich und gesundheitsgefährdend. Generell sollten Sie die Arbeiten an der Klimaanlage Fachleuten überlassen.

Sobald die empfindlichen Teile wie Grill, Stoßstange und Frontmaske an der Fahrzeugfront abgebaut und eingelagert wurden, geht es an den Antriebsstrang. Lassen Sie alle Flüssigkeiten wie Kühlwasser, Motoröl, Hydrauliköl der Servolenkung, Bremsflüssigkeit, Getriebeöl und Öl des Differenzials ab. Bereits jetzt empfiehlt sich die Dokumentation mit der Kamera. Bevor Sie irgendetwas aus dem Motorraum entfernen, machen Sie ruhig viele Bilder von Leitungen, Verkabelung, Verschraubung der Lüfterabdeckung und allen Clips und Befestigungen auf den Innenseiten der Kotflügel, an der Spritzwand und an den Quertraversen. Weitere dankbare Motive sind die Befestigungen der Bremsleitungen, Kühlerschläuche, Getriebeölleitungen und Kraftstoffleitungen. Beschriften Sie vor dem Abmontieren die Kabel von Zündung, Anlasser und Lichtmaschine mit Hilfe von Klebeband und Marker.

Unser Mustang Cabrio befand sich zu Anfang der Arbeiten in recht desolatem Zustand, und je weiter die Demontage gedieh, desto deutlicher zeichnete sich der erhebliche Arbeitsaufwand ab. Ist ein Cabriolet den Elementen schutzlos ausgeliefert, leidet bald das Verdeckmaterial durch Sonne, Schnee und Regen. Dreck, Blätter und Nässe dringen ins Fahrzeug und beschädigen die Innenausstattung oder gar elektrische Bauteile. Sind der Teppich und das Dämmmaterial erst einmal mit

Feuchtigkeit vollgesogen, rostet irgendwann das Bodenblech. Sitze und Teppiche sind zwar recht einfach und preiswert zu ersetzen, ein durchgerostetes Bodenblech ist dagegen meist ein Job für die Karosseriewerkstatt und verursacht sowohl Aufwand als auch Kosten (siehe auch Kapitel 6).

Antriebsstrang

4a.1 Wir hatten Glück bei unserer Fahrzeugsuche und fanden dieses Cabriolet mit V8 und Automatikgetriebe. Es war alles andere als perfekt – mit nicht originalen Teilen, einer billigen Neulackierung, vier platten Reifen, falschen Felgen, durchgerosteten Bodenblechen und einem Verdeck, das nur noch aus dem Gestänge bestand. Das ist der bescheidene Ausgangspunkt für unseren kompletten Wiederaufbau.

4a.2 Auf beiden Seiten des Motorraums finden sich zwischen Spritzwand und Federdom Domstreben (A) zur Versteifung des Vorderwagens. Im Cabrio gab es zusätzlich rohrförmige Verbindungsstreben (B) von der Spritzwand bis zum Innenkotflügel ganz vorne. Vor dem Ausbau des Motors müssen diese Streben alle entfernt werden.

4a.3 Lösen Sie die vier Schrauben der Motorhaube am Haubenscharnier. Machen Sie dies am besten gemeinsam mit einem Helfer.

4a.4 Wenn zwei Leute die Haube halten, kann die letzte Schraube auf jeder Seite gleichzeitig gelöst und die Haube vorsichtig angehoben werden.

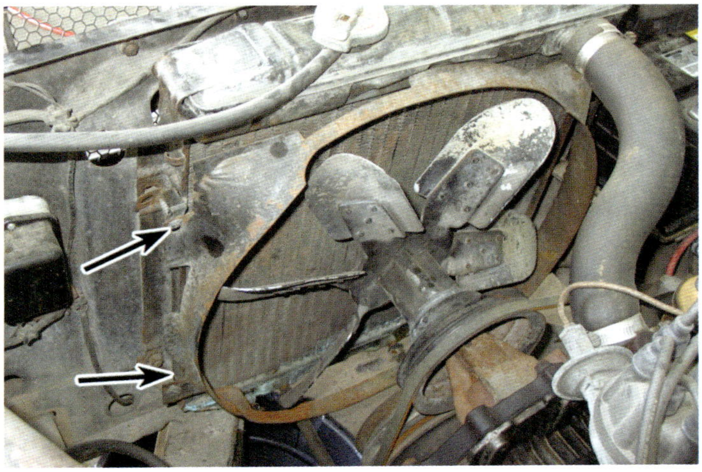

4a.5 Stellen Sie eine Wanne unter den Kühler und lassen Sie das Kühlwasser ablaufen. Entfernen Sie die Kühlerschläuche oben und unten, lösen Sie die Schrauben der Lüfterabdeckung (im Bild sind die linken Montageschrauben zu sehen) und ziehen Sie die Abdeckung nach hinten über den Lüfter. Entfernen Sie die Lüfterschrauben und den Lüfter. Danach können Sie die Abdeckung herausnehmen.

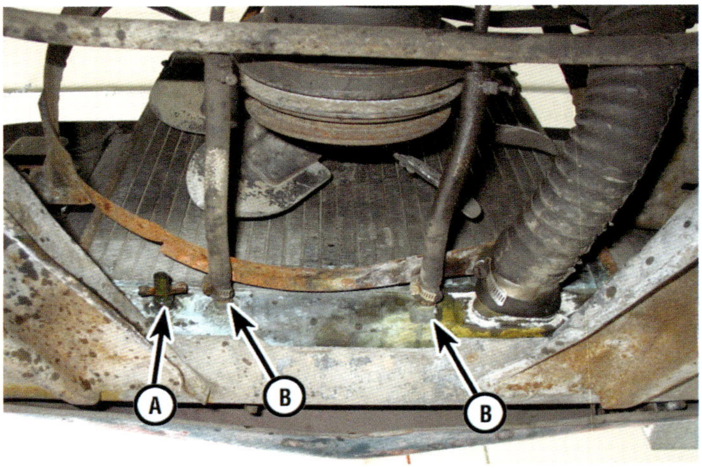

4a.6 Hier ist die Ablassschraube (A) auf der Unterseite des Kühlers zu sehen. Trennen Sie hier auch die Leitungen zum Getriebeölkühler (B).

4a.7 Nach dem Lösen der vier Befestigungsschrauben am Kühler lässt der sich vorsichtig herausheben. Die wenigsten alten Originalkühler taugen noch zum Weiterverwenden. Ersatz ist preiswert und eine zuverlässige Absicherung für den Motor.

4a.8 Ohne Rostlöser werden sich die Befestigungsschrauben an Auspuff und Krümmer kaum lösen lassen. Man gebe dem Löser Zeit, seine Arbeit zu tun.

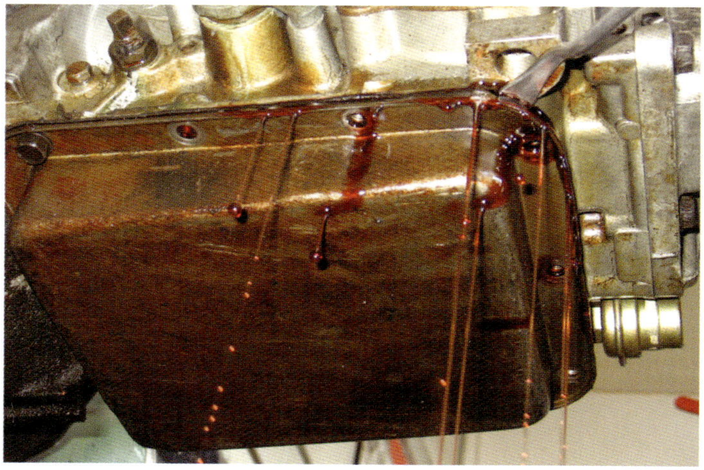

4a.9 Eine große Wanne gehört unters Getriebe, bevor die Schrauben der Ölwanne gelöst werden und sie selbst vorsichtig vom Getriebegehäuse abgehebelt wird. Dabei sollten eine oder zwei Schrauben zur Sicherung der Wanne an Ort und Stelle bleiben. Sobald keine Flüssigkeit mehr abläuft, setzen Sie alle Schrauben wieder ein und ziehen sie handfest an.

4a.10 Entfernen Sie die kleine Abdeckung an der Unterseite der Getriebeglocke vorne, um an die Muttern der Drehmomentwandler-Verschraubung zu gelangen (A). Es gibt vier davon. Sie müssen also den Motor mit Hilfe eines Steckschlüssels und einer Verlängerung an der Riemenscheibe der Kurbelwelle drehen, um alle zu erreichen. Pfeil B zeigt eine der beiden Ablassschrauben des Wandlers.

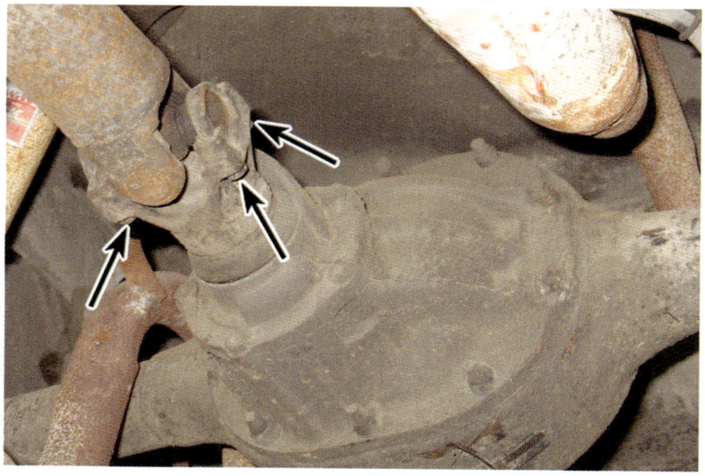

4a.11 Entfernen Sie am Fahrzeugheck die Schrauben, die das Kreuzgelenk der Kardanwelle am Differenzial halten. Hebeln Sie die Bügel und die Kardanwelle nach vorne, um sie vom Flansch zu trennen. Lassen Sie die Antriebswelle hinten herab und lassen Sie den Kopf vorne aus dem Getriebe gleiten. Lagern Sie die Kardanwelle sicher, eine Beschädigung könnte zu einer Unwucht führen.

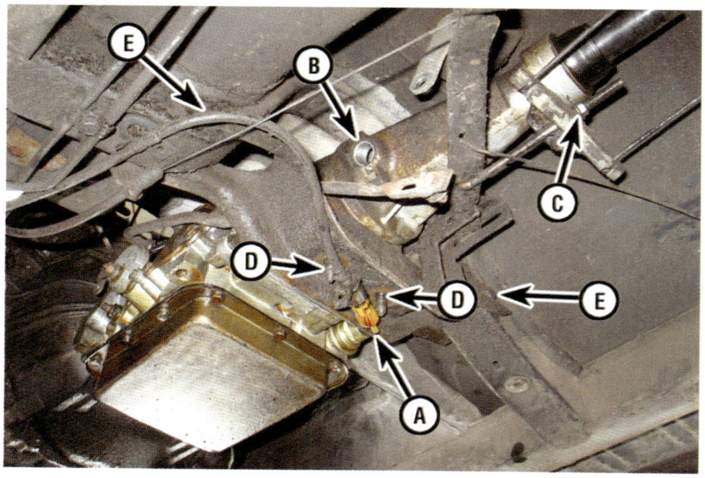

4a.12 Trennen Sie die Tachowelle (A) vom Getriebegehäuse (B), dann lösen Sie die Verbindung von Handbremsseil und Ausgleichsstück (C). Mit einem stabilen Heber unter dem Getriebe entfernen Sie zuerst die Schrauben unten an der Getriebetraverse (D) und danach die Verschraubung von Getriebetraverse und Chassis (E).

4a.13 Klemmen Sie die Kabel zum Anlasser ab, drehen Sie die beiden Befestigungsschrauben heraus und nehmen Sie den Anlasser ab. Achtung: Stellen Sie vorher sicher, dass die Batterie ausgebaut oder zumindest abgeklemmt ist.

4a.14 Sichern Sie den hinteren Teil des Motors zur Karosserie hin mit einer Kette, trennen Sie das Getriebe vorsichtig vom Motor und bewegen Sie es weit genug nach hinten, um an die beiden Ablassschrauben des Drehmomentwandlers zu kommen. Einen so einfachen Weg, das Öl abzulassen, finden Sie nur noch bei alten Autos.

4a.15 Schieben Sie den Getriebeheber nach hinten und lassen Sie das Getriebe langsam ab. Das Getriebe sollte auf dem Heber mit Ketten oder wie hier mit Riemen gesichert sein.

4a.16 Unsere Auspuffanlage war aus Universalrohren mit verschweißten Auspufftöpfen zusammengesetzt. Wir werden die korrekten Auspuffrohre und originalgetreue Schalldämpfer für eine Einrohranlage verbauen, wie sie unser Mustang im Original besaß. Der einfachste Weg, unserem verschweißten Ensemble beizukommen, war das Heraustrennen mit einer Stichsäge.

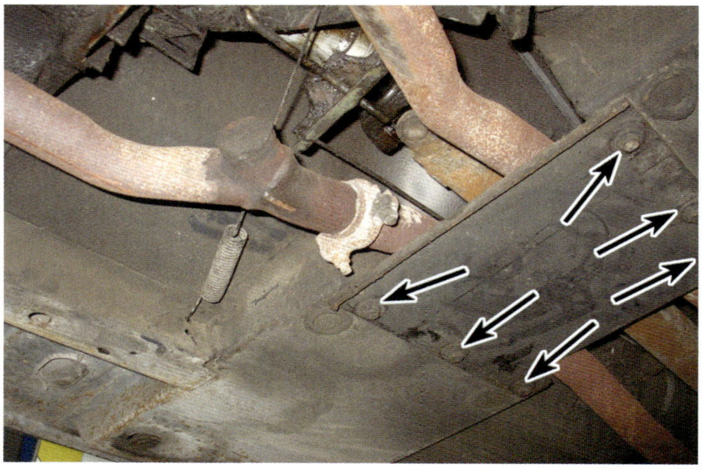

4a.17 Diese Verstärkungsplatte (nur beim Cabriolet) muss abgeschraubt werden, um die alten Rohre herauszubekommen. Installieren Sie die Platte danach wieder, um die Karosseriesteifigkeit zu erhalten.

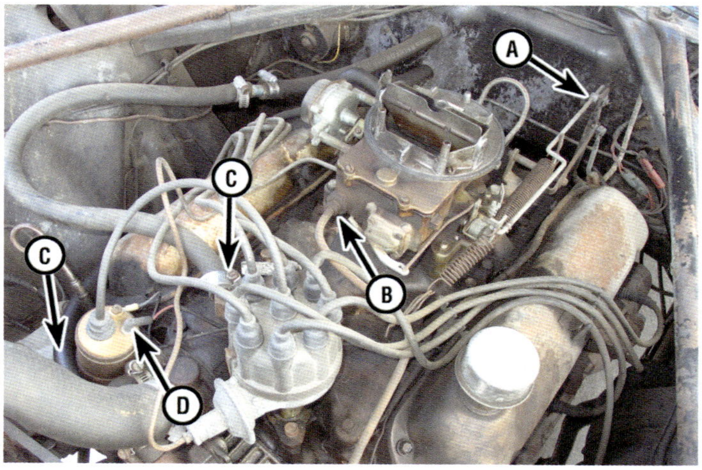

4a.18 Lösen Sie das Gasgestänge (A) und die Kraftstoffleitung vom Vergaser (B). Trennen Sie die Heizungsschläuche (C), dann markieren und entfernen Sie die Kabel an der Zündspüle (D).

4a.19 Trennen Sie alle Massekabelverbindungen vom Motor zu Chassis. Lösen Sie alle Kabel an der Lichtmaschine (A), entfernen Sie den Lichtmaschinenhalter mit seinen Schrauben (B) und nehmen Sie die Lichtmaschine ab.

4a.20 Bauen Sie die Batterie aus (falls noch nicht geschehen) und nehmen Sie das Luftfiltergehäuse ab. Befestigen Sie dann zum Motorausbau Ketten an Vorder- und Rückseite des Motors. Lassen Sie das Motoröl ab und entfernen Sie den Ölfilter.

4a.21 Wenn die Ketten den Motor am Motorkran sichern, heben Sie den Motor ein wenig an, um die Motorhalter zu entlasten. Drehen Sie alle Verbindungsschrauben vom Motorhalter zum Chassis heraus. Der Motor kann nun aus dem Motorraum herausgehoben werden. Danach können die Motorhalter abmontiert werden.

4a.22 Gehen Sie mit dem Motorkran vorsichtig zu Werke und achten Sie auf eventuell immer noch verbundene Kabel oder Schläuche. Heben Sie den Motor nur so weit wie nötig an, um die empfindlichen Frontbleche nicht zu beschädigen. Der Motor könnte auch leicht ins Schwingen kommen; es ist also hilfreich, eine zweite Person zur Stabilisierung dabei zu haben, während Sie den Motorkran mit dem Motor vom Fahrzeug wegbewegen.

4a.23 Ist der Motor weit genug vom Auto entfernt, wird er langsam und vorsichtig abgelassen. Er kann auf ein Gestell oder an einen Motorhalter montiert werden. Motorüberholung und Zerlegung des Motors sind einfacher, wenn er auf einer drehbaren Halterung fixiert ist.

Karosserie

4b.1 Das „Running Horse“ gilt nun seit mehr als 50 Jahren als Symbol für den Mustang. Es befindet sich prominent am Kühlergrill und wird als erstes demontiert und eingelagert. Entfernen Sie oben die beiden Schrauben und kippen Sie das Grillornament leicht nach vorne, um es abzunehmen.

4b.2 Benutzen Sie einen Montierhebel aus Kunststoff, um die beiden Zierleisten links und rechts in der Kühlergrillöffnung zu lösen. Entfernen Sie die Schrauben (siehe Pfeil), bevor Sie die Teile abnehmen.

4b.3 Klemmen Sie das Kabel der Hupe ab und schrauben Sie die Hörner mit dem Halter vom Kühlerhalteblech ab. Es gibt auf jeder Seite je eine Hupe.

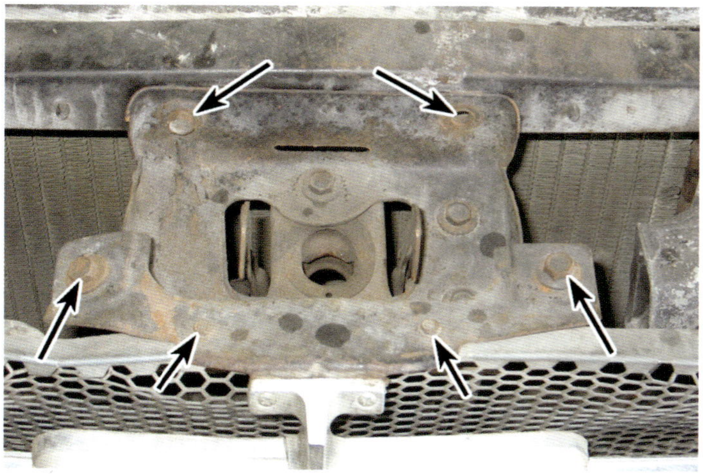

4b.4 Entfernen Sie die Schrauben an der Motorhaubenverriegelung am Kühlerhalteblech.

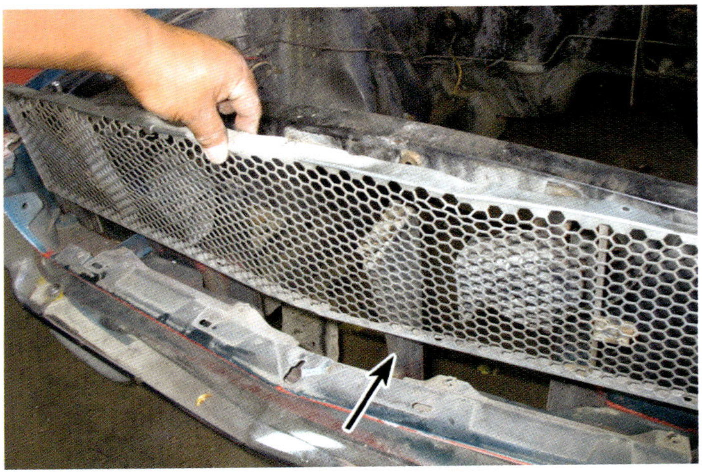

4b.5 Entfernen Sie die Schrauben auf der Unterseite und in der Mitte (siehe Pfeil) des Grills. Der 65er Grill besteht aus empfindlichem Lochblech und ist an unrestaurierten Fahrzeugen meist verbogen. Seien Sie vorsichtig beim Ausbau. Der 66er Grill besteht aus dünnen Streben, die aber stabiler als das 65er-Blech sind.

4b.6 Entfernen Sie die Kreuzschlitzschrauben der Scheinwerferblenden. Behandeln Sie die Blenden sorgsam. Sie sind aus Gussmetall und können beim Aufprall auf dem Boden zerbrechen. Bei unserem Fahrzeug waren die Bohrungen so ausgeleiert, dass jemand die Blenden mit Holzschrauben und Unterlegscheiben gesichert hatte.

4b.7 Um den Rest des Scheinwerfers auszubauen, lösen Sie die Halteschrauben des Scheinwerferrings und drehen ihn dann soweit, bis er abgenommen werden kann.

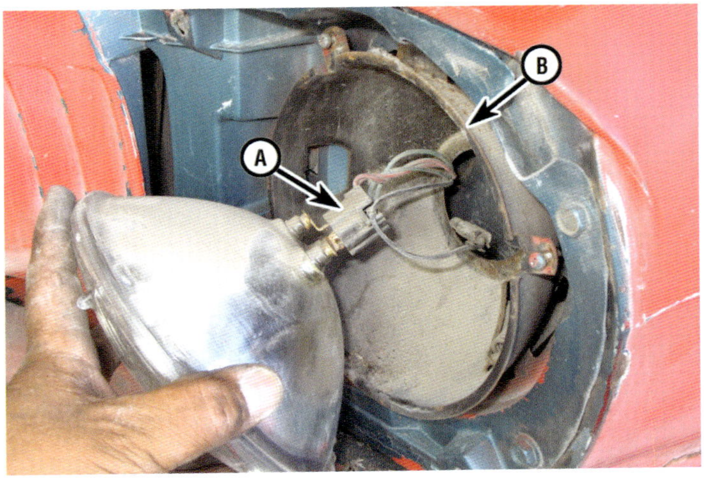

4b.8 Ziehen Sie die Scheinwerferbirne soweit hinaus, bis Sie die Kabelverbindung (A) trennen können. Für eine deutsche Zulassung werden Sie diese Lampen gegen H4-Scheinwerfer mit E-Prüfzeichen tauschen müssen. Montieren Sie nun die Schrauben des Scheinwerfertopfes (B) ab.

4b.9 Einige der Verschraubungen des unteren Frontblechs finden sich unter der Stoßstange.

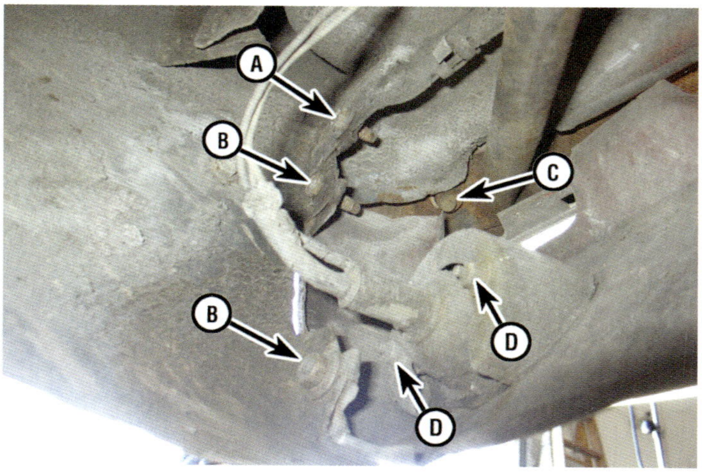

4b.10 Unter dem Auto (hier auf der Fahrerseite) entfernen Sie die Schraube, die den Kotflügel an der oberen Spritzwand (A) hält, dann die Verschraubung zwischen Kotflügel und unterem Frontblech (B) sowie eine Kotflügelschraube (C). Entfernen Sie die beiden Muttern, die den vorderen Blinker halten und klemmen Sie die elektrische Verbindung ab. Gehen Sie genauso auf der anderen Fahrzeugseite vor.

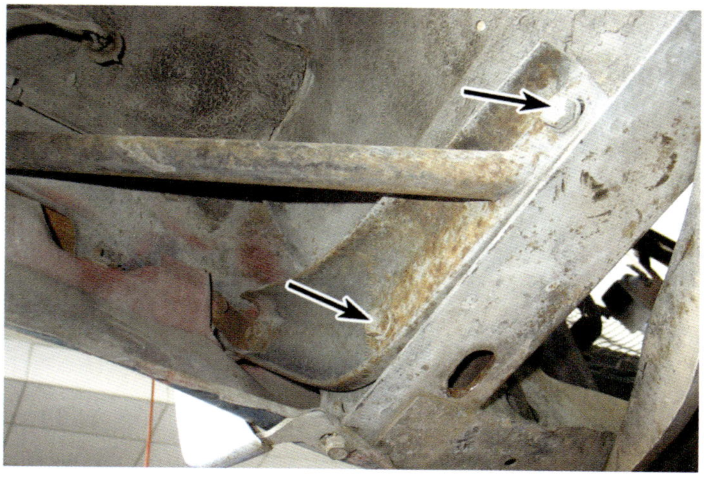

4b.11 Da wir nicht bloß die Stoßstangen ersetzen, müssen auch die Stoßstangenhalter (Pfeile) für eine Überarbeitung abmontiert werden. Die Stoßstangenhörner sind nicht mit der Stoßstange, sondern mit der Karosserie verbunden. Nehmen Sie diese ebenfalls ab.

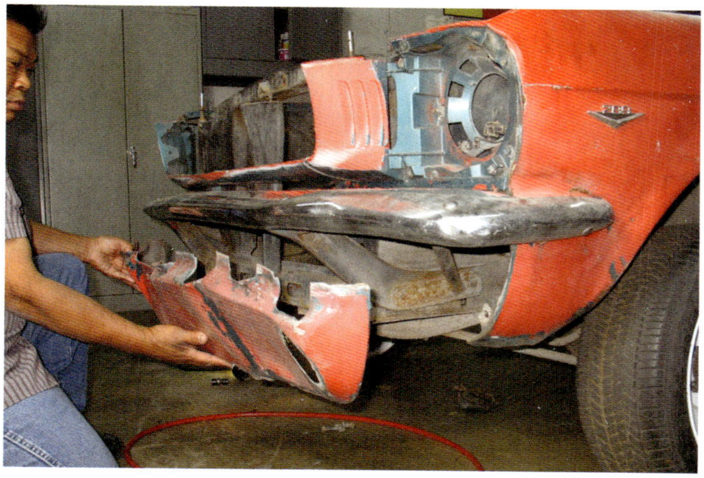

4b.12 Wenn alle Lampen und Befestigungsteile entfernt sind, lässt sich die Frontschürze abnehmen. Diese Bleche überstehen die Jahre selten unversehrt. Da sie auch nicht besonders stabil sind, ist der Kauf einer neuen Frontschürze meist preiswerter als das Restaurieren der alten.

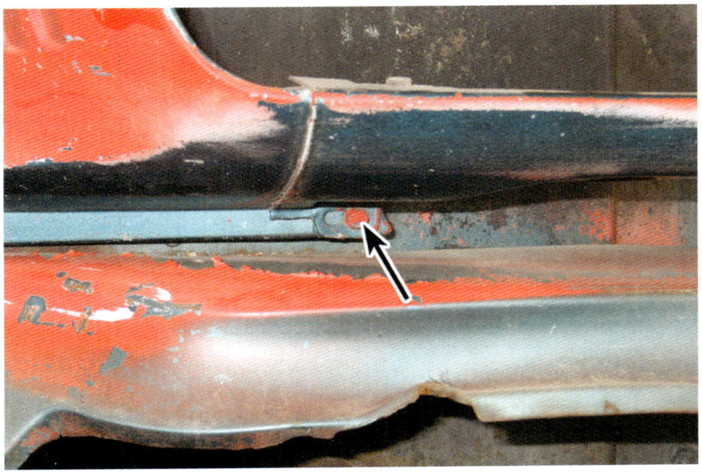

4b.13 Schrauben Sie das Grillhalteblech an den beiden Befestigungspunkten ab.

4b.14 Wenn sicher ist, dass alle Befestigungsteile des oberen Frontblechs entfernt sind, kann es abgenommen werden. Hat das Auto vorn keinen Unfallschaden, ist das Teil einfach aufzuarbeiten.

4b.15 Druckluft- oder Akku-Schlagschrauber sind eine gute Hilfe in der Demontagephase. Benutzen Sie so etwas aber nicht beim späteren Zusammenbau; Sie könnten damit Karosserieblech und Lack beschädigen. Hier geht es an die obere Reihe der Befestigungsschrauben des rechten Kotflügels.

4b.16 Vieles beim Abmontieren eines Mustang-Kotflügels muss von der Unterseite des Fahrzeugs geschehen. Das geht natürlich auch ohne Hebebühne, ist aber erheblich mühsamer.

4b.17 Dicker Unterbodenschutz mag zwar das Leben eines Autos verlängern, erschwert aber das Auffinden und Lösen der Kotflügelschrauben. Da heißt es: abkratzen.

4b.18 Die Rückseite des Kotflügels ist mit einem mehrfach verschraubten Halter aus Blech zur Karosserie hin verstärkt.

4b.19 Ist der Halter erst einmal entfernt, lässt sich diese Kotflügelschraube erreichen. Man kommt ebenfalls an diese Schraube, indem man im Innenraum die Fußraumverkleidung und die darunterliegende Gummikappe entfernt und mit einer Verlängerung durch das Loch arbeitet.

4b.20 An der Vorderseite lässt sich der Lampentopf mit drei Schrauben lösen. Packen Sie diese Schrauben in eine Tüte und beschriften Sie diese.

4b.21 Eine Drahtbürste kann beim Auffinden der Befestigungspunkte gute Arbeit leisten. Vielleicht müssen Sie die Bürste gelegentlich mit Petroleum von dem klebrigen Zeug befreien.

4b.22 Entfernen Sie den Lampentopf nun von außen.

4b.23 Am vorderen Ende des Schwellers findet sich eine weitere Kotflügelschraube. Versuchen Sie nicht, den Kotflügel abzunehmen, bevor Sie nicht alle hier gezeigten Befestigungsteile entfernt haben. Der Kotflügel könnte sonst beschädigt werden.

4b.24 Es gibt noch eine Schraube am Windleitblech, die durch die Karosserie zum hinteren Halter des Kotflügels reicht. Sie unterscheidet sich von der Reihe der Schrauben, die den Kotflügel am Stehblech befestigen (siehe Bild 15). Vergessen Sie nicht, die Antenne abzuklemmen.

4b.25 Öffnen Sie die Tür, um an die letzte Kotflügelschraube zu gelangen. Selbst wenn diese letzte Schraube heraus ist, wird der Kotflügel wahrscheinlich noch von Unterbodenschutz, Rost und Dreck am Fahrzeug gehalten. Sie werden an ihm ziehen und rütteln müssen, um ihn freizubekommen. Kleben Sie die Türecke zum Schutz vor Beschädigung ab.

4b.26 Schließlich lässt sich der widerspenstige Kotflügel doch entfernen. Einmal abmontiert, sind die Kotflügel ohne ihre Verstärkungen recht biegsam. Lagern Sie sie sorgsam und stellen Sie nichts auf ihnen ab.

4b.27 Wir haben dieselben Arbeitsschritte auf der linken Seite ausgeführt und auch diesen Kotflügel abmontiert und eingelagert.

4b.28 Nun lassen sich die Scharnierschrauben (Pfeile) der Türen gut erreichen, obwohl die sich natürlich auch ohne Kotflügelausbau demontieren lassen. Wenn Lautsprecher oder Türinnenleuchten montiert sind, klemmen Sie diese vorher ab.

4b.29 Die Tür lässt sich von einer Person ausbauen, es ist aber zu zweit viel leichter. Sie sollten dazu einen Wagenheber oben abpolstern und ihn zur Verstärkung unter die Tür stellen, während Sie die Scharnierschrauben lösen. Sollte die Tür auf harten Boden fallen, wird die Reparatur vermutlich nicht billig.

4b.30 Vom Mustangheck lässt sich alles innerhalb von ein paar Stunden demontieren. Genau wie vorn wird zuerst die Haube abgenommen, um einfacheren Zugang zum Kofferraum zu erhalten. Lassen Sie eine zweite Person den Deckel halten, während Sie die Scharnierschrauben herausdrehen.

4b.31 Da unser Mustang komplett entlackt werden soll, nehmen wir die Schrauben für die beiden Scharniere heraus. Unsere Rohkarosse soll schließlich auch an Stellen unter den Anbauteilen lackiert werden.

4b.32 Das Kofferraumschloss wird von der Innenseite der Haube abmontiert. Lagern Sie es zusammen mit den Befestigungsschrauben in einer Tüte.

4b.33 Öffnen Sie den Tankdeckel, der mit einem Haltekabel versehen ist. Lösen Sie die Mutter des Kabels im Kofferraum und entfernen Sie den Tankverschluss.

4b.34 Schrauben Sie den Tankeinfüllstutzen los und trennen Sie ihn von der Karosserie. Bei unserem Fahrzeug ist darunter alles verrostet.

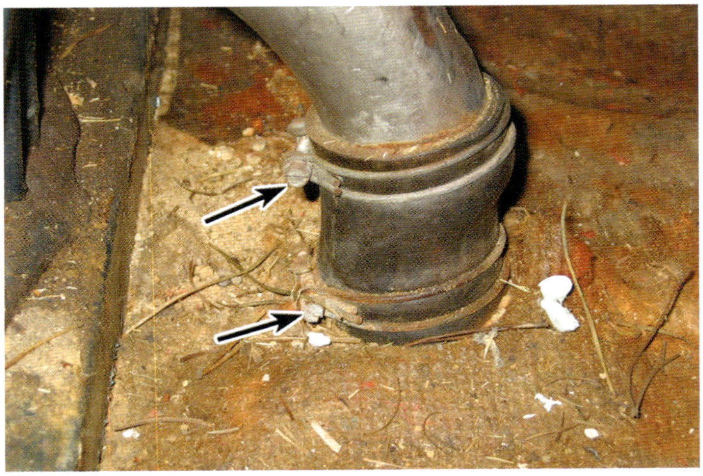

4b.35 Die Tankoberseite bildet einen Teil des Kofferraumbodens. Entfernen Sie die Kofferraummatte und die Dämmung. Tragen Sie vorsichtshalber eine Maske beim Reinigen des Kofferraums. Lösen Sie danach diese beiden Schellen und nehmen Sie den Tankeinfüllstutzen heraus.

4b.36 Kratzen Sie die alte Isolierung rund um den Tank weg, um die vielen Befestigungsschrauben freizulegen.

4b.37 Nehmen Sie die Rückleuchten-Zierblenden mit ihren je vier Schrauben ab.

4b.38 Nun bleiben noch zwei Teile übrig: das rote Rückleuchtenglas und die darunterliegende Dichtung zum Gehäuse. Leider benötigt unser Rückleuchtengehäuse ein wenig Arbeit. Da es das Licht der Birne reflektieren soll, müssen wir es entweder entrosten und silberfarben lackieren oder durch ein neues ersetzen.

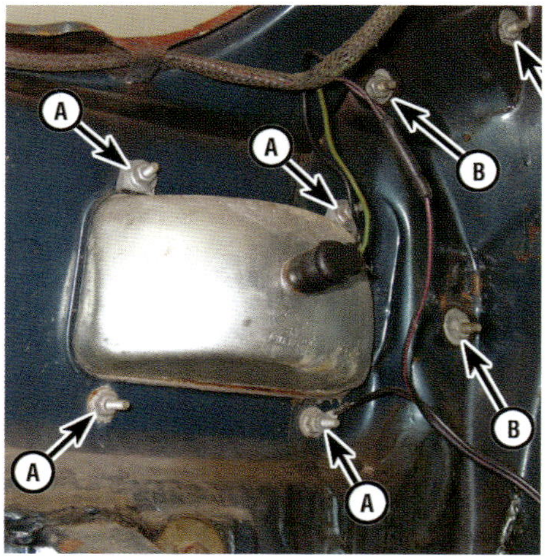

4b.39 Vier Schrauben A halten das Rückleuchtengehäuse, und die Muttern B das Zinkdruckguss-Abschlussstück des hinteren Kotflügels.

4b.40 Die hintere Stoßstange kann man zusammen mit ihren Haltern demontieren. Es gibt zwei Befestigungsschrauben (Pfeile) für die Halter auf jeder Seite. Wenn Sie keinen Helfer zur Verfügung haben, können Sie die Stoßstange während des Lösens der Schrauben mit Panzerband fixieren. Nehmen Sie die Stoßstange ab, nachdem Sie die Nummernschildbeleuchtung abgeklemmt haben.

4b.41 Sobald die Stoßstange ausgebaut ist, lassen sich die Halter zur Aufarbeitung und Lackierung abschrauben.

4b.42 Falls Ihr Mustang Rückfahrscheinwerfer besitzt, entfernen Sie die Schrauben und ziehen die Lampe samt Gehäuse aus dem Heckblech heraus. Lösen Sie die Verkabelung.

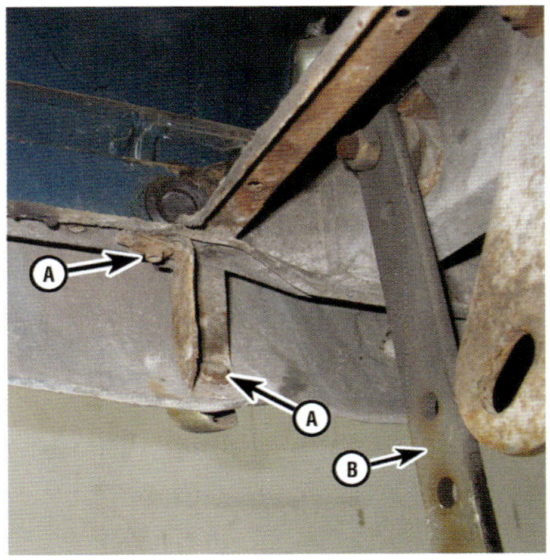

4b.43 Von unten lassen sich nun die Stoßstangenhörner vom Heckblech abmontieren (A). Beachten Sie die heiklen verlängerten Federschäkel aus den Siebzigern (B), mit denen man entweder das Heck höherlegen oder den mutmaßlich schwächelnden – eine Mustang-Krankheit – Blattfedern auf die Sprünge helfen wollte.

4b.44 Die letzten Befestigungsteile des Heckblechs sind von außen zugänglich. Diese Abschlussbleche wurden meist mehrfach im Laufe eines Mustanglebens in Mitleidenschaft gezogen. Es ist wahrscheinlich preiswerter, Ersatz zu beschaffen als einen Karosseriebauer mit der Aufarbeitung zu beauftragen.

4b.45 Lassen sie vor dem Ausbau des Tanks das alte Benzin ab. Eventuell müssen Sie dazu die Ablassschraube mit einer Drahtbürste vom Dreck befreien. Achtung: Benzin ist leicht entzündlich. Rauchen Sie nicht und arbeiten Sie nicht mit offener Flamme. Nackte Glühbirnen und Geräte mit Gasanschluss sind in der Garage tabu. Beachten Sie auch, dass ein leerer Benzintank ebenso gefährlich ist wie ein voller.

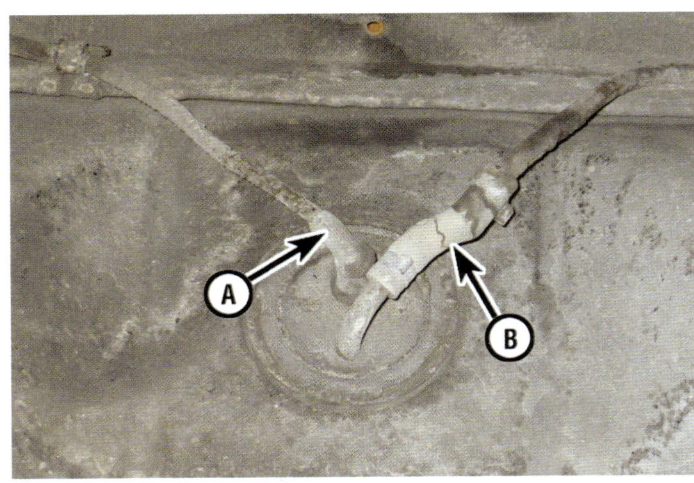

4b.46 Bevor Sie den Tank ausbauen, trennen Sie das Kabel (A) vom Tankgeber, ziehen die Benzinleitung ab und verschließen sie. Weist der Tank keinen starken Rost oder gar Löcher auf, können Sie ihn ausspülen und mit Tankversiegelung fluten lassen, um innen künftig Rost zu vermeiden. Neue Kraftstoffbehälter sind natürlich auch verfügbar, falls Ihrer seine letzte Füllung hinter sich hat.

Fahrwerk

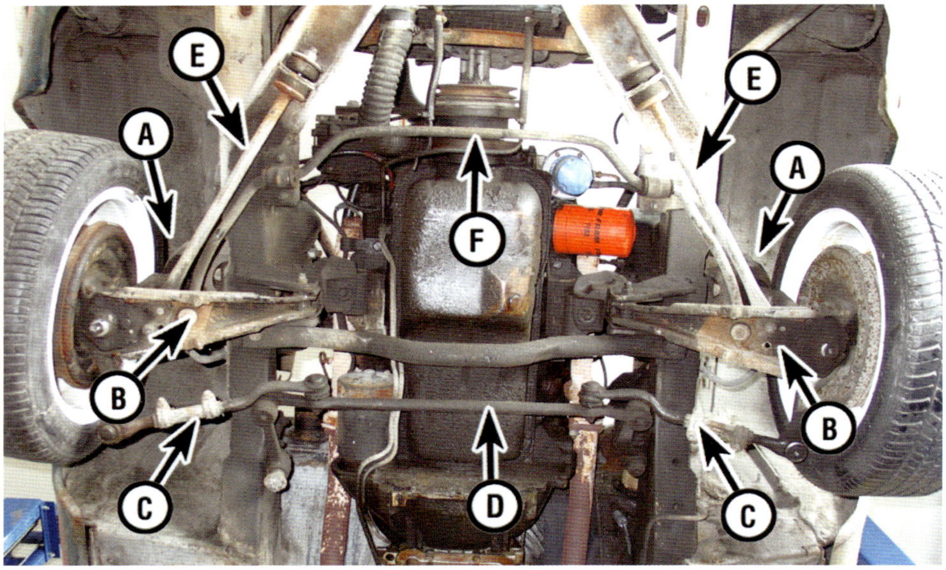

4c.1 Nachdem die Karosserieteile entfernt sind, ist es nun einfacher, an Fahrwerk und Lenkung zu arbeiten. Es verhindert auch, dass Sie mit Werkzeug Karosseriebleche beschädigen. Wir beginnen an der Vorderradaufhängung. Diese ist einfach, aber wirkungsvoll: Querlenker oben (A), Querlenker unten (B), Spurstangenköpfe mit Versteller (C), mittlere Spurstange (D), Zugstreben (E) und Stabilisator (F).

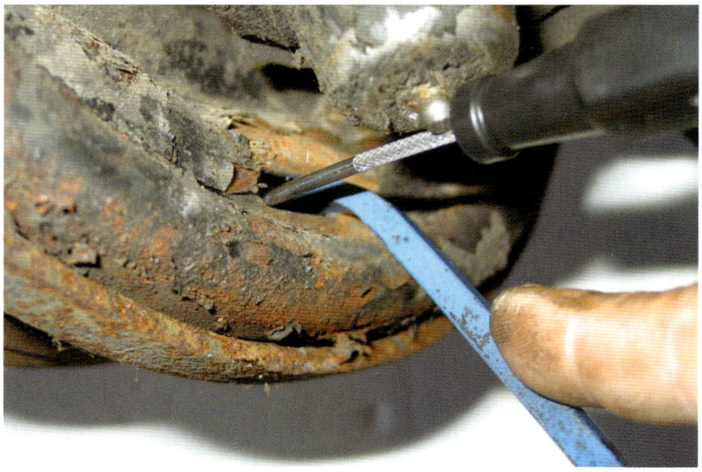

4c.2 Um die Bremsen abzumontieren, drücken Sie mit einem Schraubendreher den Einstellhebel von der Einstellschraube weg. Gleichzeitig die Einstellschraube zurückdrehen, indem man mit einem Werkzeug gegen das Loch in der Bremsträgerplatte hebelt.

4c.3 Die Staubschutzkappe des äußeren Radlagers lässt sich mit Hilfe einer Zange entfernen. Alternativ kann man einen Schraubenzieher zwischen Fettkappe und Bremstrommel ansetzen und, während man die Trommel langsam dreht, die Kappe vorsichtig herunterhebeln.

4c.4 Nehmen Sie eine Spitzzange und biegen Sie den Splint gerade. Ziehen Sie ihn mit einer Kombizange heraus, indem Sie diese gegen die Trommel abstützen. Dann die Schutzkappe der Mutter entfernen.

4c.5 Entfernen Sie die Einstellmutter für das Radlager zusammen mit der darunterliegenden großen Unterlegscheibe.

4c.6 Rütteln Sie leicht an der Bremstrommel, um das äußere Radlager herausnehmen zu können.

4c.7 Die Bremstrommel sollte sich nun vom Achsschenkel lösen lassen. Soweit wir bisher den Zustand unseres Fahrzeugs beurteilen können, überrascht es uns nicht, dass auch die Bremsen in schlechtem Zustand sind. Bremsbacken, Federn und Radbremszylinder sollten immer ersetzt werden, egal wie sie aussehen. Die Bremswirkung der originalen Trommelbremsen ist nicht mit der moderner Bremsen zu vergleichen, also sorgen Sie für bestmöglichen Zustand.

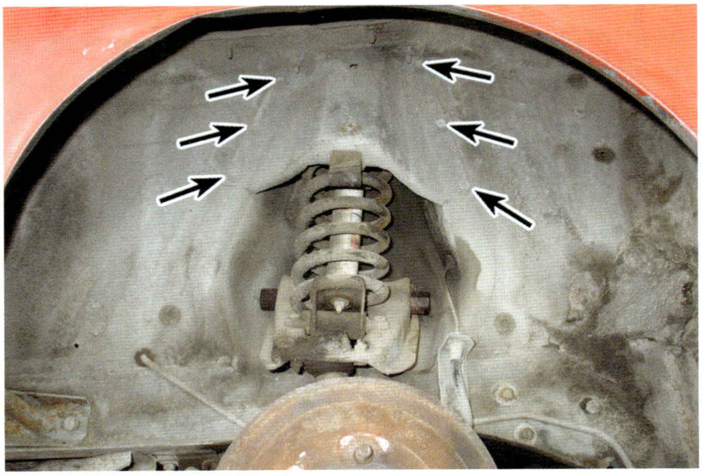

4c.8 Um die Vorderachse weit genug demontieren zu können, müssen die vorderen Federn ausgebaut werden. Lösen Sie die Verschraubung der Federabdeckung (welche den Innenkotflügel verstärkt und auch den Anschlagpuffer hält) und entfernen Sie das Blech.

4c.9 Im Motorraum können Sie nun die beiden oberen Stoßdämpferschrauben abnehmen. Da wir hier eine Komplett-Restaurierung vornehmen, werden wir auch die drei Muttern (hier zwei gezeigt) der Stoßdämpferhalterung am Federdom abschrauben.

4c.10 Von unten lassen sich nun mit Hilfe einer kurzen Ratschenverlängerung die beiden unteren Stoßdämpferschrauben entfernen. Danach lässt sich der Stoßdämpfer nach oben herausziehen.

4c.11 Entfernen Sie die Schrauben (A), die den unteren Querlenker mit der Zugstrebe verbinden. Dann halten Sie den Stabilisator am äußeren Ende (B) fest und lösen die obere Schraube (C). Sie werden für alle Befestigungsteile Rostlöser brauchen.

4c.12 Entfernen Sie die Mutter vorn an der Zugstrebe und nehmen sie sie aus der Halterung. Beim Zusammenbau werden dann neue Buchsen verwendet.

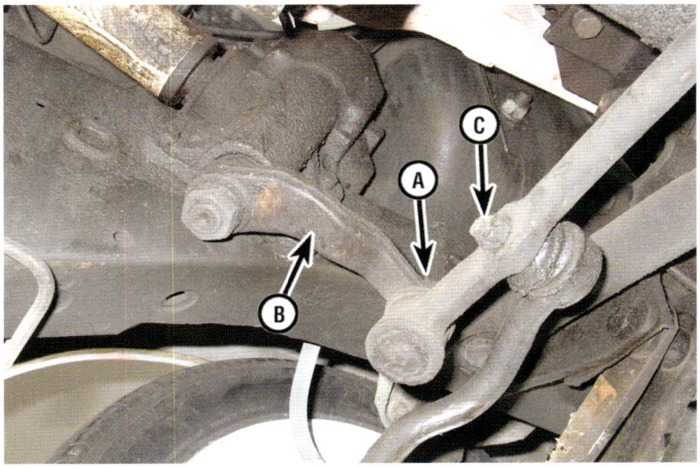

4c.13 Entfernen Sie die Schraube und trennen Sie die Verbindung von mittlerer Spurstange (A) zu Lenkhebel (B). Entfernen Sie nun auf beiden Seiten die Verbindung zu den äußeren Spurstangen (C) und nehmen Sie die Spurstangen ab.

4c.14 Wenn Sie Lenkungsteile mit Kugelköpfen entfernen, ziehen Sie zuerst den Splint heraus (falls vorhanden) und lösen dann die Kronenmutter bis auf die letzten vier oder fünf Umdrehungen. Setzen Sie nun einen c-förmigen Abdrücker mittig auf den Bolzen des Kugelkopfs an und drehen Sie, bis der Kugelkopf herausspringt. Entfernen Sie nun die Muttern.

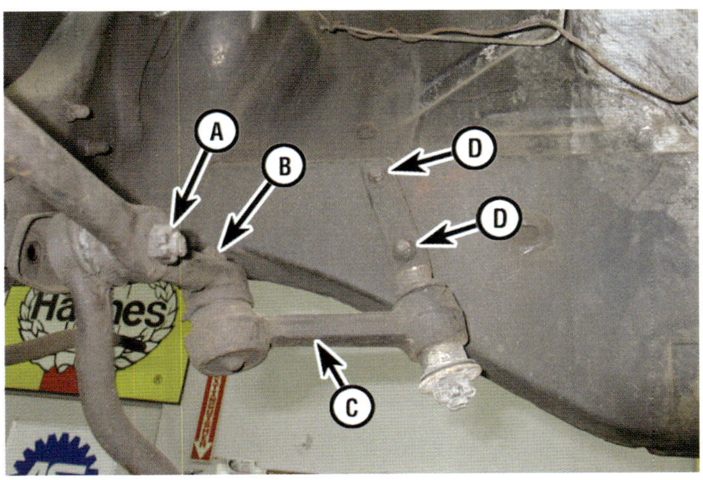

4c.15 Auf der rechten Seite des Hilfsrahmens lösen Sie nun die Verbindungen zwischen mittlerer Spurstange (A) und äußerer Spurstange sowie die Verbindung (B) zum Umlenkhebel (C). Entfernen Sie die beiden Muttern, die den Umlenkhebel am Hilfsrahmen fixieren. Die Buchsen dieser Umlenkhebel sind meist ausgeschlagen. Wir werden daher einen neuen Umlenkhebel verbauen, was das Lenkverhalten präziser machen wird.

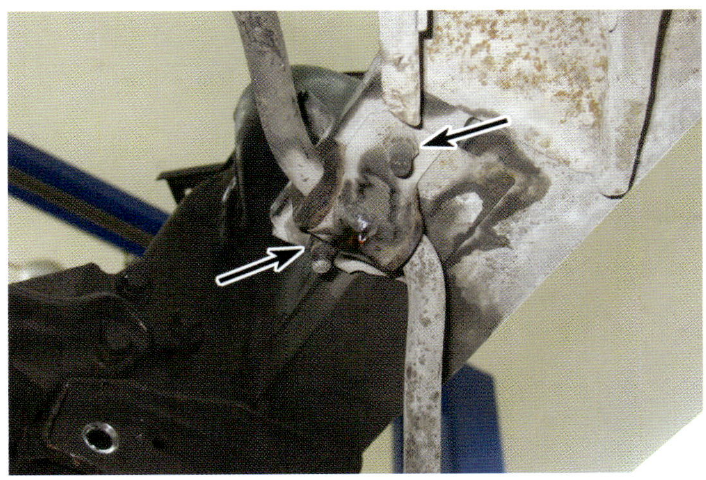

4c.16 Entfernen Sie die beiden Muttern der Halteklammer des Stabilisators am Hilfsrahmen. Wenn dies an beiden Seiten geschehen ist, kann der Stabilisator abgenommen werden. Beim Zusammenbau werden neue Gummis installiert.

4c.17 Die Schraubenfedern sitzen auf dem oberen Querlenker in einem Federsattel. Man kann die beiden Querlenker nicht abnehmen, ohne vorher die Feder zusammengepresst zu haben. Ein solcher Federspanner kann gemietet werden. Für unser Fahrzeug benötigen wir ein Werkzeug, das innen in der Feder zum Einsatz kommen kann. Der obere Teller wird gegen den unteren gepresst und die Feder so gespannt.

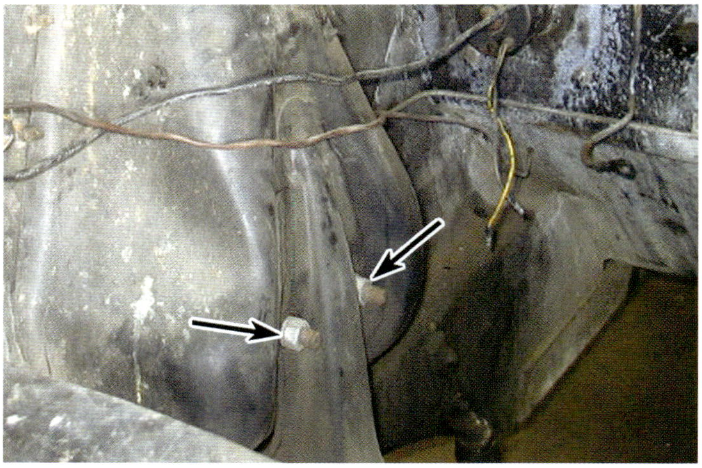

4c.18 Ist die Feder stark genug zusammengepresst, sodass keine Spannung mehr auf dem oberen Querlenker lastet, entfernen Sie die zwei großen Muttern (siehe Bild), die den oberen Querlenker am Federbeindom festhalten.

4c.19 Benutzen Sie einen Hebel, um den oberen Querlenker vom Federdom zu trennen. Entfernen Sie die Schraube des unteren Querlenkers zum Hilfsrahmen.

4c.20 Nun können Sie beide Querlenker, den Achsschenkel und sogar die Bremsen (falls diese noch nicht abmontiert sind) an einem Stück abnehmen. Diese Teile lassen sich zu einem späteren Zeitpunkt zwecks Überarbeitung auseinandernehmen.

4c.21 Die Hinterradaufhängung ist wesentlich einfacher zu demontieren. Es gibt dort nur zwei Stoßdämpfer und zwei Blattfedern. Man kann die Hinterachse in ein paar Minuten auseinandernehmen, wenn das Befestigungsmaterial mitspielt.

4c.22 Schrauben und Muttern kooperieren bei Fahrzeugen dieses Alters selten. Besprühen Sie alle Befestigungsteile mit Rostlöser und lassen Sie ihn mindestens eine halbe Stunde einwirken. Tragen Sie dann noch mehr davon auf und beginnen Sie mit der Demontage.

4c.23 Bei ausgebautem Rücksitz (siehe Kapitel 4D) lassen sich beim Cabriolet die oberen Haltemuttern der Stoßdämpfer mit einer Verlängerung erreichen. Bei Coupé und Fastback müssen zwei kleine Verschlussdeckel im Kofferraumboden vorn entfernt werden. Der Rest des Hinterachsausbaus erfolgt unter dem Auto.

4c.24 Heben Sie das Fahrzeugheck mit einem Wagenheber hoch genug an, um es auf stabile Unterstellböcke zu setzen. Der Ausbau ist auf dem Boden einfacher als auf der Hebebühne.

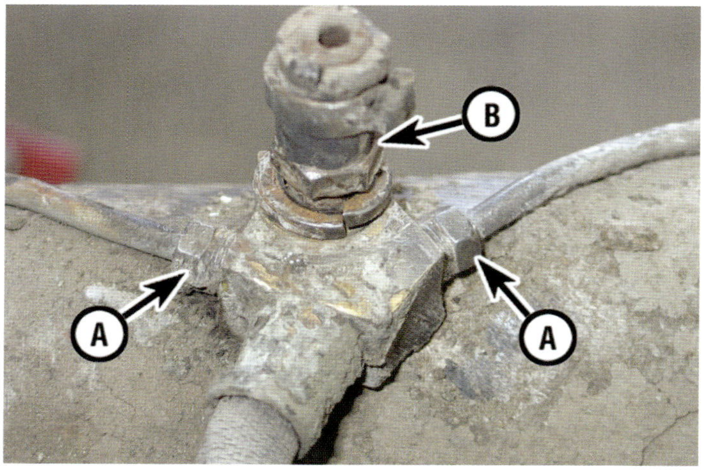

4c.25 Trennen Sie die Bremsleitungen (A) vom Bremsleitungsverteiler. Der Anschluss oben (B) ist für die Hinterachsentlüftung, wobei hier allerdings der Entlüfterschlauch fehlt. Entfernen Sie den Schraubstutzen der Entlüftung und lösen Sie so den Bremsleitungsverteiler von der Hinterachse.

4c.26 Entfernen Sie die Klammern, mit denen die Handbremsseile vor der Hinterachse an der Karosserie befestigt sind. Dann ziehen Sie die Bremsseile zurück und befreien sie so aus der Halterung, die seit dem Antriebsausbau lose im Bereich des Getriebes hängt.

4c.27 Jetzt bleiben uns nur noch vier Schrauben zu lösen, um die Hinterradaufhängung ausbauen zu können. Die Befestigungsschrauben für die Blattfedern sind nun mutmaßlich seit rund 50 Jahren fest an ihrem Platz und fühlen sich dort mit Sicherheit derart wohl, dass es einer Knarre mit extralangem Griff bedarf, sie zu lösen. Hier sieht man eine vordere Blattfederschraube.

4c.28 Dieselbe Prozedur wird hinten wiederholt. Beachten Sie die überlangen Blattfederhalter aus dem Autozubehör. Diese wurden entweder verbaut, um das Fahrzeugheck anzuheben oder um weich gewordene Blattfedern auszugleichen. Diese billige und gefährliche Notlösung findet sich häufiger an Mustangs. Der richtige Weg, um die korrekte Fahrzeughöhe wiederherzustellen, ist die Installation von neuen oder überholten Blattfedern.

4c.29 Mit einem Rangierwagenheber lässt sich die Achse samt Aufhängung nun herablassen und unter dem Wagen hervorziehen. Auf Stützböcken lässt sie sich gut abestzen.

4c.30 Drehen Sie die Schraube für die Bremseinstellung zurück, um die Bremsbacken von der Trommel zu trennen und entfernen Sie die Bremstrommeln. Die Handbremsseile lassen sich von der Bremsankerplatte entfernen, indem man die Spreizfedern zusammendrückt. Da hilft eine kleine Schlauchschelle, die man um die Feder herumlegt, um diese so weit zusammenzupressen, dass man das Kabel ein kleines Stück nach hinten herausziehen kann. Dann die Schelle entfernen und das komplette Kabel herausziehen (siehe auch Kapitel 7D für detaillierte Bremsenfotos). Einen Ringschlüssel über die Spreizfeder zu legen, hilft hier auch manchmal (s. Foto).

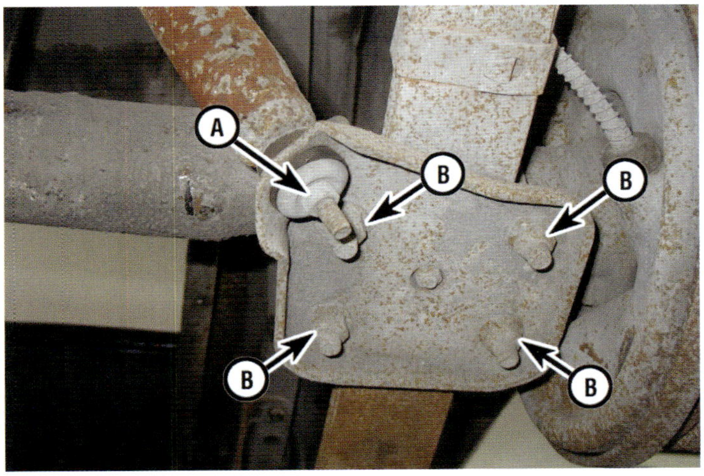

4c.31 Sie können nun die untere Stoßdämpferschraube (A) lösen. Nachdem Sie die vier U-Bügelschrauben (B) entfernt haben, können Sie die Blattfeder abnehmen. Sie werden dafür Rostlöser und eine Knarre mit langem Hebel benötigen.

Innenraum und Verdeck

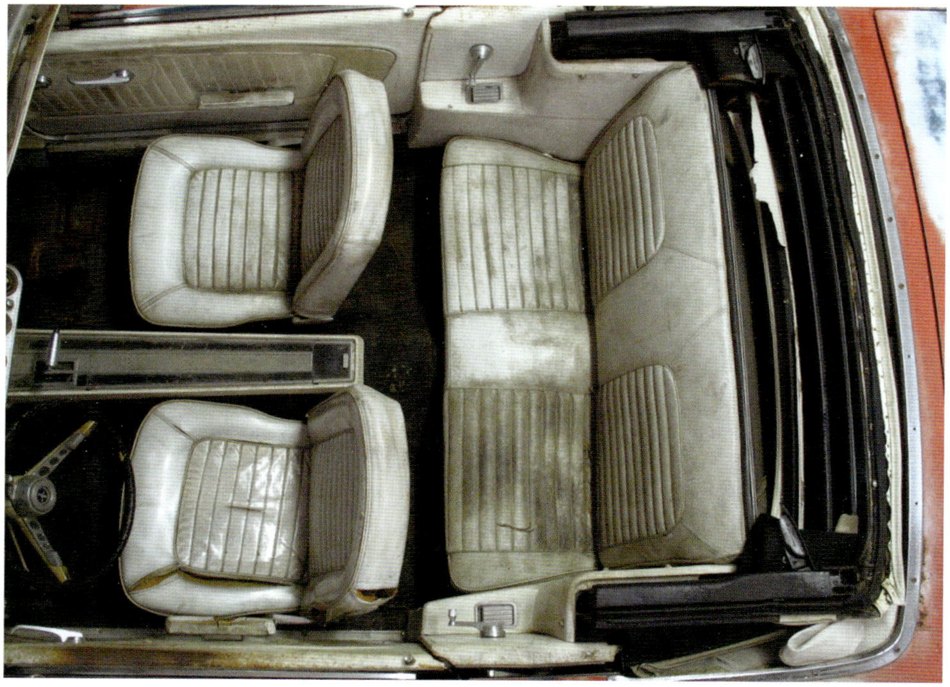

Selbst Autoschrauber mit Restaurierungserfahrung scheuen sich häufig vor Arbeiten an der Innenausstattung. Aber Sie haben sich glücklicherweise ein Fahrzeug ausgesucht, das Ihnen hier entgegenkommt. Von Kleinigkeiten abgesehen, beschränkt sich die Restaurierung eines Mustang-Innenraums der Baujahre 1965-1970 hauptsächlich auf den Ausbau von Sitzen, Dämmung und Teppichen sowie das Aufarbeiten von Teilen, die Sie behalten möchten, etwa Instrumenteneinheit, Handschuhfach, Fußraumverkleidung, Mittelkonsole und hintere Seitenverkleidungen. Wenn Sie ein Cabriolet wie unser Restaurierungsobjekt besitzen, ist es keine schlechte Idee, nach Demontage, Restaurierung, Schmierung und Zusammenbau des Verdeckgestänges einen professionellen Autosattler mit der Montage des Verdeckstoffs zu beauftragen. Sie werden für den Innenraum ein paar weitere Werkzeuge benötigen wie einen Satz kleiner Inbusschlüssel, eine Montagezange für Polsterklammern, einen Heißluftfön und einen Seitenschneider zum Entfernen der alten Polsterklammern.

Auch wer noch keine Vollrestaurierung im Sinn hat, wird verblüfft sein, was neue Sitzbezüge, Sitzkerne und Teppiche ausmachen. Die Kosten dafür sind sogar einigermaßen überschaubar. Andere Aspekte Ihrer Mustang-Restaurierung wie Motor- und Getriebeüberholung, Fahrwerks-Restaurierung sowie Karosserie- und Lackarbeiten sind wesentlich teurer, und die aufgearbeiteten mechanischen Komponenten sehen meist nicht einmal viel besser aus als die alten. Schauen Sie sich bei den vielen Anbietern von Restaurierungsteilen nach einem günstigen Angebot für Innenausstattungssätze um.

Wer das Interieur seines Mustang selbst restauriert, wird recht schnell sichtbare Fortschritte machen, was das Vertrauen in die eigenen Fähigkeiten stärkt und auch nach außen hin Eindruck macht.

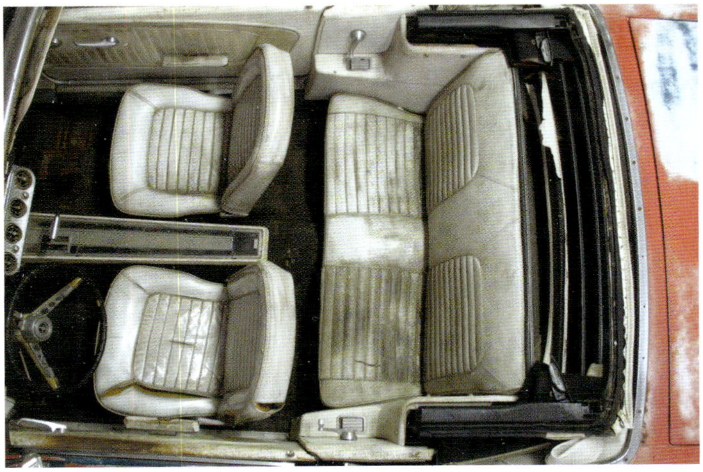

4d.1 Aus diesem Blickwinkel wirkt unsere Mustang-Innenausstattung wie aus einem See gezogen. Aber wie Sie in späteren Kapiteln sehen werden, kann selbst ein so verrottetes Interieur wie dieses restauriert werden, selbst wenn Sie es vorher noch nie probiert haben.

4d.2 Man sieht sehr viel Himmel durch unseren Dachhimmel. Aber wir werden Ihnen zeigen, was man mit dem Verdeck machen kann, wenn man sich einfach traut.

4d.3 Das Innenleben unseres Mustangs war schlimmsten Bedingungen ausgesetzt: jahrelangem Stehen unter freiem Himmel, Tieren und schlechtem Wetter. Das kann man nicht mehr mit Pflegeprodukten aufbereiten.

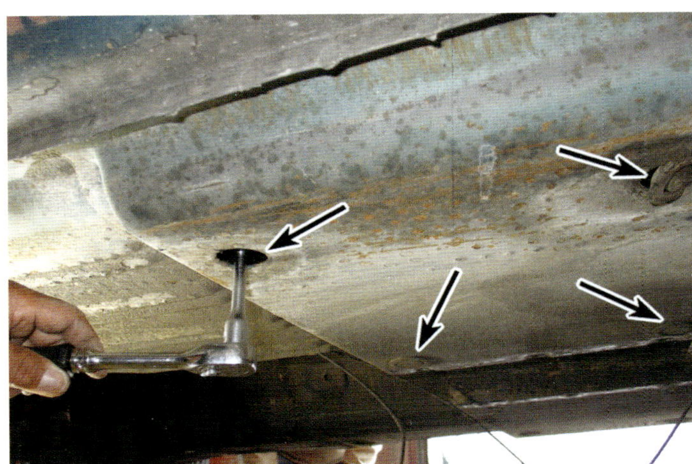

4d.4 Die Vordersitze sind mit je vier Muttern am Fahrzeugboden gesichert, die man von der Fahrzeugunterseite nach Abnehmen der Gummikappen erreicht.

4d.5 Nehmen Sie den Sitz heraus und stellen Sie ihn so ab, dass Sie bequem daran arbeiten können. Dafür ist eine Werkbank gut geeignet. Außen haben die Sitze lange Aluminiumblenden, die das Sitzscharnier verdecken. Entfernen Sie diese vorsichtig, sie können leicht beschädigt werden.

4d.6 Die Rücksitze sind sogar noch einfacher auszubauen. Die Sitzfläche wird von Federclips gehalten. Heben Sie die Sitzfläche auf beiden Seiten kraftvoll an und nehmen Sie sie heraus.

4d.7 Die Rücksitzlehne hängt oben an zwei Laschen und ist unten mit einer Schraube (Pfeil) auf jeder Seite montiert.

4d.8 Wenn Sie die beiden Schrauben entfernt haben, ziehen Sie die Rücksitzlehne einfach nach oben aus der Halterung. Das kann man gut alleine schaffen. Bei manchen Modellen ist die Rücksitzlehne zusätzlich mit zwei Blechschrauben gesichert.

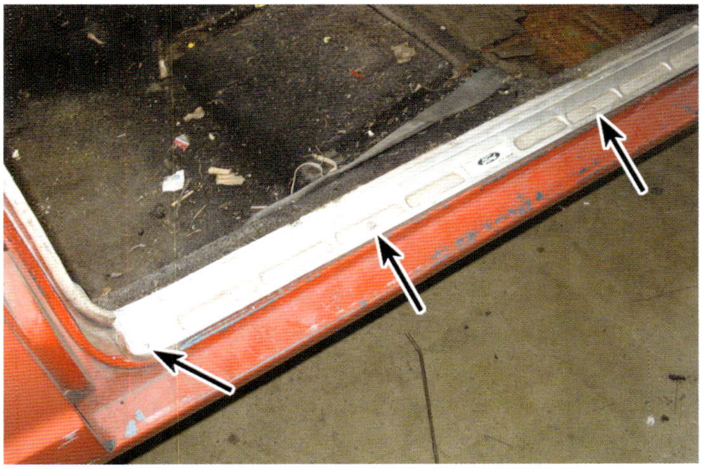

4d.9 Die Einstiegsblenden halten den Teppich am Türausschnitt und sichern auch vordere und hintere Innenraumverkleidung. Entfernen Sie die Schrauben und hebeln Sie die Leiste vorsichtig ab.

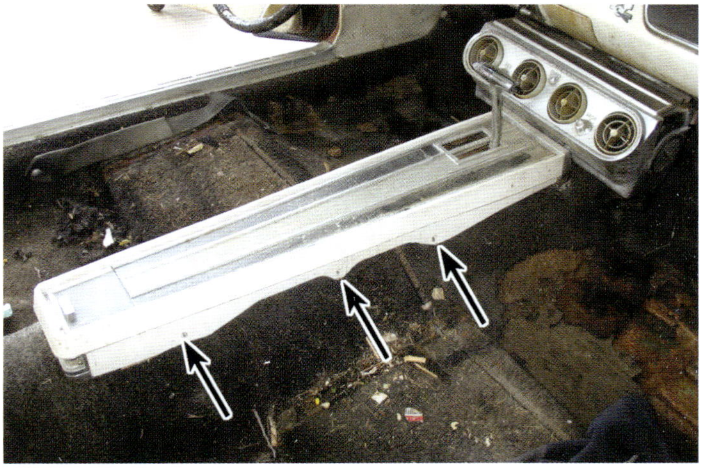

4d.10 Bei ausgebauten Sitzen kommen Sie gut an die Schrauben der Mittelkonsole heran. Entfernen Sie die kleine Inbusschraube am Schalthebel. Bei Modellen mit einem Aschenbecher hinten müssen Sie diesen ausbauen, um an zwei weitere Montageschrauben zu gelangen. Fahrzeuge ohne Klimaanlage haben vorne in der Mittelkonsole ein Ablagefach.

4d.11 Sieht die Fußraumverkleidung so aus, muss sie ersetzt werden. Sie muss abgeschraubt werden, um Teppich und Dämmung auszutauschen.

4d.12 Die hintere Innenraumverkleidung ist bei Cabriolets mit Schrauben gesichert und besitzt oben Druckknöpfe für die Persenning. Drehen Sie die Schrauben heraus, um die Verkleidung zu lösen. Beim Fastback muss der umklappbare Rücksitz ausgebaut werden, um die Innenverkleidung abnehmen zu können. Bei den Coupés ist die Vorderseite der Verkleidung zusätzlich unter dem Kantenschutz des hinteren Türausschnitts befestigt.

4d.13 Zum Abmontieren der Fensterkurbel für die hinteren Seitenfenster benötigt man einen kleinen Inbusschlüssel.

4d.14 Nachdem die Verkleidung entfernt ist, ziehen Sie den Papierschutz ab, um an den Fensterheber-Mechanismus zu gelangen. Unten rechts findet sich einer der beiden Hydraulikzylinder für das Cabriodach.

4d.15 Anders als die Fußraumverkleidungen sind die hinteren Seitenverkleidungen passend zur Polsterung mit Vinyl bezogen. Entfernen Sie das alte Material vorsichtig und vermeiden Sie Beschädigungen, diese Verkleidungen sind nur schwer zu bekommen. Falls Ihre eine Reparatur benötigen, lesen Sie Kapitel 8A.

4d.16 Das Entfernen der Armaturenbrettabdeckung wird Ihnen viele Arbeiten vereinfachen. Lösen Sie zuerst die beiden Schrauben der Lautsprecherblende und demontieren Sie diese mit einem Kunststoffwerkzeug.

4d.17 Mit einem kurzen Schraubendreher lässt sich die Abschlussleiste unter der Windschutzscheibe lösen. Nehmen Sie den Lautsprecher heraus und klemmen Sie die Lautsprecherkabel ab.

4d.18 Drehen Sie die Schrauben über der Instrumenteneinheit heraus und lösen die Zierleiste mit einem Hebel vorsichtig aus ihren Halteclips.

4d.19 Benutzen Sie eine Spitzzange oder ein Werkzeug zur Zierleistenentfernung, um die Clips der Defrosterdüsen herauszuziehen. Nehmen Sie die Düsen heraus.

4d.20 Die Armaturenbrettabdeckung ist mit vier Muttern an der Karosserie befestigt. Zwei sind durch die Lautsprecheröffnung zu erreichen. Die anderen beiden sitzen ganz außen links und rechts hinter der Instrumenteneinheit.

4d.21 Nehmen Sie die Armaturenbrettabdeckung nun heraus. Eine neue stellt eine große optische Verbesserung gegenüber dem alten gerissenen und verzogenen Teil dar.

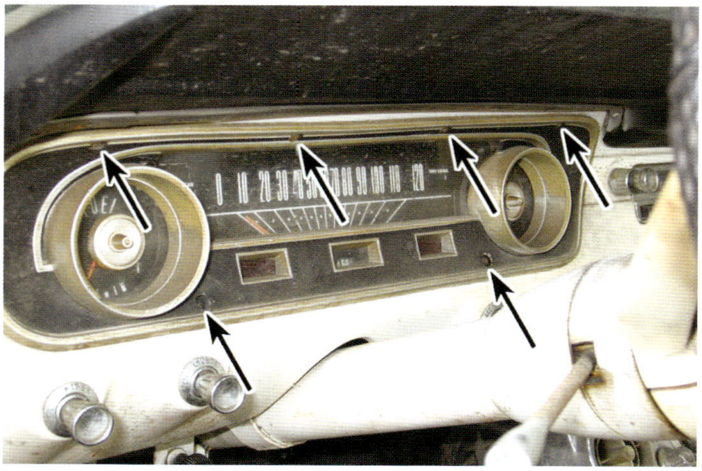

4d.22 Drehen Sie die Tachowelle an der Rückseite des Instrumententrägers los, entfernen Sie die Schrauben und ziehen Sie die Instrumente vorsichtig zu sich heran.

4d.23 Um den Schließzylinder des Zündschlosses auszubauen, stecken Sie den Zündschlüssel hinein, drehen Sie ihn auf „ACC" und führen dann eine geradegebogene Büroklammer in das Loch ein, um den Schließzapfen herunterzudrücken. Dann können Sie den Schließzylinder mitsamt Schlüssel und Büroklammer aus dem Armaturenbrett herausziehen.

4d.24 Bei ausgebautem Aschenbecher können Sie mit Hilfe eines Spiegels die Befestigung der Abdeckung der Heizungsbetätigung hinter dem Armaturenbrett erkennen. Entfernen Sie die Reglerknöpfe und anschließend die Abdeckblende.

4d.25 Ziehen Sie die Heizungsbetätigung heraus, bis Sie die Klammern der Züge abnehmen können. Markieren Sie vorher die Züge und deren Position.

4d.26 Ist der Handschuhfacheinsatz erst einmal ausgebaut, hat man einen guten Blick auf die Kabel und Bauteile hinter dem Armaturenbrett. Gerade hier empfiehlt sich wieder einmal der Einsatz der Kamera zur Dokumentation und späteren Orientierung.

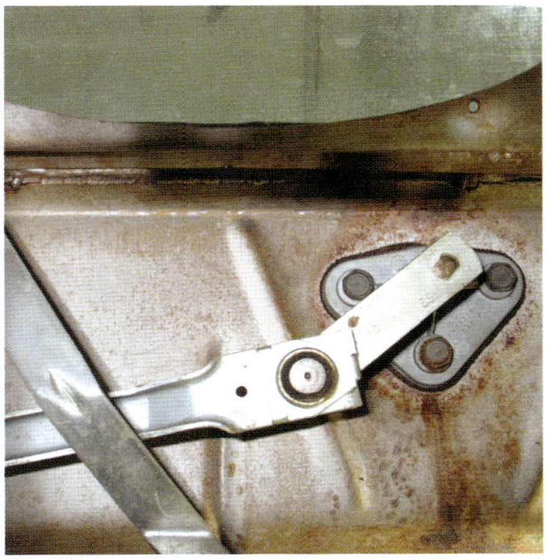

4d.27 Nun lässt sich auch die Verschraubung des Scheibenwischermechanismus auf der Innenseite der Spritzwand gut lösen.

4d.28 Unter der linken Seite des Armaturenbretts können Sie die Halterung des Frischluftzuges und die der Handbremse abschrauben. Sollte Ihr Handbremshebel angebrochen sein (was vorkommt), zeigen wir Ihnen, wie Sie ihn ersetzen können. Der Hebel könnte ganz abbrechen und Ihre Hand verletzen, wenn Sie zu fest an ihm ziehen.

4d.29 Für eine Vollrestaurierung, bei der auch die Spritzwand zwecks Rostentfernung gestrahlt werden soll, müssen nun die Kabel hinter dem Armaturenbrett gekennzeichnet, abgeklemmt und ausgebaut werden.

4d.30 Glücklicherweise ist der Mustang-Kabelbaum simpel und unkompliziert. Der Sicherungskasten ist ebenfalls einfach aufgebaut und kann ohne Abnehmen der Kabel komplett von der Karosserie abgeschraubt werden.

4d.31 Kennzeichnen Sie die Stecker der elektrischen Bauteile vor dem Abziehen. Hier sieht man die Anschlüsse am Gebläsekasten.

4d.32 Der Bremslichtschalter ist an Bremspedal und Kolbenstange des Hauptbremszylinders montiert. Ziehen Sie die Klammer mit einer Spitzzange heraus und drücken Sie den Stift heraus, um den Schalter abzunehmen.

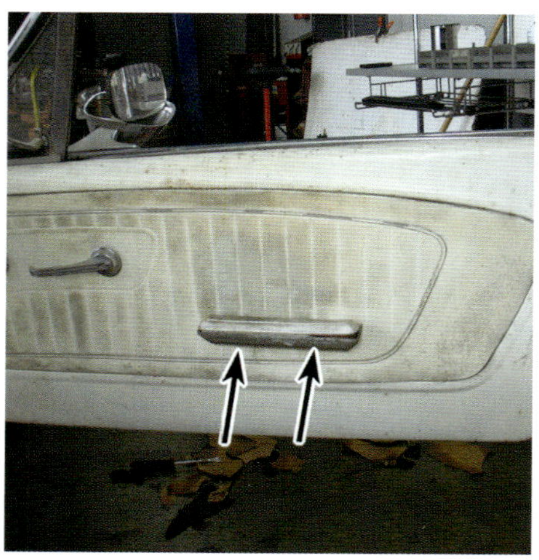

4d.33 Zum Entfernen der Türverkleidungen müssen Sie zuerst die beiden Schrauben unter der Armlehne herausschrauben.

4d.34 Mit einem Inbusschlüssel lassen sich die Schrauben von Türgriff und Fensterkurbel herausdrehen. Glück für den Mustang-Restaurierer: Er benötigt kein Spezialwerkzeug für versteckte Federn oder Halter.

4d.35 Nachdem Sie die Türverkleidung vorsichtig mit einem Werkzeug zur Zierleistenentfernung abgehebelt haben, entfernen Sie die Türdichtung aus Papier. Nach so vielen Jahren müssen Sie das Material wahrscheinlich abkratzen.

4d.36 Auch die kleinen Details sollten nicht vergessen werden: Demontieren Sie den Innenspiegel und lagern Sie ihn vorsichtig.

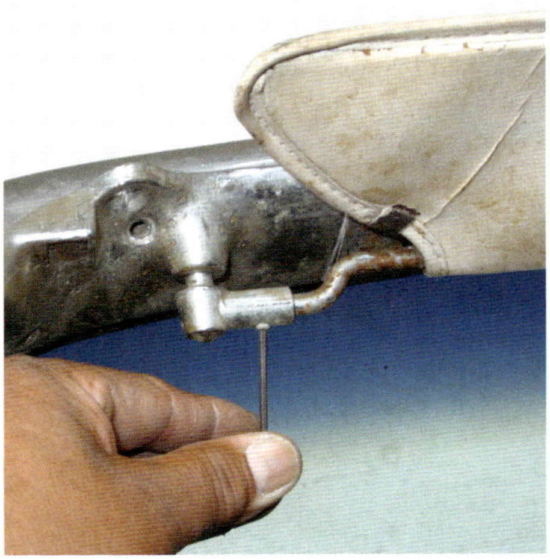

4d.37 Eine Inbusschraube hält auch die Sonnenblende an ihrem Platz.

4d.38 Nun kommen Teppiche und Dämmung (Foto) an die Reihe. Das originale Dämmmaterial saugt Wasser auf wie ein Schwamm. Man sollte darunter auf alles gefasst sein.

4d.39 Tragen Sie eine Schutzmaske, wenn Sie mit altem Teppich oder Dämmmaterial arbeiten, ebenso beim Ausfegen oder Aussaugen des Innenraums. Es könnte sich Schimmel in den Materialien befinden.

4d.40 Die Fahrerseite des Fußraums hat wahrscheinlich die meiste Korrosion. Entfernen Sie den losen Rost mit Spachtel oder Meißel, um dann mit einem elektrischen oder druckluftbetriebenen Drahtbürstenaufsatz den Rest zu entfernen. Löcher müssen geschweißt werden oder machen gar den Austausch des Bodenblechs nötig. Wir haben gleich den kompletten Boden ausgetauscht.

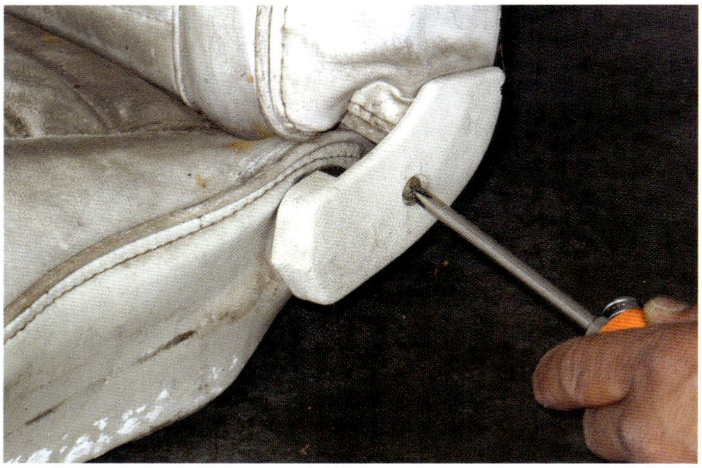

4d.41 Wenn Sie die Einzelsitze auseinandernehmen, beginnen Sie mit der inneren Sitzscharnierblende.

4d.42 Entfernen Sie auf jeder Seite die Clips mit einer Spitzzange. Drücken Sie dann den Scharnierarm der Rückenlehne nach außen, bis er vom Bolzen an der Sitzfläche rutscht. Nehmen Sie die Rückenlehne nun ab.

4d.43 Drehen Sie das Sitzunterteil um und schauen Sie sich den Verstellmechanismus an. Fotografieren Sie die Position von Feder und Hebeln.

4d.44 Entfernen Sie die Feder und die Befestigungsteile der Sitzschiene. Wir werden unsere strahlen und lackieren lassen.

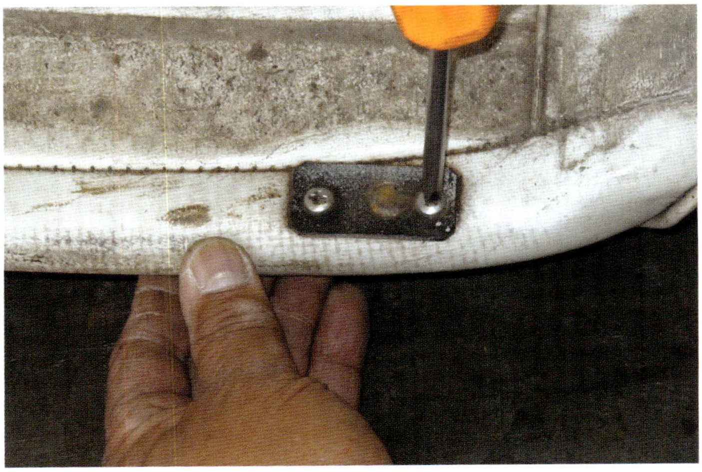

4d.45 Schrauben Sie am Sitzunterteil an der Innenseite hinten die Verstärkungsplatte für den Lehnenanschlag ab und verstauen ihn in einer Tüte.

4d.46 Sie benötigen einen guten Seitenschneider, um die Krampen für die Bezüge am Gestell zu entfernen. Dort, wo das Material gesäumt ist, trennen Sie die Befestigungsklammern des Spanndrahtes und verwahren diesen Draht.

4d.47 Halten sie den Sitzkern fest, während Sie den alten Bezug nach hinten rollen und abziehen.

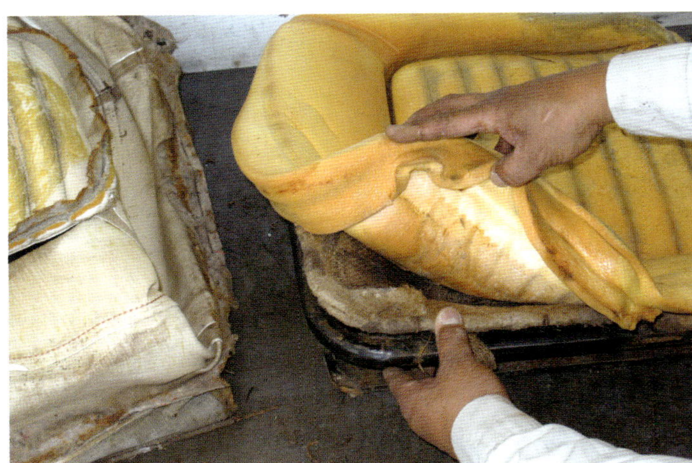

4d.48 Heben Sie den Sitzkern hoch und inspizieren Sie die Unterseite. Ist er gerissen oder zerbröselt, ersetzen Sie ihn. Selbst wenn alle Schaumstoffkerne gut aussehen, gönnen Sie sich zumindest einen neuen für den Fahrersitz, er wird naturgemäß am meisten belastet.

4d.49 An der Lehne können Sie die hintere Abdeckung mit einem Spachtel oder einem Zierleistenwerkzeug abhebeln. Teilweise finden sich dort auch kleine Schrauben.

4d.50 Die Krampen auf der Rückseite der Lehne müssen alle gesprengt werden. Machen Sie als Referenz für den Zusammenbau ein Foto von der Anordnung der Krampen.

4d.51 Hier sehen Sie die Unterseite des Rücksitzes. Achten Sie auf das Sackleinenmaterial, das zur Trennung von Sitzfedern und Schaumstoffkern verbaut wurde.

4d.52 Nachdem alle Befestigungsklammern entfernt sind, lassen sich Bezüge, Sackleinen und Schaumstoff abnehmen.

4d.53 Bevor wir an der Karosserie weiterarbeiten können, müssen wir das verschlissene Verdeck abbauen. Es wäre wahrscheinlich sowieso in der nächsten Woche von alleine zusammengebrochen. Die Chromzierleisten, die die Rückseite des Verdecks halten, müssen zuerst abgeschraubt werden.

4d.54 Diese Zierleistenschrauben waren derart verrostet, dass sie ausgebohrt werden mussten.

4d.55 Die Gummidichtung zwischen Verdeck und hinterem Seitenfenster muss ebenfalls heraus.

4d.56 Im hinteren Bereich des Verdeckkastens entfernen Sie nun die Schrauben und die Leiste, die den unteren Rand des Verdeckstoffs halten.

4d.57 Trennen Sie die Hydraulikzylinder vom Verdeckgestänge, dann entfernen Sie auf beiden Seiten dieses drehbare Gestänge. Lassen Sie sich von einem Freund beim Abheben des Verdeckmechanismus helfen.

Millermatic
251
Miller

5. Ein Rollgestell bauen

Wie wir wissen, ist die Lagerung ein Thema bei jeder Restaurierung. Wenn Sie Ihr Fahrzeug erst einmal bis auf die Rohkarosse demontiert haben, wird es zu einer Immobilie auf Unterstellböcken. Sie müssen sich den Stellplatz umsichtig aussuchen, da es einige Zeit dauern wird, bevor der Wagen wieder rollbar ist. Das kann die Arbeiten an der Karosserie genauso erschweren wie den Zugang zu dahinter gelagerten Teilen. Wer nicht gerade Garagenfläche im Überfluss hat, für den ist die Karosserie lange Zeit ein großes Hindernis.

Eine gute Lösung ist ein rollbares Gestell. Es erleichtert nicht nur das Rangieren in der Garage, sondern leistet auch gute Dienste beim Sandstrahlen und Lackieren. Sie benötigen Stahlrohr (Vierkantprofil, ca. 70x50 mm), ein Schweißgerät und einen Trennschleifer. Das Ganze dauert etwa drei Stunden. Wenn Sie schon ein Schweißgerät besitzen, können Sie das Rollgestell selbst bauen oder Sie markieren die Stahlprofile und bringen sie zum Schneiden und Schweißen in eine Metallbaufirma. Alternativ kann man eine Metallsäge auch mieten. Sie können es auch mit einer Stichsäge probieren, aber Sie werden einiges an Sägeblättern und viel Muskelkraft aufwenden müssen.

Denken Sie bei allem zuerst an die Sicherheit. Tragen Sie Schutzhandschuhe beim Handling der Stahlprofile mit den frisch geschnittenen Kanten und eine Schutzbrille beim Trennen oder Abschleifen. Es sollte selbstverständlich sein, aber setzen Sie nicht einmal den kleinsten Schweißpunkt, ohne eine Schweißmaske zu tragen.

Befolgen Sie einfach unsere Bauanleitung für ein simples, aber enorm hilfreiches Rollgestell. Bevor Sie beginnen, heben Sie Ihr Fahrzeug auf eine komfortable Höhe an, in der Sie bequem an und unter Ihrem Mustang arbeiten können.

5.1 Vier hohe Unterstellböcke halten das Auto, während das Gestell gebaut wird.

5.2 Nachdem Sie vom Boden zum vorderen Montageloch der Blattfedern gemessen haben, schneiden Sie ein Vierkantprofil auf die entsprechende Länge zu, bohren ein Montageloch für eine Schraube (mindestens M10) und verschrauben das Stahlrohr mit der vorderen Blattfederaufnahme. Arbeiten Sie mit einer Kontermutter, aber ziehen Sie die Mutter nur leicht an, um das Blech der Hinterachsaufnahme nicht zu verziehen.

5.3 Sind die beiden vertikalen Stützen am Heck verschraubt, kontrollieren Sie mit Wasserwaage und Maßband, ob sie ein sauberes Rechteck bilden.

5.4 Der untere Abstand zwischen den Rohren sollte derselbe sein wie der obere. Den oberen Abstand müssen Sie knapp unter der Karosserie messen.

5.5 Eine Kappsäge erleichtert das Schneiden der Stahlrohre. Wenn möglich, arbeiten Sie wegen des Funkenregens draußen und weit genug entfernt von allem Brennbaren. Halten Sie für alle Fälle einen Feuerlöscher oder zumindest einen Eimer Wasser bereit.

5.6 Nun ein kurzes Stück Rohr so schneiden und bohren, dass es an den Montagepunkt des unteren Querlenkers an der Karosserie passt. Ziehen Sie auch hier die Mutter nicht zu fest an. Das Profilstück sollte so weit nach außen ragen, dass die vorderen Stützen denselben Abstand zueinander haben wie die hinteren.

5.7 Ein vertikales Rohr am horizontalen Stück befestigen, prüfen, ob es senkrecht steht und anschließend verschweißen. Genauso wird auf der anderen Seite verfahren.

5.8 Wenn alle vier Beine montiert sind, werden die Längs- und Querverstrebungen zugeschnitten.

5.9 Die vier Verbindungsrohre mit einem Winkelmaß prüfen und an den Ecken probehalber anpunkten. Wenn das an allen Ecken geschehen ist, noch einmal die rechten Winkel prüfen und dann endgültig zusammenschweißen.

5.10 Unser Cabriolet geht in die Luft, dank unseres Gabelstaplers. Wir heben es an, um die Lenkrollen an allen vier Ecken anzuschweißen und so aus unserem Gestell ein Rollgestell zu machen. Sollten Sie zufällig keinen Gabelstapler zur Hand haben, müssen Sie das Gestell mittels Wagenhebers an allen Ecken einzeln anheben.

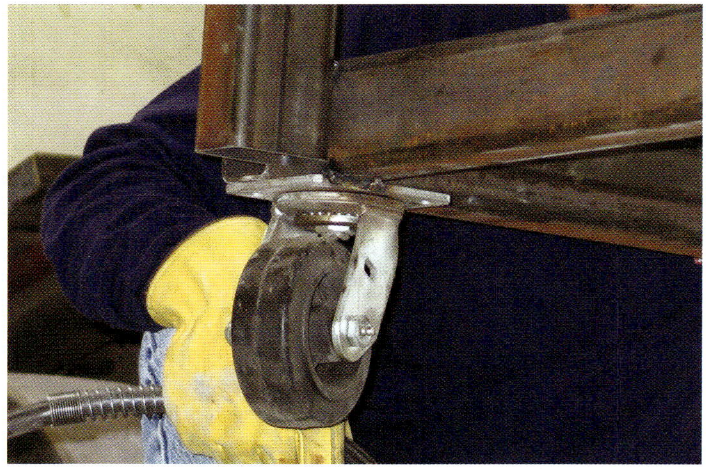

5.11 An jeder Ecke des Gestells werden nun die Lenkrollen punktverschweißt. Man könnte Sie auch verschrauben, aber so geht es schneller. Später kann man die Rollen wieder abflexen. Oder man wandelt das Gestell nach Abschluss des Projekts in eine rollende Werkbank um.

5.12 Der Mustang ist nun wieder rollbar und kann von einer einzelnen Person manövriert werden. Außerdem hat man so beim Sandstrahlen Zugang zu Ober- und Unterseite der Karosserie.

5.13 Um die Rohkarosse weiter zu verstärken, verschweißen wir ein Rohr zwischen den hinteren Seitenteilen. Das bewahrt die korrekte Karosseriebreite in diesem Bereich, was wichtig für den späteren Türeneinbau ist. Da wir die Bodenbleche ersetzen werden, muss die Karosserie weiter stabilisiert werden. Speziell beim Cabriolet ist das Bodenblech ein wichtiger Bestandteil der Karosseriestruktur.

5.14 Der geschweißte Bereich ist nicht groß und kann beim Zusammenbau des Fahrzeugs wieder glattgeschliffen werden. Außerdem wird er später von der Innenraumverkleidung verdeckt sein.

5.15 Die Farbe wird vorsichtig vom Windschutzscheibenrahmen abgeschliffen.

5.16 Zwei Rohre werden zwischen Windschutzscheibenrahmen und der hinteren Querverbindung punktverschweißt. Das ist wichtig für die Stabilität der Karosserie, wenn die Bodenbleche erst einmal herausgetrennt sind.

5.17 Zwei weitere Rohre werden zur Verstärkung in die Türausschnitte geschweißt, um diesen kritischen Bereich weiter zu verstärken.

5.18 Das Rollgestell schützt unsere Rohkarosse nicht nur vor mechanischer Spannung und Verziehen, es erleichtert auch das Aufladen auf einen Abschleppwagen. Unser Mustang hatte Termine beim Sandstrahler und beim Karosseriebauer.

6. Karosserie-Restaurierung

Restaurierung und Lackierung

Es gibt Autos mit unterschiedlichem Restaurierungsbedarf. Ein paar Kandidaten: Mustang A etwa ist vielleicht rostfrei, hat aber ausgeblichenen Lack und die üblichen kleinen oder größeren Beulen. Mustang B steht da wie unserer: Rost an allen Blechteilen, und eine billige Nachlackierung verbirgt den Pfusch der Vorbesitzer. Mustang C dagegen ist fast perfekt: gerade Karosserie, originale, nur leicht verblasste Lackierung, unfallfrei, keine Amateurreparaturen, aber ohne Motor und Getriebe.

Was wäre Ihrer Meinung nach der beste Kauf? Mustang C wird Sie am wenigsten kosten. Die Ausgaben für Sandstrahlen, professionelle Karosseriearbeiten und Reparaturbleche werden die für Ersatzmotor und -getriebe weit übertreffen. Selbst die Lackierung einer fertiggeschweißten Karosserie kann mit den entsprechenden Vorarbeiten leicht in den fünfstelligen Bereich gehen. Der Preis hängt immer vom jeweiligen Zeit- und Arbeitsaufwand ab. Ein einfacher Karosseriebauer/Lackierer, der in der eigenen Garage/Werkstatt arbeitet, hat zwar geringere Unkosten, aber er bietet auch selten die neueste Werkstattausstattung oder moderne Lacksysteme. Generell werden Sie das bekommen, wofür Sie bezahlen. Das Problem ist nur, dass man eine Lackierung nicht zurückgeben kann.

Fragen Sie andere Mustang-Restaurierer nach ihrer Erfahrung mit Lackierereien in der Umgebung, um dann eine Werkstatt auszusuchen, die Ihren Anforderungen und Ihrem Budget entspricht. Wenn Sie Ihr Fahrzeug grundiert vor sich stehen sehen, werden Sie nicht automatisch erkennen können, ob alle wichtigen Vorarbeiten korrekt erledigt wurden. Wenn es in diesem Bereich jedoch Probleme gibt, werden sich diese nach der Endlackierung zeigen.

Für die Erstellung dieses Buches wurden tausende Fotos gemacht, viele davon die Karosseriearbeiten betreffend. Erst nachdem unser Mustang sandgestrahlt war, konnten wir seinen wahren Zustand ermessen. Wir entschlossen uns, die Bodenbleche und viele andere Karosserieteile, für die Ersatz verfügbar war, zu ersetzen. Wir hoffen, Sie müssen den Boden bei Ihrem Fahrzeug nicht ersetzen, da diese Arbeit von Profis ausgeführt werden sollte.
Bedenken Sie, dass Ihr Mustang eine selbsttragende Karosserie besitzt. Wenn sich also Fehler beim Einpassen oder Verschweißen der Bleche einschleichen oder die Versiegelung vor Grundierung und Lackierung mangelhaft ist, könnten Sie Probleme mit der Verwindungssteifigkeit bekommen.

In diesem Kapitel zeigen eine Menge Fotos verschiedene Aspekte der Karosseriereparatur, aber sie zeigen nicht alles. Viele der Arbeitsschritte wurden unzählige Male wiederholt, häufig von mehreren Karosseriebauern an derselben Stelle gleichzeitig und unter Zuhilfenahme einer Menge verschiedener Werkzeuge, um die verschiedenen Blechteile zum Verschweißen vorzubereiten. Die Lehre daraus: Sie sollten das beste Fahrzeug nehmen, das Sie finden können, um sich Geld und Ärger bei den Karosseriearbeiten zu ersparen. Denn viele der hier gezeigten Arbeiten sind zuhause nur schwer oder gar nicht durchzuführen.

6a.1 Wow, das sieht schon gut aus! Aber die Karosserie brauchte viel Zuwendung, bis sie an diesem Punkt angelangt war.

6a.2 Aus nachvollziehbaren Gründen haben wir nur wenige Fotos vom Sandstrahlen unseres Mustangs. Dies ist keine gute Umgebung für eine Kamera.

6a.3 Wenn erst einmal alle Schichten Lack, Unterbodenschutz und Dreck entfernt sind, sieht das Cabrio wie neu aus ... jedenfalls aus einiger Entfernung. Alle Makel der Karosserie sind nun bei genauem Hinschauen erkennbar. Aber nur so kann man eine Vollrestaurierung beginnen, man muss schließlich wissen, womit man es zu tun hat.

6a.4 Hier eine typische Stelle, die repariert werden muss. Der untere Teil des rechten hinteren Radlaufs ist durchgerostet. Von außen war das Rostloch mit Spachtelmasse gefüllt worden, wahrscheinlich von derselben Person, die auch die rote Schnelllackierung ausgeführt hat. Innen haben sich dort jedoch weiterhin Wasser und Dreck gesammelt und die Stelle weiterrosten lassen.

6a.5 Nachdem unser Projekt zum Karosseriebauer transportiert wurde, können sich die Profis dort mit all ihrer Erfahrung auf die Karosserie stürzen. Die drei Hauptbereiche, in denen neue Bleche benötigt werden, sind Bodenblech, Heckblech oben ...

6a.6 ... und der Bereich vor der Kofferraumklappe.

6a.7 Das Angebot an neuen Mustang-Blechteilen ist groß, speziell für Bereiche, die anfällig für Rost oder Beulen sind. Sie haben wahrscheinlich mittlerweile gemerkt, dass Mustang-Stoßstangen zwar hübsch sind, aber nicht besonders viel Schutz vor Beschädigungen bieten.

6a.8 Hier sind die vielen kleinen Löcher im Bodenblech deutlich zu sehen. Man könnte sie einzeln zuschweißen, aber das würde eine Menge Zeit kosten und den Boden nicht wirklich stabiler machen.

6a.9 Ein neues Bodenblech von Spritzwand bis zum Kofferraum wird, mit viel Arbeitsaufwand, die Karosserie steifer machen.

6a.10 Am alten Boden wird an verschiedenen Punkten genau Maß genommen, um später Referenzpunkte für den Einbau der neuen Bleche zu haben.

6a.11 Man kann die originale Bodenwanne nicht an einem Stück heraustrennen. Wir benutzen einen pneumatischen Winkelschleifer, um das Bodenblech Stück für Stück anzugehen. Natürlich ist unser Karosseriefachmann für die Aufgabe entsprechend gekleidet: schwere Schweißhandschuhe, Gesichtsmaske und Arbeitshose.

6a.12 Wenn man Sektionen einzeln heraustrennt, kann man besser den Zustand der darunter liegenden Teile beurteilen, hier etwa den der Längsträger.

6a.13 Um die Karosserie vor Verwindung zu schützen, bevor das neue Bodenblech eingebaut ist, bleibt das Mittelstück des alten Bodens erst einmal an seinem Platz. Markierungen helfen später beim Einbau des neuen Mittelstücks.

6a.14 Das neue Bodenblech wird vor dem Verschweißen genau eingepasst und vorbereitet.

6a.15 Die Längsträger und andere Bleche sind vom Werk aus punktgeschweißt, und das halten wir beim Einbau der neuen Teile genauso. Um die Schweißpunkte zu entfernen, benötigen Sie einen Schweißpunktfräser. Setzen Sie in der Mitte des Schweißpunkts an und schneiden Sie mit dem Werkzeug im oberen Blech einen Kreis um den Schweißpunkt.

6a.16 Das alte Bodenblech ist mit zwei Reihen Schweißpunkten am vorderen Längsträger befestigt.

6a.17 Normale Farbe würde beim Schweißen verbrennen und so neuen Rost fördern. Schweißprimer ist speziell für die Lackierung von zu verschweißenden Teilen geeignet und schützt das Metall auch nach dem Verschweißen. Wir brauchen eine Menge davon!

6a.18 Im vorderen Bereich des Fußraums wird ein Stück der Spritzwand weggeschnitten, bis dort nur noch solides Blech stehen bleibt. Hier muss nun ein Blech eingefügt werden, bevor der neue Boden installiert wird.

6a.19 Mit Hilfe einer Pappschablone wird der Umriss auf ein neues Blech übertragen. Dann wird das Blech auf einer Abkantbank so geformt, dass es an Spritzwand und Bodenblech passt. Vor dem Verschweißen werden noch Innenseiten und Oberseite der Längsträger vom Rost befreit und mit Schweißprimer lackiert.

6a.20 Hier sieht man den exakten Anschluss des neuen Blechs an die Spritzwand. Alle vier Ecken werden angepunktet und nochmal auf Passgenauigkeit geprüft.

6a.21 Das neue Blech soll eine starke Verbindung mit dem neuen Boden eingehen. Nachdem das alte Mittelteil ebenfalls entfernt ist, werden alle angrenzenden Teile, mit denen der neue Boden verschweißt wird, mit Schweißprimer lackiert.

6a.22 Abgesehen von der noch anstehenden Schweißarbeit sieht der neue Boden schon mal ganz gut aus.

6a.23 Das wichtigste ist nun, die überlappend oder auf Stoß zu verschweißenden Blechteile mit Gripzangen direkt miteinander zu verbinden. Lücken zwischen den Blechen können zu instabilen und durchlässigen Böden führen, also genau zu den Dingen, die mit dieser Arbeit verhindert werden sollen.

6a.24 Ein Wagenheber ist hilfreich, wenn man nur zwei Hände zur Verfügung hat. Von unten angesetzt drückt er leicht gegen die Vorderseite des Bodenblechs. Der Druck sollte gerade ausreichen, um die Metallkanten in Kontakt zu halten.

6a.25 Das Bodenblech wird mit einigen Schweißpunkten fixiert. Die werden zuerst in einem Abstand von 15 cm gesetzt und danach an den Positionen der originalen Schweißpunkte. Wenn man zu lange an einer Stelle schweißt, wird sich das Blech aufgrund der Hitze verziehen.

6a.26 Arbeitet der Schweißer unter dem Fahrzeug, kann sich ein Helfer aufs Bodenblech stellen, um letzte Lücken zwischen den Blechen zu schließen. Er kann sich auf einen Mauerstein oder einen Holzklotz stellen, um sein Gewicht an der richtigen Stelle einsetzen zu können. Hier benutzt er ein Hebelwerkzeug, um den Druck gezielt im Schweißbereich auszuüben.

6a.27 Benutzen Sie einen Körner zum Ausrichten von Blechteilen wie Längsträger und Bodenblech. Setzen Sie nun die Schweißpunkte und nehmen Sie dabei nur soviel Material wie es braucht, um die Bleche zu verbinden. Größere Schweißpunkte machen die Verbindung nicht stärker und erzeugen eine nicht original aussehende Optik, die Sie hinterher mühsam nachbearbeiten müssen.

6a.28 Dünne Bleche verziehen sich unter Hitzeeinwirkung. Hier wird der hintere Teil des neuen Bodenblechs an die verbliebenen Reste des alten Bodens geschweißt. Nach dem Setzen der ersten Schweißpunkte müssen Sie eventuell mit dem Hammer für sauberen Sitz sorgen.

6a.29 Mit einer Lochzange werden einige Löcher in das neue Bodenblech gestanzt um es mit dem alten Blech unter den Rücksitzen zu verbinden. Mit einem Karosseriehammer werden Lücken vor dem Schweißen nachbearbeitet.

6a.30 Sind die Blechteile miteinander verschweißt, können die Schweißpunkte beigeschliffen und die Schweißnähte mit Karosseriedichtmasse versiegelt werden. Danach wird man es von einem Originalblech nicht mehr unterscheiden können.

6a.31 Leichter Druck beim Punktschweißen verhindert Lücken zwischen den Blechen.

6a.32 Dieses Blech in der Mitte des Bodens ist eine Verstärkungsplatte, die es so nur bei den Cabrios gibt. Ohne das karosserieverstärkende Dach muss hier der Boden versteift werden. Damit sind alle Schweißarbeiten am Bodenblech erledigt, und wir können uns den kleineren Aufgaben widmen.

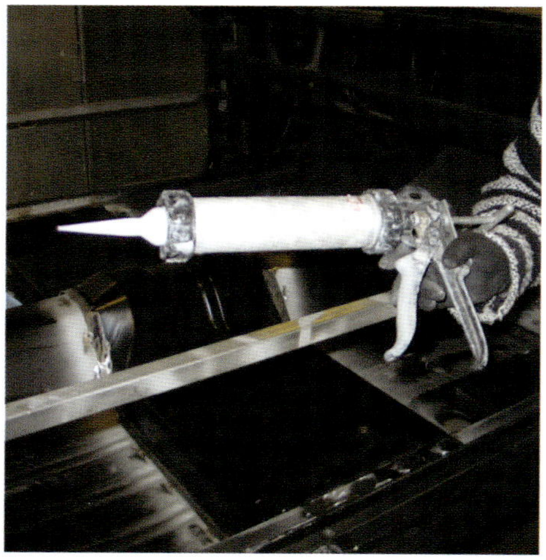

6a.33 Die Autohersteller benutzen Karosseriedichtmasse an Stellen, wo Bleche aufeinandertreffen. Das soll das Eindringen von Feuchtigkeit und Quietschen verhindern. Hier wird sie mit Hilfe einer Kartuschenpresse aufgetragen, es gibt sie aber auch in Dosen.

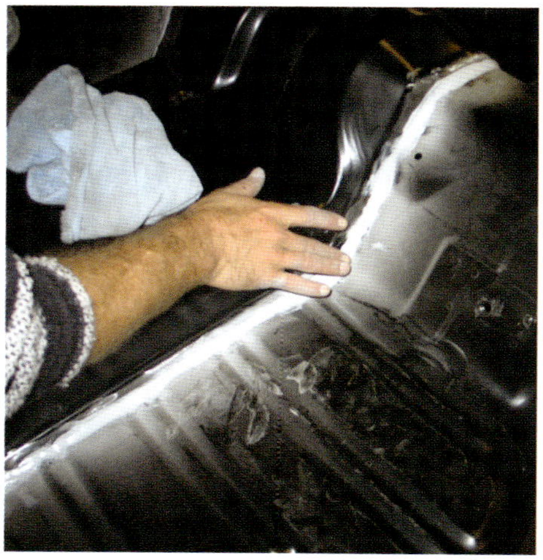

6a.34 Den Originallook einer Karosserieversiegelung zu erzeugen, ist nicht so einfach. Man ist versucht, die Dichtmasse mit dem Finger glattzustreichen, aber die Werksversiegelungen sind eher gewölbt als flach.

6a.35 Im Bereich der Batteriekonsole vorne im Motorraum ist der Mustang schwer verrostet. Die Schweißpunkte werden alle herausgebohrt, und ein neues Stehblech wird zurechtgeschnitten und eingepasst.

6a.36 Um das alte Stehblech zu entfernen, müssen die Schweißpunkte am Kühlerhalteblech ausgebohrt werden. Hier wurde ein komplettes seitliches Stehblech zerschnitten, da wir den hinteren Teil der Stehwand mit der verdeckten Mustang-Seriennummer intakt lassen wollen.

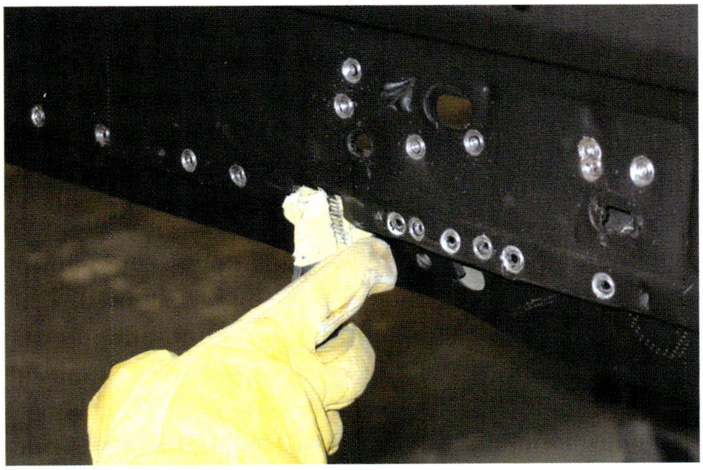

6a.37 Das obere Heckblech mit den Rückleuchten hat Beulen abbekommen, und wir ersetzen es mit einem Neuteil. So mühsam es auch ist, der korrekte Ausbau erfordert das Schleifen der Oberfläche bis zum Sichtbarwerden der Schweißpunkte, die dann einzeln ausgebohrt werden müssen.

6a.38 Eventuell müssen Sie das Heckblech mit Hammer und Meißel abtrennen.

6a.39 Wenn Sie nun die äußeren oberen Enden abflexen, können Sie das alte Blech entfernen. Sehen Sie den Rost an den Auflageflächen?

6a.40 Säubern Sie die Haltebleche, damit die Stoßstange später sauber passt.

6a.41 Das neue Heckblech (oben) und das alte zerknitterte und löchrige.

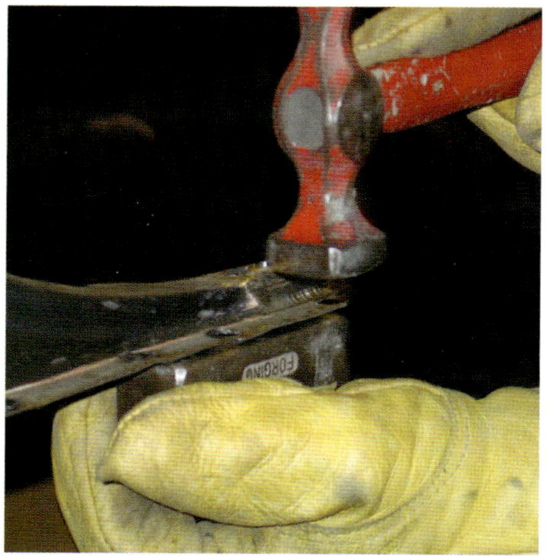

6a.42 Wo immer ein Blech durch Ausbohren der Schweißpunkte entfernt wird, ist Nachbearbeitung nötig. Der Lack will abgeschliffen sein, und die Flächen müssen mit Karosseriehammer und Handamboss geglättet werden.

6a.43 Legen Sie das neue Heckblech probeweise an und markieren Sie es mit Hilfe einer Markierahle, die Sie von hinten durch die Löcher der Haltebleche führen.

6a.44 Am unteren Rand des Heckblechs wird mit der Lochzange eine Reihe von Löchern gestanzt.

6a.45 Tragen Sie auf alle Kanten und Haltebleche Schweißprimer auf.

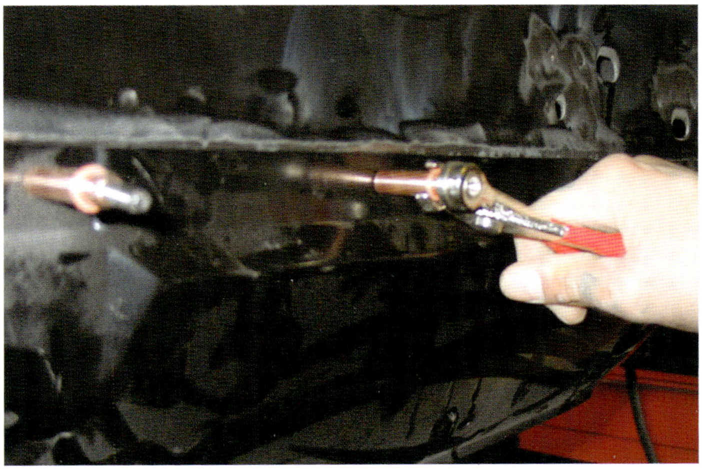

6a.46 Eine Methode, Blechteile vorübergehend zu fixieren, sind Cleco-Haltestifte. Mit einer speziellen Zange werden sie in die gebohrten Löcher eingeführt und halten so zwei überlappende Bleche. Später lassen sich die Haltestifte mit der Zange wieder entfernen.

6a.47 Mit Hilfe der Clecos kann man das Heckblech ausrichten. Es empfiehlt sich außerdem der Einsatz einiger kräftiger Klammern.

6a.48 Kofferraumhaube, Endspitzen und Stoßstange werden probeweise montiert, um deren Sitz und den des Heckblechs zu kontrollieren. Schweißen Sie nicht, bevor das nicht gründlich überprüft wurde.

6a.49 Hier ein typischer Rostschaden, der nie richtig beseitigt wurde. Am hinteren Radlauf wird die Spachtelmasse entfernt, und kleinere Bleche werden eingeschweißt. Diese werden in Form gehämmert, mit einer dünnen Schicht Spachtelmasse überzogen, glattgeschliffen und grundiert.

6a.50 Die Schweißpunkte an Vorder- und Rückseite des Abschlussblechs zwischen Kofferraum und Verdeck werden ausgebohrt. An den Seiten wird das Blech dort abgetrennt, wo noch ausreichend stabiles Originalblech für die Montage des Reparaturblechs vorhanden ist.

6a.51 Ist das alte obere Blech entfernt, werden die Schweißpunkte geglättet, der untere Teil mit Schweißprimer grundiert und die Blechecken nachbearbeitet.

6a.52 Das Reparaturblech wird an der Vorderseite fixiert, um den korrekten Abstand zur Kofferraumklappe festzulegen. Zum Schutz des neuen Blechs wird die Halteklammer mit Pappe unterlegt.

6a.53 Schweißpunkte halten das neue Blech an der Kofferraumkante, während Klammern Ober- und Unterteil verbinden. Die praktische hufeisenförmige Klammer presst die Bleche links und rechts vom Schweißpunkt zusammen.

6a.54 Mit ein wenig Nachbearbeitung der Schweißpunkte kann man das Blech nicht mehr von einem Originalteil unterscheiden. Das Lackieren unseres Cabrios rückt immer näher.

6a.55 Es gibt wahrscheinlich keinen schnelleren und effizienteren Weg, alte Farbe zu entfernen, als Sandstrahlen. Das Strahlmedium erreicht viele nur schwer zugängliche Stellen der Karosserie und schleift die rostigen Stellen ab.

6a.56 Hoffentlich benötigt Ihr Mustang nicht zu viel Karosseriearbeit. Wenn Sie schlechte Überlackierungen entfernen und dabei noch Spachtelorgien entdecken, hilft ein elektrischer Exzenterschleifer. Er arbeitet mit seinen kreiselnden Bewegungen schonender als ein Schwingschleifer. Das verringert die Gefahr, durch zu langes Schleifen an einer Stelle zu viel Material abzutragen.

6a.57 Mit einem elektrischen Exzenterschleifer schaffen Sie ein Teil pro Wochenende, wenn Sie bis auf das blanke Blech arbeiten. Wenn es dort keine Reparaturen gibt, können Sie das Teil grundieren und einlagern. Bevor Sie es grundieren, schleifen Sie es mit Schmirgelpapier mit 320er Körnung an und säubern es mit Silikonentferner, den Sie im Autozubehörhandel erhalten.

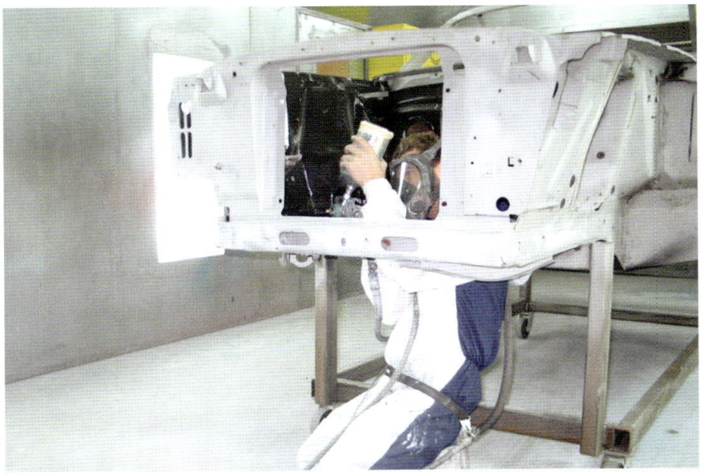

6a.58 Unser Mustang bekommt verschiedene Lackfarben. Neben der Außenfarbe gibt es Bereiche, die Schwarz lackiert werden. Hier bekommt der Motorraum seinen Farbüberzug. Speziell in diesen engen Bereichen ist das Tragen von Masken wichtig.

6a.59 Der Kofferraumbereich sieht mit einer einheitlichen Lackierung in Schwarz schon wesentlich besser aus. Er sollte bei ausgebautem Tank lackiert werden, da dessen Oberseite unlackiert bleibt.

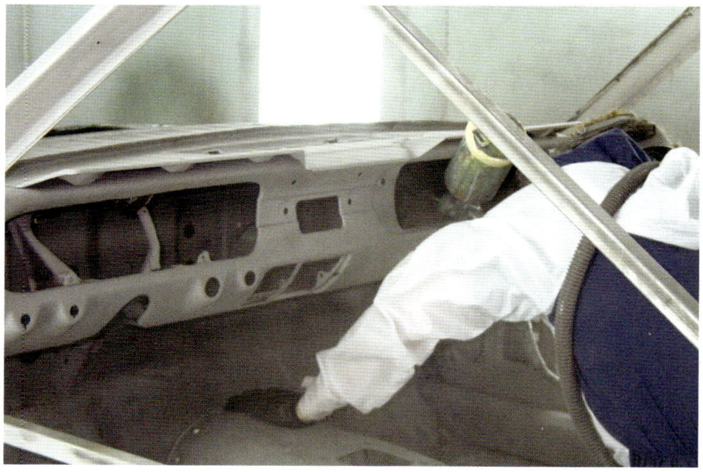

6a.60 Der Bereich unter dem Armaturenbrett ist mit einer Lackierpistole nur schwer zu erreichen. Einige Lackierer benutzen hier eine kleinere Pistole, die eigentlich für Ausbesserungsarbeiten gedacht ist. In unserem Fall soll das Armaturenbrett in seinem originalen Weiß lackiert werden. Daher müssen wir den schwarzen Lack hier möglichst fernhalten, um das spätere Innenraumweiß nicht zu verfälschen.

6a.61 Kurz vor der Lackierung wirkt unser Mustang endlich wieder wie ein Auto. Wenn die Karosserie erst einmal grundiert ist, sollte sie vorsichtig behandelt werden, damit Sie nicht noch einmal Karosseriearbeiten ausführen müssen.

6a.62 Alle abnehmbaren Karosserieteile werden separat lackiert. Hier sehen Sie die grundierte Fahrertür in der Lackierkabine.

6a.63 An diesem Punkt werden die Türen eingebaut, um die Passungen zu den übrigen Bauteilen zu prüfen. Sobald Sie den hinteren Abstand der Tür zur Karosserie schmal und gleichmäßig eingestellt bekommen, ziehen Sie die Scharnierschrauben fest.

6a.64 Ein Grund für den Probeeinbau sind Fälle wie dieser hier: Der Abstand vorne zwischen Tür und Kotflügel ist an der Seite in Ordnung, oben jedoch nicht. Zur Korrektur müssen sowohl Tür als auch Kotflügel neu justiert werden.

6a.65 An Ihrem Mustang gibt es eine Vielzahl von Stellen, wo kleine und große Teile mit solchen Blechmuttern befestigt sind. Halten Sie davon eine große Menge vor, Sie wollen nicht ein Teil wieder abschrauben müssen, nur weil Ihnen der letzte Clip fehlte.

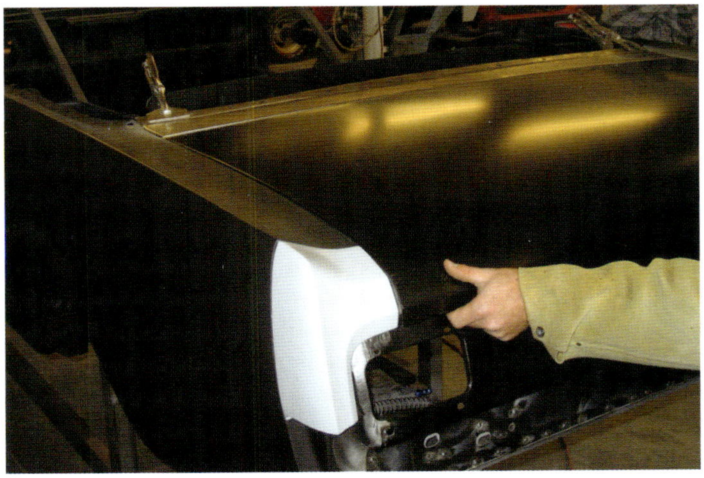

6a.66 Haben Sie sich je gefragt, wie Showfahrzeuge ein so passgenaues Finish erzielen? Hier eine der Techniken, um einen perfekten Übergang von zwei aneinandergrenzenden Flächen zu erzeugen. Man beginnt mit der Montage des Bauteils, hier dem Kofferraumdeckel, und misst dann vorsichtig die Spaltmaße rundherum.

6a.67 Es mag übertrieben wirken, aber die gesamte Heckklappe und die angrenzenden Bereiche werden mit einer dünnen Schicht Spachtelmasse überzogen, sogar der Spalt zwischen den Teilen.

6a.68 Ein präziser Spalt wird erzeugt, indem man beispielsweise einen Spachtel aus dem Trockenbau mit Schleifpapier beklebt. Wenn man diesen nun hin und her bewegt, erhält man einen perfekten Spalt. Sie können die Spaltbreite mit der Dicke des Schleifpapiers variieren.

6a.69 Ein breiter Schleifklotz mit langen Bahnen Sandpapier eignet sich gut, um großflächig eine ebene Oberfläche zu erzeugen. Es gibt so etwas auch druckluftbetrieben, jedoch besteht dann die Gefahr, mit der großen Schleifkraft zu viel vom Spachtelmaterial wieder abzutragen.

6a.70 Es gibt spezielle Schleifklötze für verschiedene Formen und Konturen sowie flexible für gebogene Bereiche, wie hier zu sehen.

6a.71 Bevor der Heckdeckel fertig für die Grundierung ist, wird die meiste Spachtelmasse wieder abgeschliffen. Die Fläche wird fertig lackiert perfekt aussehen.

6a.72 Wo zwei Kanten sauber fluchten sollen, muss nachgearbeitet werden, wie hier bei Scheinwerferblende und Kotflügel. Diese Teile scheinen fast nie sauber aneinanderzupassen. Nein, wir kleben sie nicht zusammen, das hier ist Spachtelmasse zwischen den Teilen. Sobald der Spachtel auszuhärten beginnt, wird mit einer Klinge ein kleiner Spalt gezogen. Beide Teile werden gemeinsam geschliffen, danach wird die Scheinwerferblende wieder demontiert.

6a.73 Alle Bereiche, die später mit der Außenfarbe lackiert werden, müssen per Hand nassgeschliffen werden. Dazu benutzt man feines Sandpapier und einen biegsamen Schleifklotz. Die Wasserflasche liefert ausreichend Wasser beim Schleifen.

6a.74 Wenn kleine Schönheitsfehler wie Kratzer oder Poren auftauchen, kann man die Stellen mit Feinspachtelmasse ausbessern. Sie können sie mit dem Finger auftragen und einfach nass beischleifen.

6a.75 Abnehmbare Karosserieteile wie diese Schürzen werden besser vom Auto getrennt lackiert. So verhindert man Farbnebel in Bereichen, die eigentlich schwarz bleiben sollen.

6a.76 Wahrscheinlich werden Sie Ihren kompletten Mustang nicht selbst lackieren. Wenn Sie aber kleinere Teile lackieren, säubern Sie die Oberfläche zuerst mit Silikonentferner.

6a.77 Kurz vor dem Lackieren sieht man, dass nicht alle Teile unseres Mustangs den Originalfarbton „Twilight Turquoise Metallic“ erhalten. Der Decklack besteht heutzutage aus zwei Lagen, der Grundfarbe und mehreren Schichten Klarlack, die für Glanz und Tiefe sorgen.

6a.78 Die modernen Farbsysteme sind fantastisch: beständige Produkte, gute technische Unterstützung von Seiten der Hersteller und eine Lacktiefe, die das Metallic richtig funkeln lässt. Aber auch die heutigen Lacke sind schädlich für Lunge und Haut und sollten daher nicht in Eigenregie verarbeitet werden. Sie benötigen eine große Lackierkabine mit viel Licht und guter Belüftung sowie einen Ganzkörperoverall und die beste Atemmaske, die Sie kriegen können.

6a.79 Während die Rohkarosse hier schon prima aussieht, wartet die andere Hälfte der Karosserieteile in einer anderen Kabine auf Ihren Lack. Jetzt wird der Restaurierer für die ganze Arbeit belohnt, die er bis dahin geleistet hat.

6a.80 Nach einer angemessenen Zeit in der Lackierkabine wird unser Cabrio auf seinem Rollgestell hinaus in die Sonne geschoben. Nachdem alles ausgehärtet ist, werden in der Kabine die Klarlack-Schichten aufgetragen. Die modernen Sprühpistolen liefern ein gutes Ergebnis ohne viel Sprühnebel und hohen Materialaufwand.

6a.81 Grundfarbe und Klarlack werden hier auf die kleineren Teile aufgetragen und man darf sicher sein, dass sie genau denselben Farbton haben werden wie die Rohkarosse.

6a.82 Wenn das erledigt ist, sind das Armaturenbrett und die Innenseiten der Türen dran. Es ist nicht einfach, an die unteren Bereiche zu kommen, und tragen Sie unbedingt eine Maske. Das korrekte Weiß für unser Armaturenbrett und alle anderen Originalfarben sind im Mustang-Fachhandel in Sprühdosen erhältlich.

6a.83 Der letzte Schritt im Lackierprozess sind Farbschliff und Polieren. Mit sehr feinem Nassschleifpapier werden kleine Unsauberkeiten im Lack geglättet. Danach wird der Lack durch Polieren wieder zum Glänzen gebracht.

6a.84 Man braucht eine starke und ruhige Hand zum Polieren. Wenn man die Poliermaschine zu lange auf eine Stelle hält oder an einer Kante zuviel Lack abträgt, muss man eventuell nachlackieren. Waschen Sie die Karosserie nach dem ersten Durchgang ab und schauen Sie sich die Oberflächen genau an.

6a.85 Das hier ist zwar nicht unsere Haube, zeigt aber den letzten Schritt: feinere Politur, eine größere und weichere Polierscheibe und eine größere Poliermaschine.

6a.86 Es ist aufregend, den Mustang wieder aufladen und die Restaurierung in der eigenen Werkstatt fortsetzen zu können.

Scheiben und Anbauteile

Eine abgeschlossene Karosserie-Restaurierung mit Lackierung ist ein echter Meilenstein, auf den Sie stolz sein können. Aber es gibt keinen Grund, sich auf den Lorbeeren auszuruhen, da Sie sicherlich noch ein paar Punkte auf Ihrer To-Do-Liste haben. Einige davon sind kleinere Arbeiten, die man bequem in einer halben Stunde alleine bewältigen kann, andere benötigen mehr Zeit und Konzentration.

Wir überspringen hier einige einfachere Arbeitsschritte wie den Einbau von Blinkern und Rückfahrleuchten, Dingen, die nur mit ein oder zwei Schrauben befestigt werden und keine Fragen beim Einbau aufwerfen. Stattdessen zeigen wir Ihnen hier Arbeiten, die Sie vielleicht schon einer Werkstatt in Auftrag geben wollten, etwa den Einbau der Windschutzscheibe. Mit Hilfe unserer Fotos und Beschreibungen werden Sie die Aufgabe spielend meistern.

Moderne Windschutzscheiben werden von Clips und einer Unmenge von Kleber gehalten, aber unser Mustang stammt aus einer Zeit, in der große, einteilige Gummidichtungen verbaut wurden, die eine Lippe auf der Innen- und eine auf der Außenseite besitzen. Die Montage der Scheibe ist eine alte Technik, für die Sie keine besonderen Werkzeuge brauchen. Ein Grund mehr, warum es soviel Spaß macht, an alten Autos zu arbeiten.

6b.1 Es sind manchmal Kleinigkeiten wie die Montage von Kühlergrill und Grillornament, die einen deutlichen Fortschritt beim Zusammenbau erkennen lassen.

Windschutzscheibe

6b.2 Es müssen viele Clips für die Zierleisten des Windschutzscheibenrahmens an den richtigen Stellen montiert werden. Füllen Sie die Schraublöcher in der Karosserie mit ein wenig Dichtmasse, bevor Sie den Clip verschrauben.

6b.3 Hier können Sie die Position der Windschutzscheibenclips erkennen. Bei einem Cabrio sollte das Verdeck während des Scheibeneinbaus geöffnet sein. Außerdem sollten Innenspiegel und Sonnenblenden abgebaut sein.

6b.4 Die neue Windschutzscheibe wird mit einem Kantenschutz geliefert, der vor dem Einbau entfernt wird. Die Luftpolsterfolie, in der die Scheibe geliefert wurde, stellt eine gute Unterlage für die Werkbank dar.

6b.5 Die Dichtung hat zwei Vertiefungen: die dicke nimmt das Glas auf, die andere die Metalllippe des Windschutzscheibenrahmens.

6b.6 Installieren Sie die Dichtung rings um die Scheibe.

6b.7 Prüfen Sie rund um das Glas, ob die Dichtung überall korrekt sitzt.

6b.8 Wenn die Dichtung richtig um das Glas herum sitzt, biegen Sie die Lippe auf der Außenseite ein wenig auf und geben sie etwas Dichtmasse in den Spalt.

6b.9 Es ist eine jahrzehntealte Technik, aber sie funktioniert sehr gut: Eine Nylonschnur wird in die karosserieseitige Dichtungsnut eingeführt.

6b.10 Schützen Sie die neue Lackierung durch großzügiges Abkleben von Windlauf und Scheibenrahmen.

6b.11 Spritzen Sie Dichtungsmasse auf die Blechlippe des Scheibenrahmens.

6b.12 Befestigen Sie zum Schutz gegen Verrutschen die Dichtung mit Klebeband an der Scheibe. Legen Sie die Scheibe vorsichtig auf den Rahmen und drücken Sie sie leicht von Hand gegen Dichtmasse und Scheibenrahmenlippe.

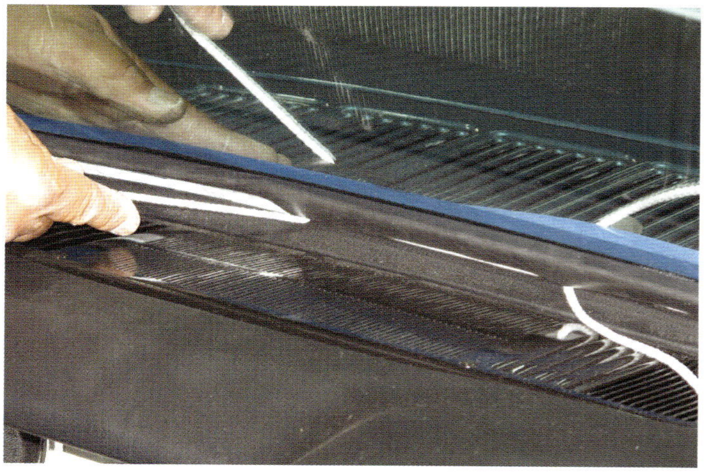

6b.13 Von innen ziehen Sie nun so an der Nylonschnur, dass die Gummilippe über die Blechkante rutscht. Ziehen Sie einmal um die gesamte Windschutzscheibe herum, bis das Seil frei ist. Sie können von außen drücken und mit der anderen Hand am Seil ziehen. Mit einem Helfer geht es natürlich einfacher.

6b.14 Wenn die Scheibe im Rahmen sitzt, wird sich an den Clips ein kleiner Spalt ergeben. Tragen Sie in diese Vertiefung etwas Dichtungsmasse auf.

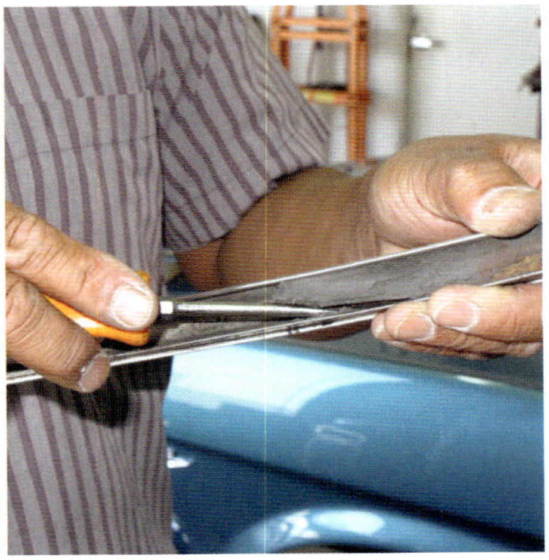

6b.15 Kratzen Sie die alte Dichtungsmasse von den Zierleisten.

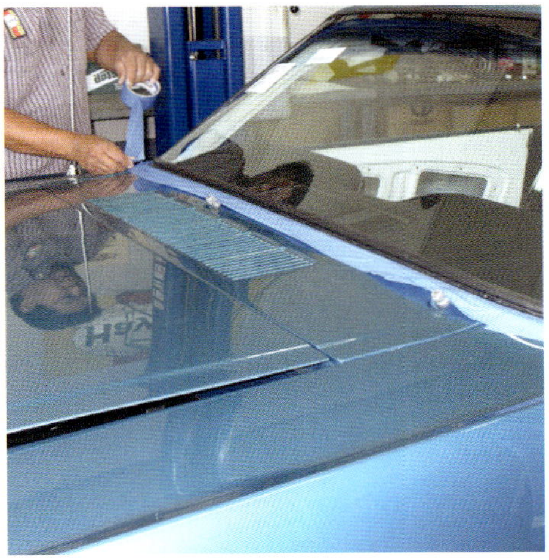

6b.16 Entfernen Sie das alte Klebeband und maskieren Sie diesen Bereich mit neuem Material. Am alten Band könnten Reste von Dichtungsmasse haften und diese sollen nicht auf die Außenseite der Zierleisten gelangen.

6b.17 Lassen Sie das untere Teil des Zierleistenrahmens zentriert und gleichmäßig einrasten.

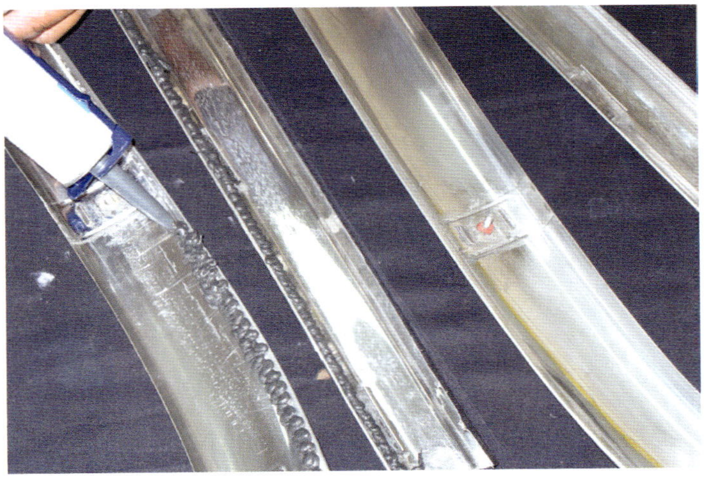

6b.18 Sind die Zierleisten für oben und für die Seiten montagefertig, drehen Sie diese um und versehen sie mit einer dünnen Linie Karosseriedichtmasse, damit sie später wasserdicht sind.

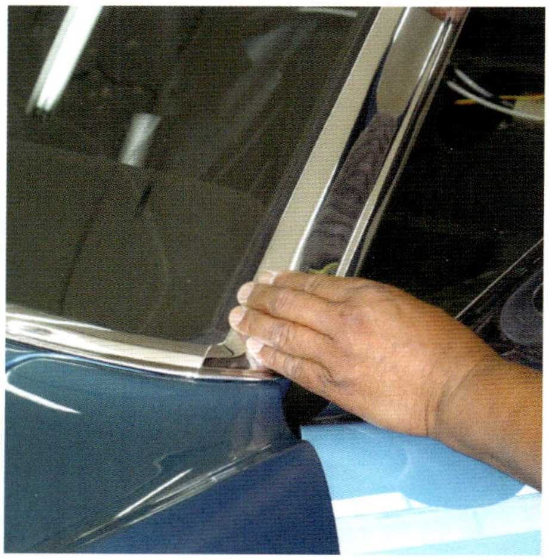

6b.19 Verbinden Sie die seitlichen Zierleisten mit der unteren, dann drücken Sie sie herunter, bis sie in die Karosserieclips einrasten.

6b.20 Anders als die anderen Zierleisten wird die obere nicht durch Clips gehalten, sondern verschraubt. Bei unserer Leiste ist der Halter eines der Stehbolzen abgebrochen. Wir haben vorsichtig einen neuen angeschweißt.

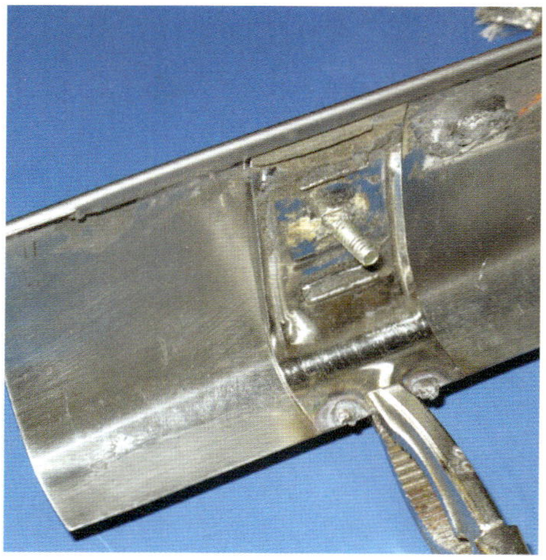

6b.21 Zierleiste und Gewindehalter sind beide dünn und empfindlich, gehen Sie beim Schweißen also behutsam vor. Sie brauchen nur ein paar Schweißpunkte zu setzen. Danach beseitigen Sie die durch die Wärmeeinwirkung entstandenen Schweißspuren außen durch Schleifen und Polieren.

Karosseriedichtungen

6b.22 Karosseriedichtungen spielen eine große Rolle beim Innenraumkomfort, sie sollen schließlich Feuchtigkeit und Wind abhalten. Wenn Sie die Dichtungen sauber verlegen, wirken sie wie bei der Erstauslieferung. Während der Karosseriearbeiten und der Lackierung wurden alle Spuren der alten Dichtungen mit Verdünner oder durch Abschleifen entfernt. Die neue Türdichtung wird zuerst mit einem Befestigungsclip an der hinteren Stirnseite oben befestigt.

6b.23 Tragen Sie nun Gummikleber für Karosseriedichtungen auf und folgen Sie dabei den dafür vorgesehenen Vertiefungen.

6b.24 Drücken Sie die Dichtung auf den Kleber. Wenn nötig, befestigen Sie die Dichtung mit Klebeband, bis der Kleber getrocknet ist. Das kann speziell an der Türunterseite vonnöten sein. Legen Sie die Dichtung von der Hinterseite der Tür über die Unterseite in Richtung des Armaturenbretts.

6b.25 Verfahren Sie ebenso mit der Kofferraumklappe. Demontieren Sie den Deckel und legen Sie ihn auf eine saubere, weiche Unterlage. Tragen Sie um die Klappe herum einen dünnen Streifen Gummikleber auf.

6b.26 Verstreichen Sie den Kleber mit dem Finger zu einer 1 cm breiten Spur. Es versteht sich von selbst, dass Sie mit dem Kleber an den Händen keine lackierten Karosserieteile berühren sollten.

6b.27 Drücken Sie die Dichtung fest, sobald der Kleber anzieht. Während Sie sich um die Haube herumarbeiten, kontrollieren Sie, dass andere Stellen nicht bereits angetrocknet sind und die Dichtung bereits fest verklebt ist.

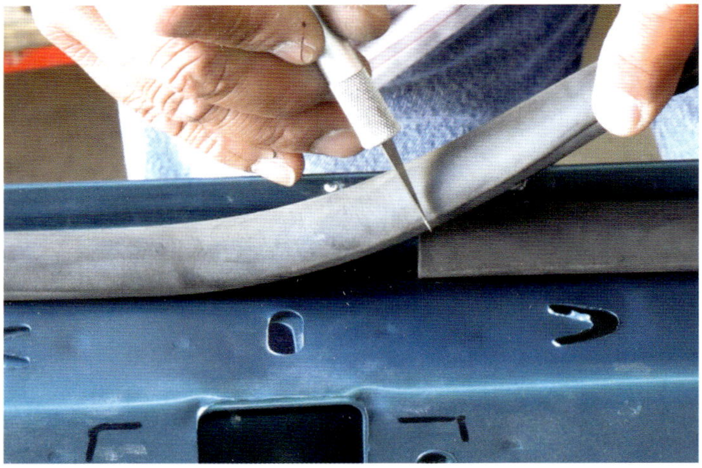

6b.28 Um eine professionelle Optik zu erzielen, müssen Sie die Dichtung nun so kürzen, dass sich beide Enden treffen. Nicht zu lang und nicht zu kurz.

6b.29 Ist die Dichtung fest verklebt, können Sie die Klappe wieder anbauen und die Anschlaggummis an den Ecken einsetzen.

Kühlergrill und Grillornament

6b.30 Diese kleinen Clips werden an verschiedenen Stellen des Grillhalteblechs benötigt. Sie halten die Montageschrauben des Kühlergrills.

6b.31 Hier ist nicht viel Platz für die Montage des unteren Grillhalteblechs. Nehmen Sie eine kleine Ratsche mit Verlängerung. Es schadet nicht, die Verlängerung und die Nuss zum Schutz der lackierten Teile mit Klebeband zu umwickeln.

6b.32 Es gibt preiswerte Befestigungssätze mit allen Schrauben für Grill, Halteblech und Haubenverschluss. Sie brauchen also nicht die alten aufzuarbeiten.

6b.33 Sie haben sicherlich lange darauf gewartet, aber lassen Sie sich bitte beim Einbau des Kühlergrills Zeit. Der 65er Grill ist der empfindlichste von allen. Wir verbauen ein Neuteil, das wir langsam von oben in den Ausschnitt einsetzen.

6b.34 Setzen Sie alle Schrauben an den Grill an, ohne diese festzuziehen.

6b.35 Drehen Sie die beiden Schrauben ein, die den Grill oben am Haubenverschluss befestigen. Jetzt sollte der Kühlergrill richtig sitzen. Ziehen Sie die verbliebenen Schrauben nicht zu fest an.

6b.36 Schützen Sie nun dort die lackierten Bereiche mit Klebeband, wo die Zierleisten des Kühlergrills montiert werden.

6b.37 Die beiden Befestigungsklammern unter der Leiste sind leicht beweglich. Messen Sie die Entfernung der Löcher im Grillhalteblech von der Mitte aus. Justieren Sie die Clips entsprechend vor dem Einbau.

6b.38 Montieren Sie die beiden Kühlergrillzierleisten. Beide werden zusätzlich zu den zwei Clips mit einer Schraube an der Scheinwerferblende befestigt.

6b.39 Das Kühlergrillornament mit dem galoppierenden Pferd ist eines der Hauptmerkmale des Mustang-Designs. Schrauben Sie die Einzelteile (Pferd, Umrandung und die beiden Zierleisten) zusammen und montieren Sie das Ganze.

6b.40 Der geübte Mustang-Zähmer setzt das Bauteil von schräg oben an und richtet dann die oberen und unteren Schrauben aus.

6b.41 Bei geschlossener Motorhaube erhält man einen vollständigen Eindruck von der Schönheit des Mustang-Designs. Jetzt wirkt der Kühlergrill mit seinem Chromzierrat erst richtig.

Embleme

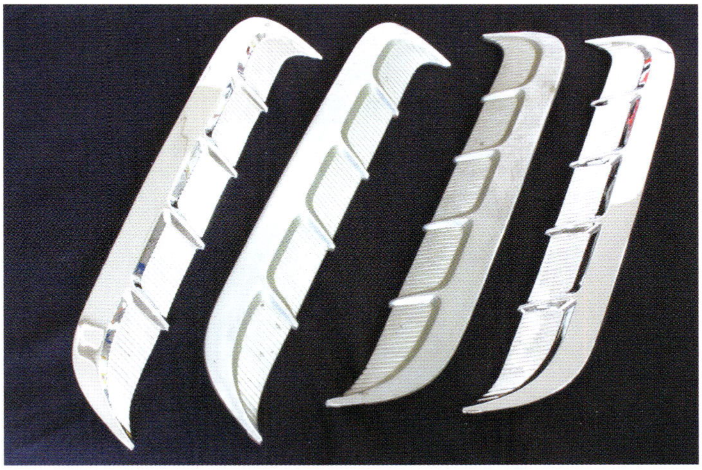

6b.42 Die Ornamente an der hinteren Seitenwand sollen einen Lufteinlass für die hinteren Bremsen simulieren. In der Mitte unsere Originalteile im Vergleich zu Neuteilen. Sie sehen nach all den Jahren noch gut aus, sind aber eben nicht mehr perfekt.

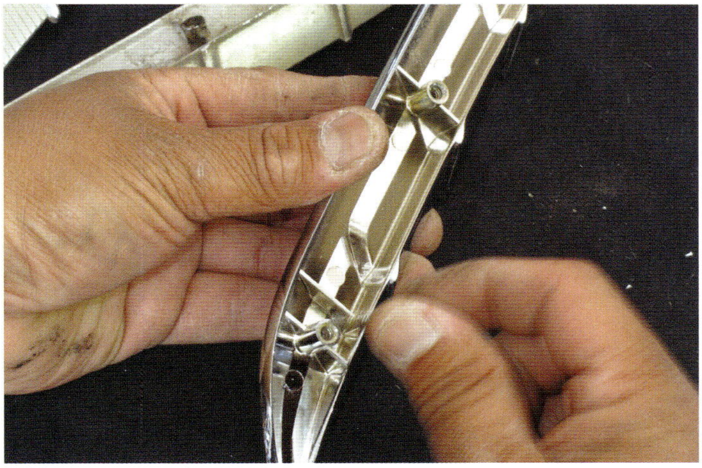

6b.43 Die Gewindestifte auf der Rückseite der Lufteinlassattrappen werden in die Bohrungen im hinteren Seitenteil gesteckt. Drehen Sie die Gewindestifte in das Seitenornament und tragen Sie etwas Dichtmasse an ihrem Sitz auf.

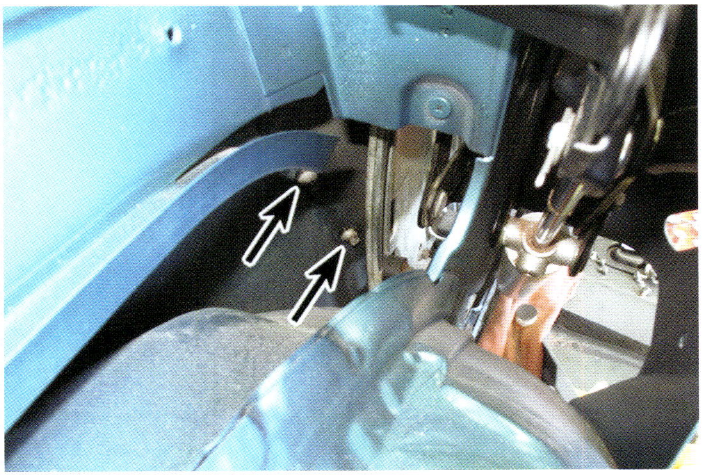

6b.44 Hier sieht man zwei der drei Muttern an der Innenseite der Seitenwand. Tragen Sie vor dem Festziehen etwas Dichtmasse auf die Mutter auf.

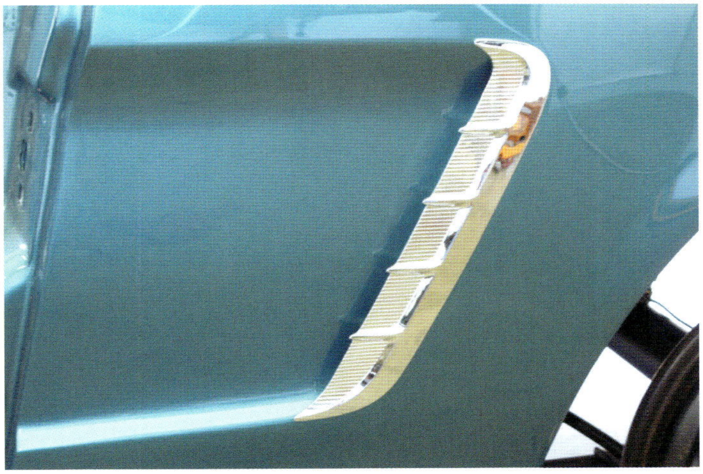

6b.45 Die Zierblenden ergänzen den stilvollen Gesamteindruck des Fahrzeugs. Stellen Sie sich vor, wie sich die Erstbesitzer gefühlt haben müssen, als sie solch ein schickes Fahrzeug für nur 2368 $ in Empfang nehmen konnten – das waren etwa 9500 Mark und somit der Gegenwert von zwei VW Käfern.

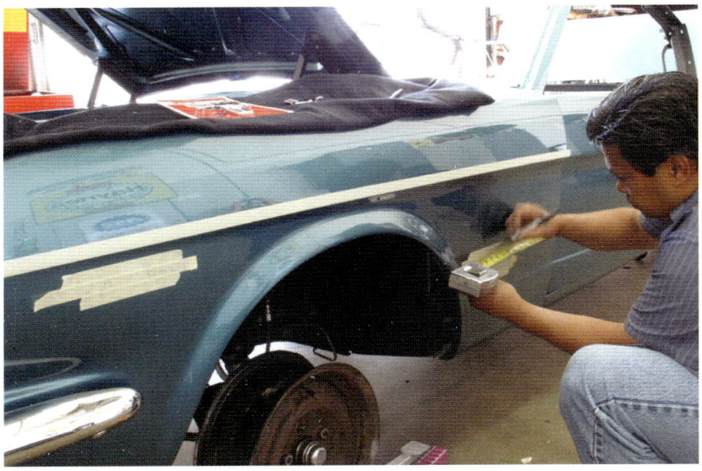

6b.46 Wenn Ihr Mustang beim Kauf noch alle originalen Embleme besaß, finden Sie auch noch alle Montagelöcher dafür an der Karosserie. Bei unserem Wagen haben wir den Kotflügel ausgetauscht, also müssen wir eine Markierungslinie aus Klebeband an der Karosseriekante anbringen. Wir messen von dieser Linie herab sowie von der hinteren Kotflügelkante nach vorne und nehmen dabei dieselben Abstände wie am alten Kotflügel. Die Markierung vorne ist für das Motoremblem.

6b.47 Hinten am Kotflügel befinden sich das galoppierende Pferd und der Mustang-Schriftzug. Wir haben genug Klebeband zur Markierung der Bohrlöcher beider Embleme angebracht.

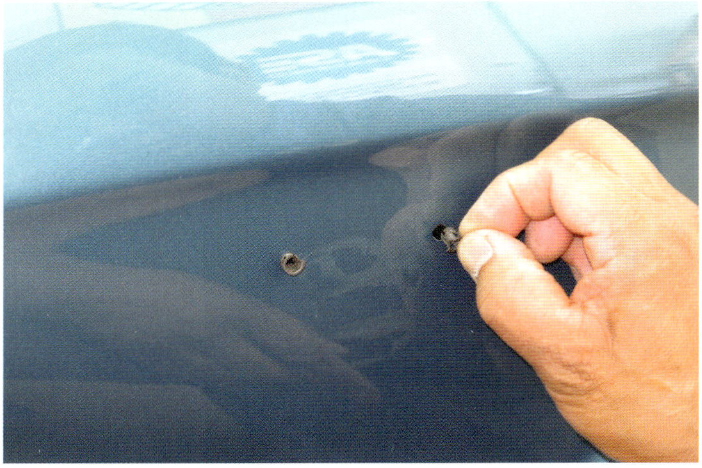

6b.48 Sie müssen beim Anbohren neuer Karosserieteile sehr vorsichtig sein. Beginnen Sie mit einem kleinen und sehr scharfen Bohrer und vergrößern Sie das Loch dann bis zum dem Maß, wie Sie es auch auf den alten Kotflügeln vorfinden. Die kleinen Befestigungsclips sollten genau in die Löcher passen.

6b.49 Fertig. Und mindestens so schön wie frisch aus dem Werk.

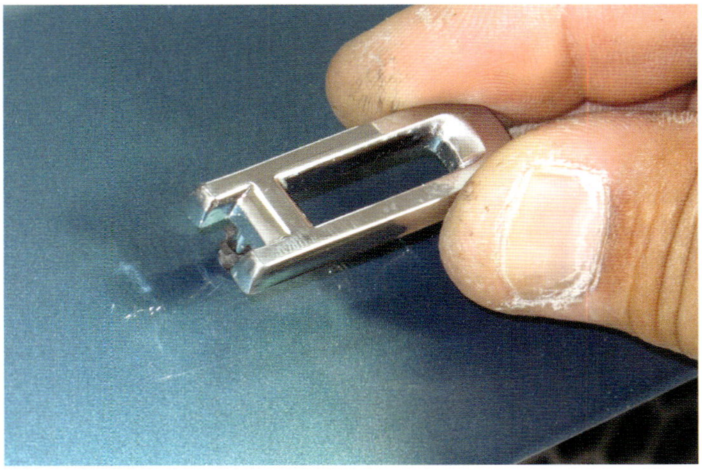

6b.50 Prüfen Sie bei allen Emblemen vor dem Einbau, ob die Bohrungen das richtige Maß haben. Wenn das Loch zu eng ist, wird der Befestigungsclip gequetscht und das Emblem könnte brechen, wenn Sie es mit leichten Schlägen mit dem Gummihammer befestigen. Beim Haubenschriftzug ist es einfacher; neue Hauben sind bereits für die Buchstaben F O R D vorgebohrt.

6b.51 Mit dem sportlichen und gleichzeitig sparsamen 289er V8-Motor ließ sich schon 1965 prima angeben. Für viele Kunden, die zwar das Auto mochten aber sparsamer unterwegs sein wollten, gab es den noch wirtschaftlicheren Sechszylindermotor. Diese Fahrzeuge hatten allerdings kein Motorenemblem wie dieses hier.

Außenspiegel

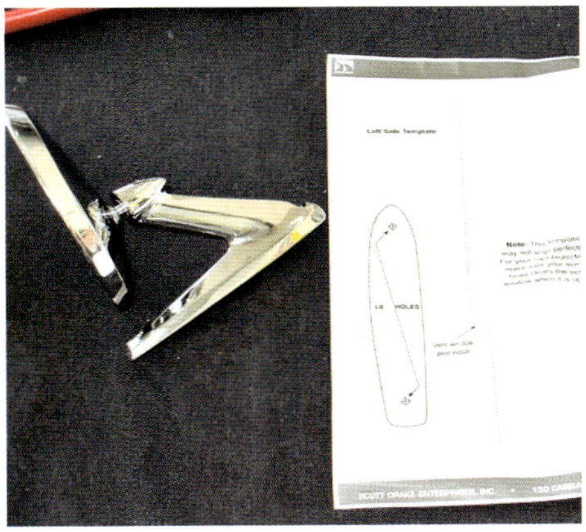

6b.52 Es scheint nichts Einfacheres zu geben, als den Außenspiegel mit seinen beiden Schrauben anzubringen. Wenn Sie noch das originale Exemplar besitzen, ist das auch so. Unser armer Mustang hatte jedoch Bohrungen diverser Außenspiegel in der Türhaut, die alle in der Karosseriewerkstatt zugeschweißt wurden.

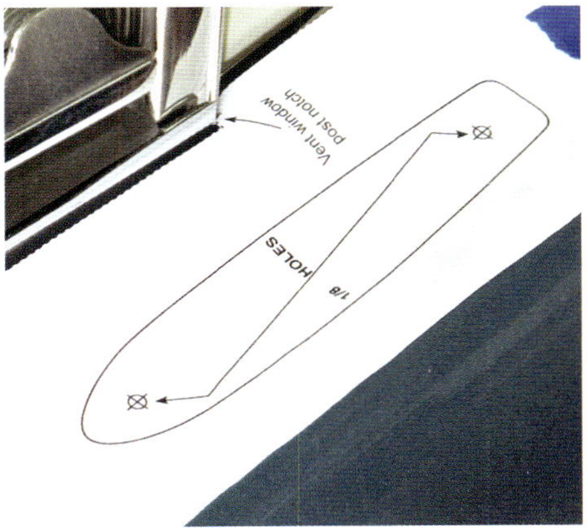

6b.53 Wir beginnen also mit Hilfe der Einbauanleitung des neuen Spiegels von vorne. Wenn man die Schablone (eine für die linke, eine für die rechte Seite) zugeschnitten hat, passt sie an den Rahmen des Ausstellfensters. So erhält man die Position für die Bohrungen.

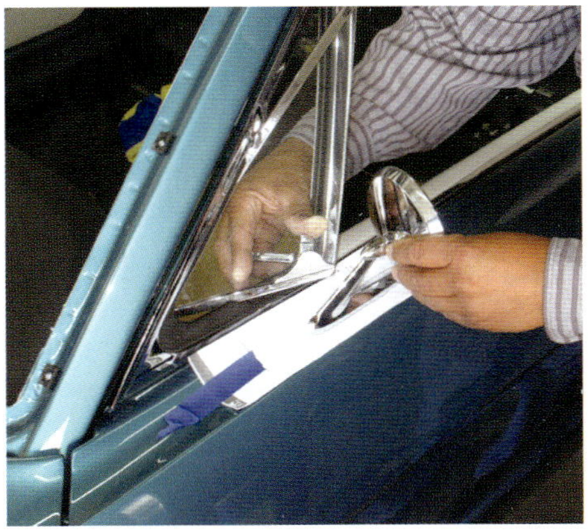

6b.54 Der Spiegel muss für die endgültige Position eventuell noch etwas verschoben werden. Halten Sie den Spiegel mittig auf der Vorlage und öffnen Sie das Ausstellfenster, um dessen freie Beweglichkeit sicherzustellen.

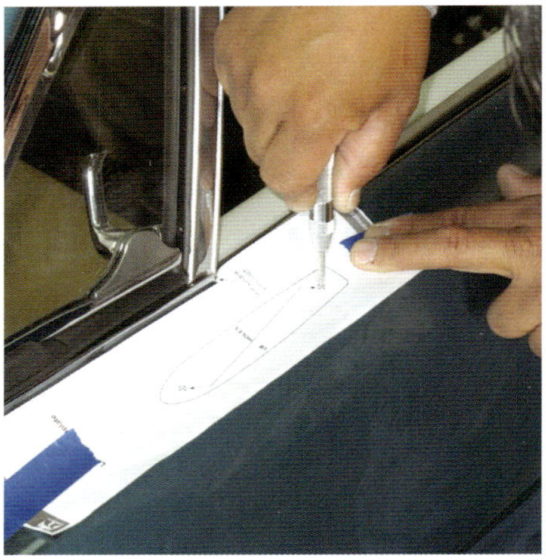

6b.55 Markieren Sie nun die Bohrlöcher mit einem Körner.

6b.56 Bohren Sie an den markierten Stellen durch die Türhaut.

6b.57 Ziehen Sie die beiden Schrauben fest und schon haben Sie alle im Blick, die von Ihnen nur noch die Rücklichter sehen.

Spritzschutzbleche

6b.58 Die Spritzschutzbleche unter den vorderen Kotflügeln halten Steinschlag ab und verhindern so Rostbildung. Tragen Sie Karosseriedichtungskleber an den Rändern auf und lassen Sie ihn gut anziehen.

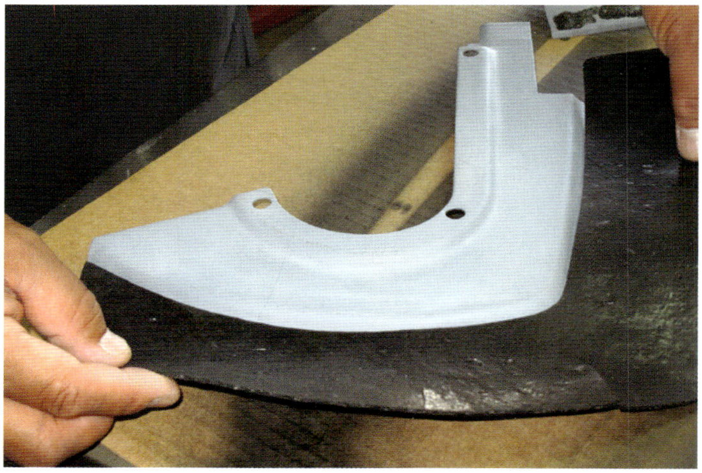

6b.59 Drücken Sie die Gummidichtung an, lösen sie wieder und lassen das Ganze ein paar Minuten antrocknen. Die Dichtung danach wieder montieren und fest andrücken.

6b.60 Durchbohren Sie das Gummi mit einem kleinen Bohrer an den originalen Klammerlöchern.

6b.61 Setzen Sie neue Klammern durch Gummi und Blech ein und biegen Sie deren Enden auf der Rückseite zusammen.

6b.62 Überziehen Sie alles mit Unterbodenschutz.

6b.63 Montieren Sie die Spritzschutzbleche nun in die Kotflügel. Die Gummis zum Kotflügel hin dienen als Dichtung und Geräuschdämmung.

Seitenscheibe hinten (Coupé und Cabriolet)

6b.64 Montieren Sie eine neue Fensterdichtung um die hinteren Seitenscheiben. Arbeiten Sie auf einer abgepolsterten und freigeräumten Werkbank. Werkzeug oder andere Bauteile könnten das Glas zerkratzen oder gar brechen.

6b.65 Schneiden Sie das überstehende Dichtungsmaterial mit einem Skalpell oder einem guten Bastelmesser ab. Verlegen Sie die Dichtung einfach um die Fensterecken herum und schneiden Sie in den Ecken so, dass eine wasserdichte Verbindung entsteht.

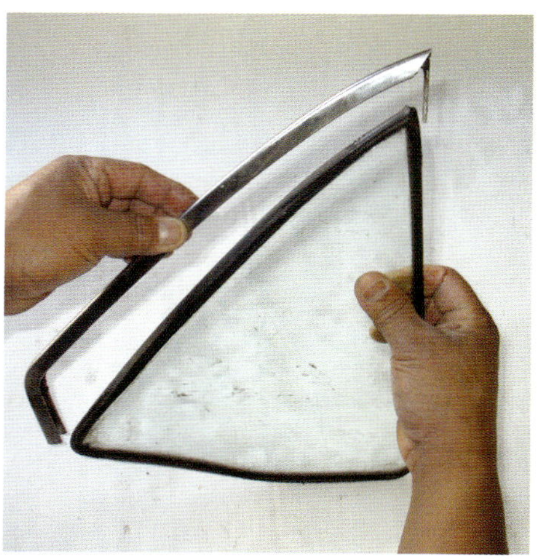

6b.66 Benutzen Sie ein Gleitmittel, um Glas und neue Dichtung in den Chromrahmen einzusetzen. Benutzen Sie dabei niemals ein Metallwerkzeug; leichte Schläge mit dem Gummihammer können jedoch hilfreich sein.

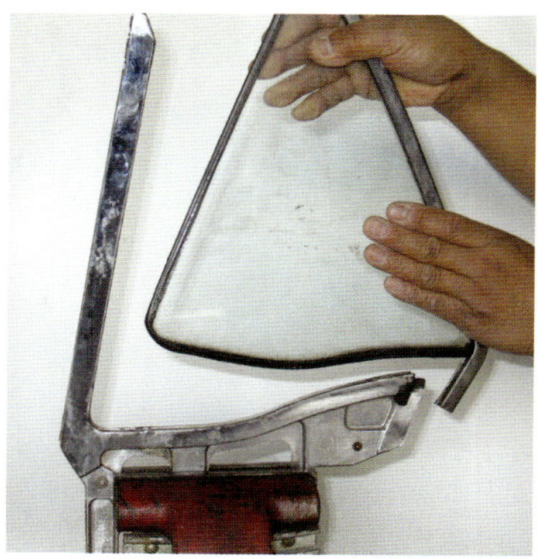

6b.67 Schmieren Sie das Glas ein und drücken Sie es mit dem äußeren Chromrahmen in den Hauptrahmen.

6b.68 Diese Schrauben verbinden die beiden Rahmenteile miteinander.

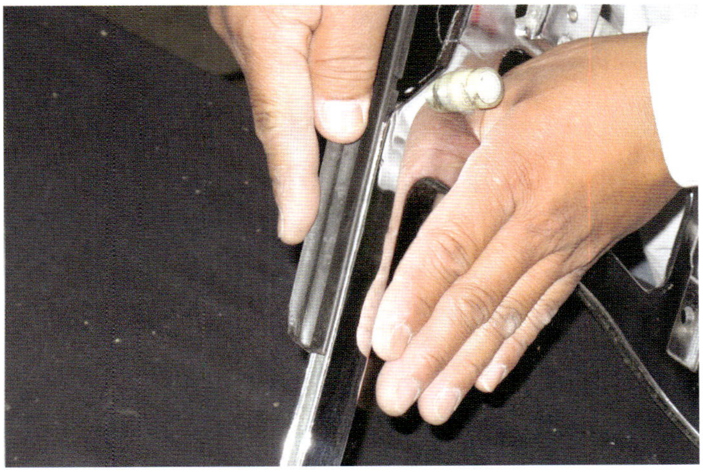

6b.69 Montieren Sie die Fensterdichtung an der Vorderseite der Fenster, indem Sie sie in die Nut des Rahmens gleiten lassen.

6b.70 Sichern Sie die Dichtung unten am Rahmen mit einer Schraube.

6b.71 Reinigen und fetten Sie den Fensterhebemechanismus.

6b.72 Säubern und schmieren Sie außerdem die Stifte der Führungsrollen.

6b.73 Führen Sie den Fensterhebemechanismus in die hintere Seitenwand.

6b.74 Ziehen Sie die Befestigungsschrauben zum Ausrichten mit der Führungsschiene noch nicht ganz fest.

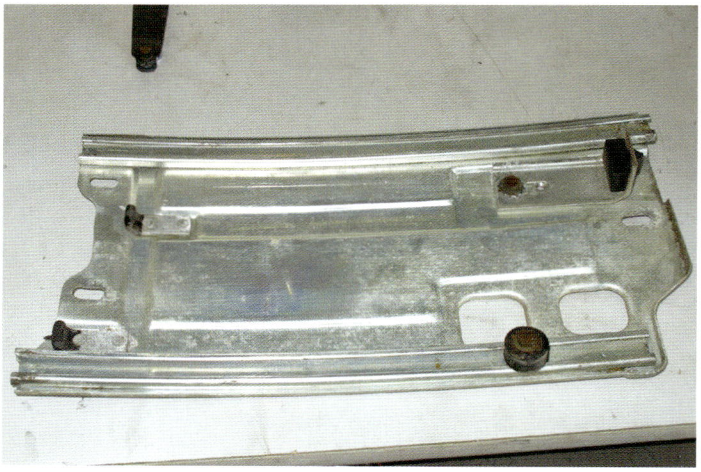

6b.75 Die Führungsschiene führt die vorderen und die hinteren Rollen.

6b.76 Die Fensterrollen lassen sich so montieren: die Klammer halb herausziehen, die Rollen in die Führung gleiten lassen, den Stift in die Rolle hineinschieben und die Klammer wieder auf die Rolle schieben.

6b.77 Am Boden des hinteren Seitenteils unter dem Fensterhebemechanismus sitzt dieses Blech mit Langlöchern, mit dem man Höhe und Winkel des hinteren Seitenfensters einstellen kann.

Ausstellfenster

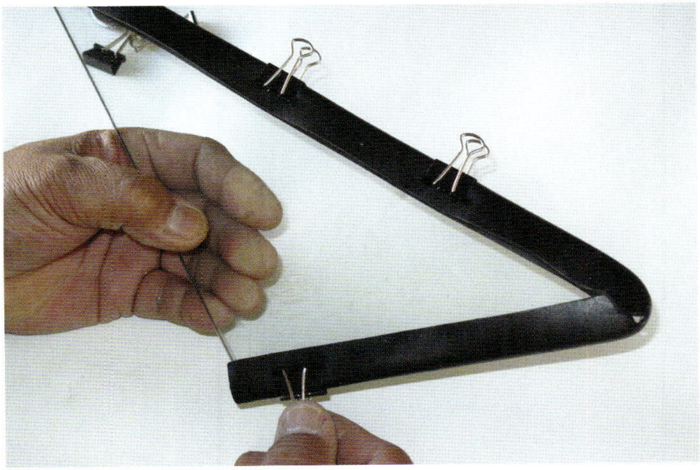

6b.78 Ummanteln Sie das Glas mit der neuen Dichtung und klammern Sie diese vorübergehend fest.

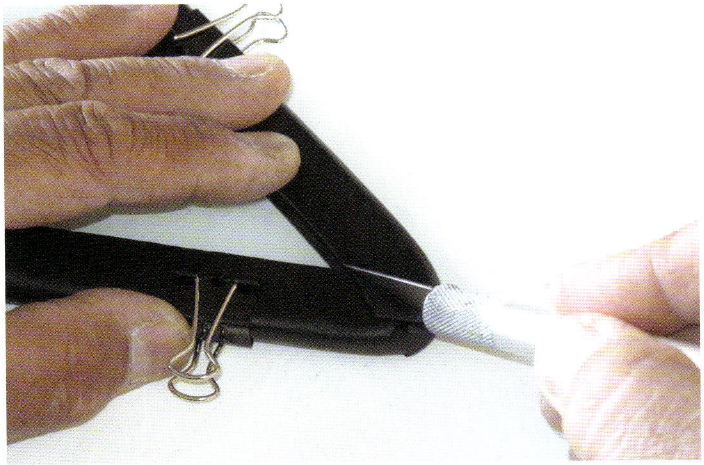

6b.79 Schneiden Sie die Dichtung mit einem Skalpell in den Ecken diagonal ein.

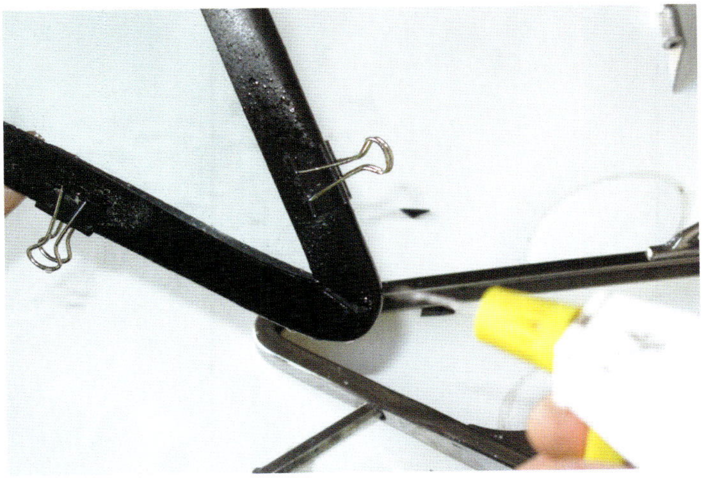

6b.80 Schmieren Sie Rahmen und Dichtung mit Seifenlauge oder Gleitmittel ein. Es sollte nicht zu schnell abtrocknen und eine Weile gleitfähig bleiben.

6b.81 Auf einer Holzunterlage können Sie mit Hilfe eines Gummihammers das Glas vorsichtig in den Rahmen klopfen. Dabei sind viele sanftere Hammerschläge besser als ein fester, der das Glas zum Brechen bringt.

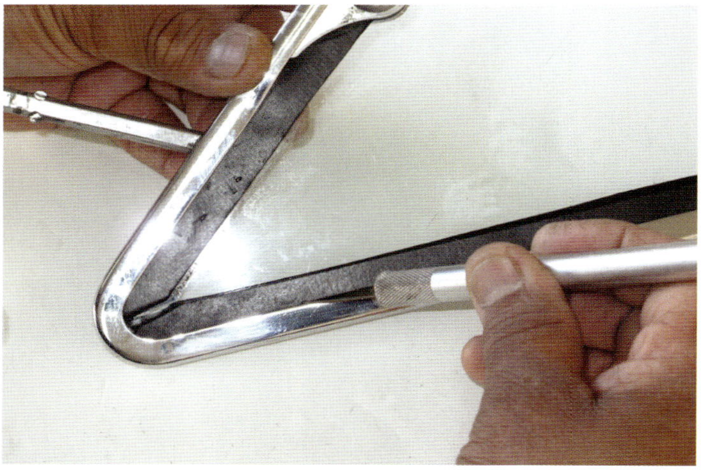

6b.82 Schneiden Sie das überstehende Dichtungsmaterial mit dem Skalpell ab.

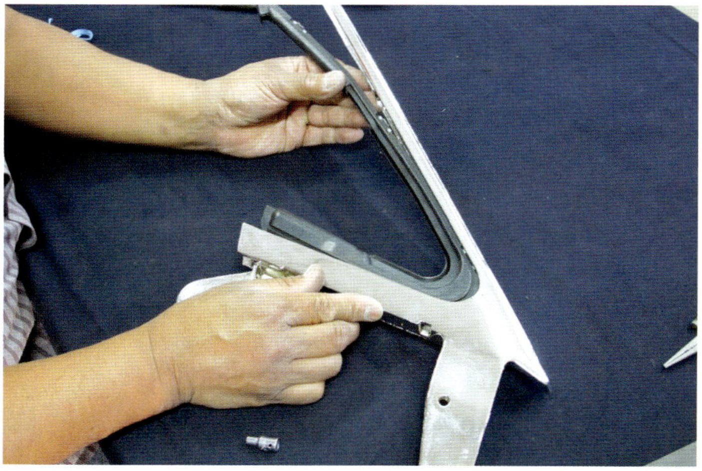

6b.83 Setzen Sie eine neue Dichtung in den äußeren Rahmen des Ausstellfensters ein.

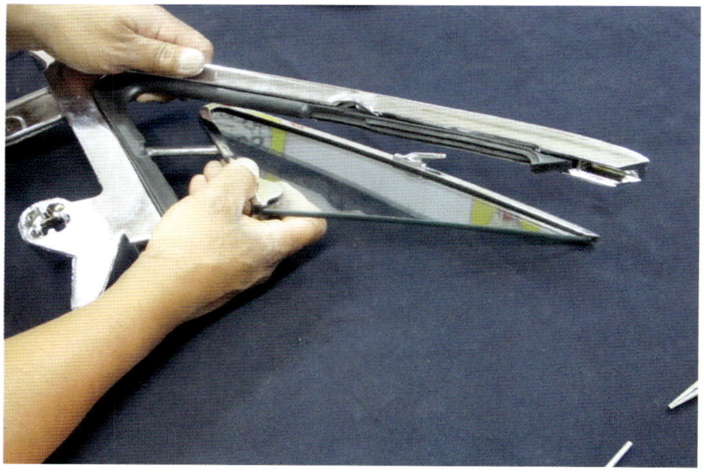

6b.84 Führen Sie die Scheibe in den äußeren Rahmen ein. Stecken Sie dabei erst den unteren Stift durch den Rahmen, dann den oberen.

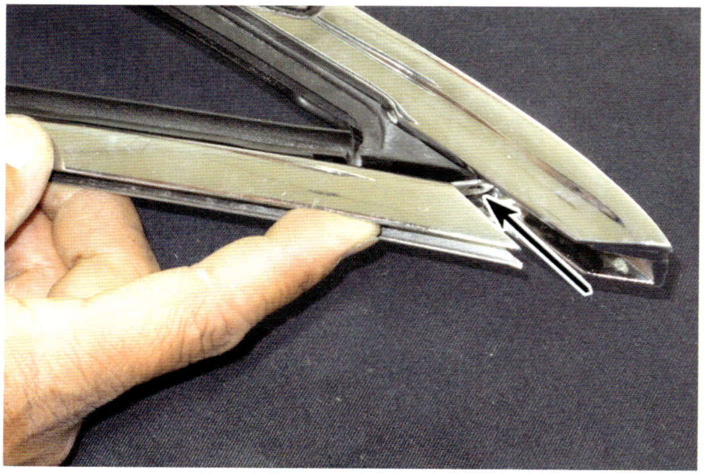

6b.85 Drücken Sie die beiden Rahmenteile von Hand zusammen und drehen Sie die Befestigungsschraube ein.

6b.86 Vernieten Sie die Führungsschiene unten am Rahmen des Ausstellfensters.

6b.87 Benutzen Sie dafür eine schmale Nietzange.

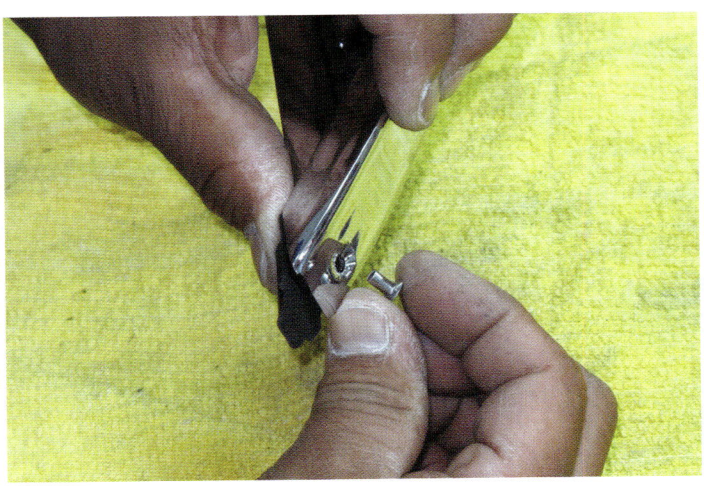

6b.88 Die Dichtung oben am Scheibenrahmen wird ebenfalls von einer Niete gehalten. Diese wird mit ihrem Senkkopf in die Bohrung eingesetzt.

6b.89 Legen Sie einen Metallklotz auf die Werkbank und polstern Sie diesen mit zwei Lagen Tuch ab. Spreizen Sie das offene Ende der Niete mit einem Dorn, bis die Bauteile fest verbunden sind.

Türgriffe und Türschlösser

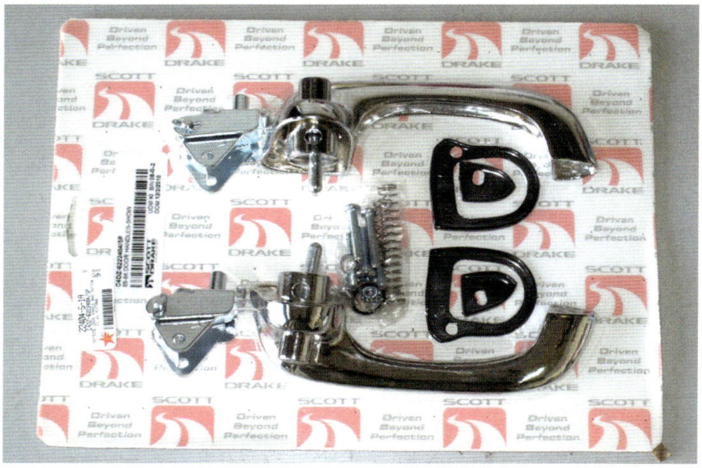

6b.90 Im Laufe der Jahre wird der Chrom der Türgriffe grau und pickelig, und die mechanischen Teile verschleißen. Neue Türgriffe kommen mit allen Kleinteilen, sehen gut aus und funktionieren wieder einwandfrei.

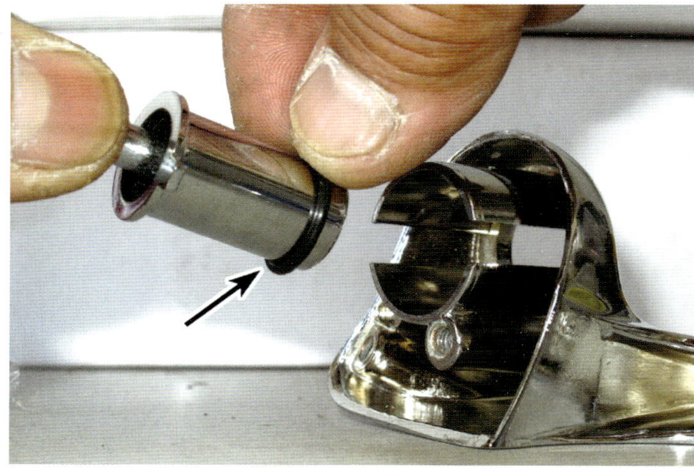

6b.91 Schieben Sie den O-Ring über den Türknopf und drücken Sie ihn in den Handgriff.

6b.92 Der Türknopf wird von dieser Feder und dem Schließmechanismus gespannt. Zuerst wird einmal probeweise angepasst.

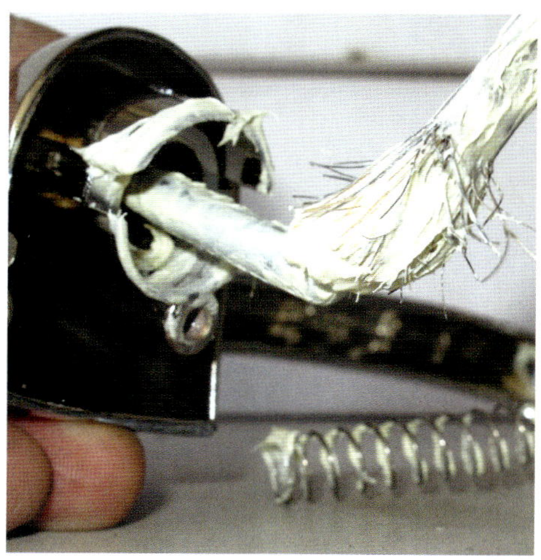

6b.93 Schmieren Sie Feder und Bolzen, drücken Sie die Feder zusammen und schrauben Sie den Mechanismus an den Türgriff.

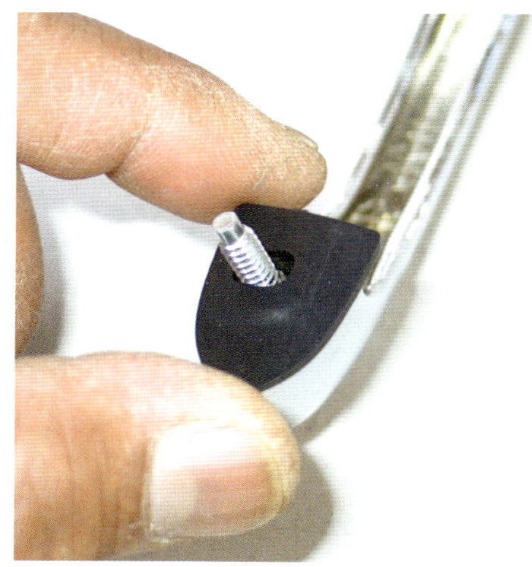

6b.94 Drehen Sie den Gewindestift vorne in die Türklinke und schieben Sie die Dichtung darüber.

6b.95 Schieben Sie den Stift des Türschloss-Gestänges in die Bohrung des Schließmechanismus.

6b.96 Legen Sie die Gummiunterlage unter den hinteren Teil des Türgriffs und drücken Sie alles gegen die Tür. Drehen Sie zuerst die hintere Befestigungsschraube ein, dann die vordere.

6b.97 Positionieren Sie das Türschloss so, dass es wie auf dem Foto heraussteht und das Gestänge für den Türverriegelungsknopf oben durch das Loch hervorsteht. Ziehen Sie die drei Senkkopfschrauben fest. Nun können Sie die Rosette und den Verriegelungsknopf befestigen.

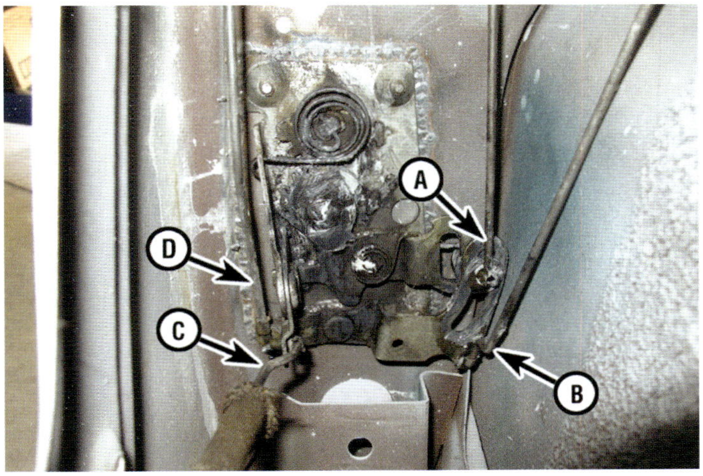

6b.98 Sichern Sie den Schließzylinder des Schlosses in der Tür, indem Sie die u-förmige Klammer in die Vertiefung des Schließzylinders treiben. Hängen Sie nun die Gestänge zu Innentürgriff, Schließzylinder, Außentürgriff und Türverriegelungsknopf in das Türschloss ein.

A zum Außentürgriff
B zum Schließzylinder
C zum Innentürgriff
D zum Türverriegelungsknopf

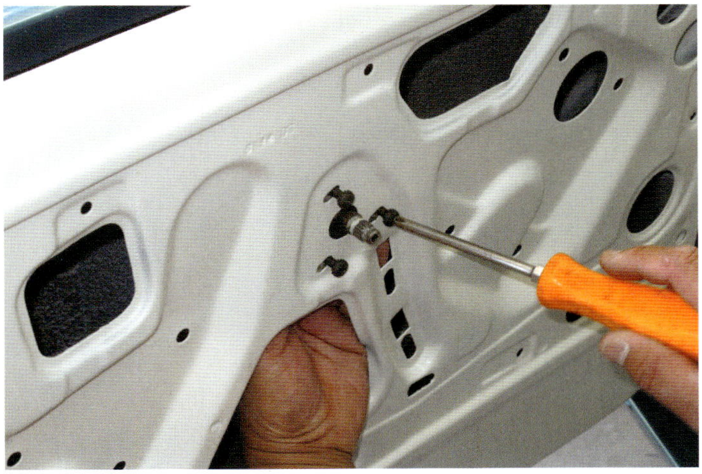

6b.99 Montieren Sie den Mechanismus für den inneren Türgriff mit seinen drei Schrauben an die Tür und hängen Sie das Verbindungsgestänge zum Türschloss ein.

Türscheiben und Türverkleidungen

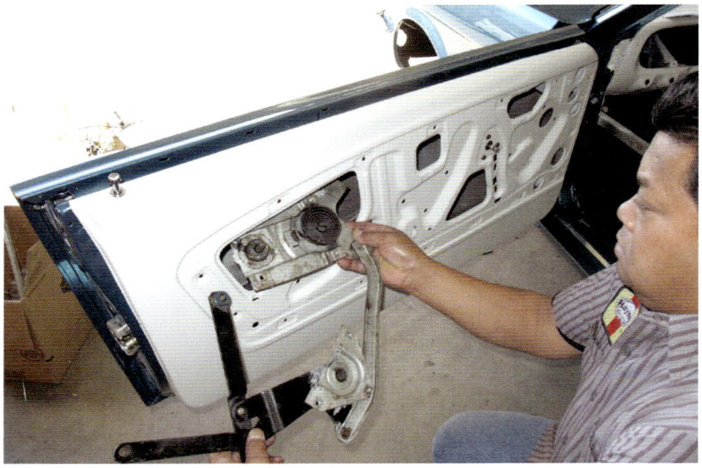

6b.100 Bei der Installation der Fensterheber in der Tür sind schlanke Hände und viel Geduld hilfreich.

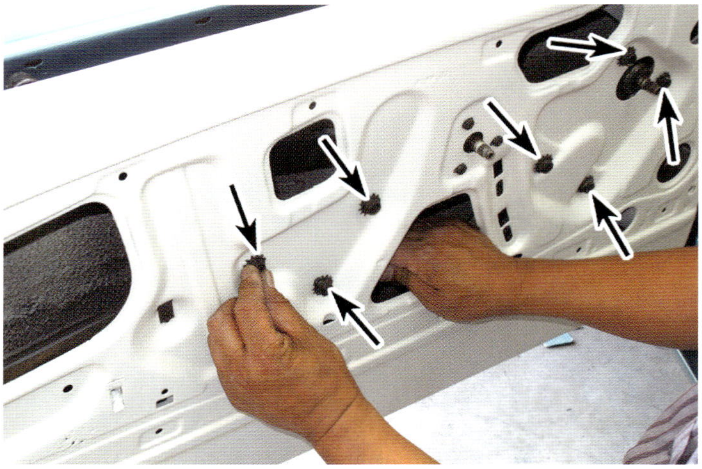

6b.101 Schrauben Sie alle Befestigungsteile des Hebemechanismus an, aber ziehen Sie die Schrauben noch nicht fest.

6b.102 Im Türausschnitt montieren Sie die geschmierten Führungsrollen, um Führungsschiene und Hebemechanismus zu verbinden.

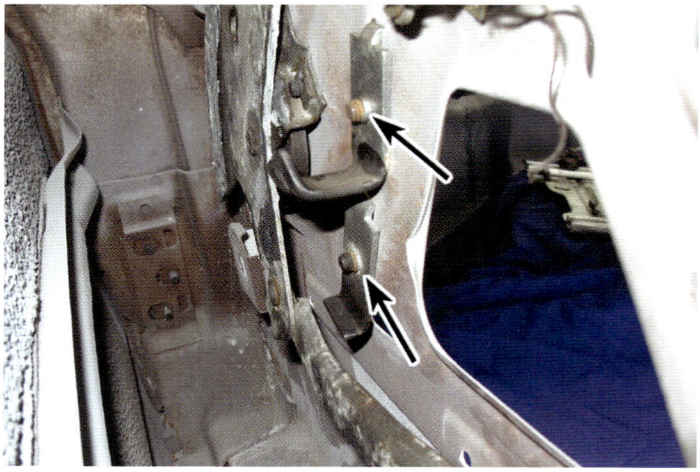

6b.103 Beachten Sie die Position der beiden Klammern zum Stoppen der Scheibe. Die Stopper sollten wie auf diesem Foto in der Tür befestigt sein.

6b.104 Nun ist es Zeit für die Seitenscheibe. Entfernen Sie die Befestigungsschrauben am hinteren Ende des Rahmens.

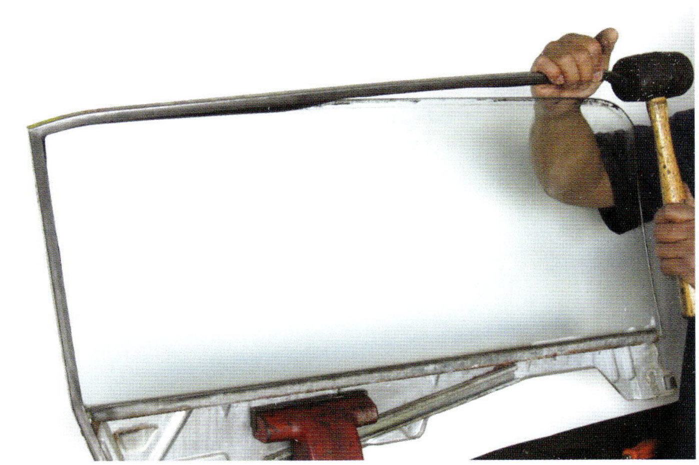

6b.105 Hebeln Sie den Rahmen vorsichtig ab und klopfen Sie ihn sanft nach hinten, um ihn vom Glas zu lösen.

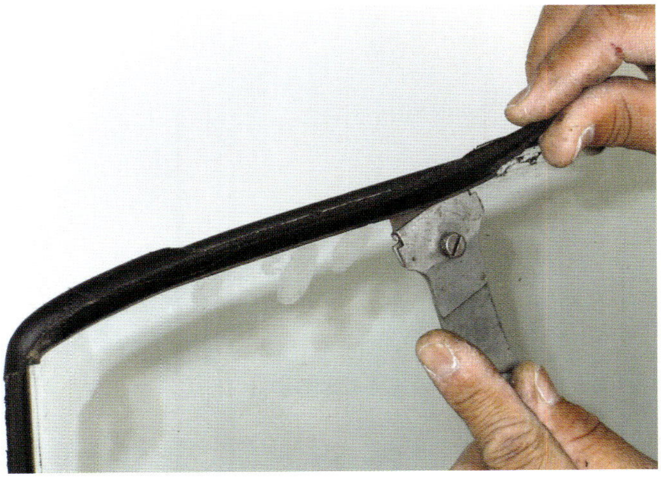

6b.106 Kratzen Sie die alte Dichtung vom Glas, aber zerkratzen Sie es dabei nicht. Reinigen Sie es danach mit Bremsenreiniger.

6b.107 Umwickeln Sie das Fenster mit einer neuen Dichtung und klammern Sie diese fest.

6b.108 Befeuchten Sie Rahmen und Dichtung mit Seifenlauge und befestigen Sie den Rahmen mit leichten Gummihammerschlägen über der Dichtung.

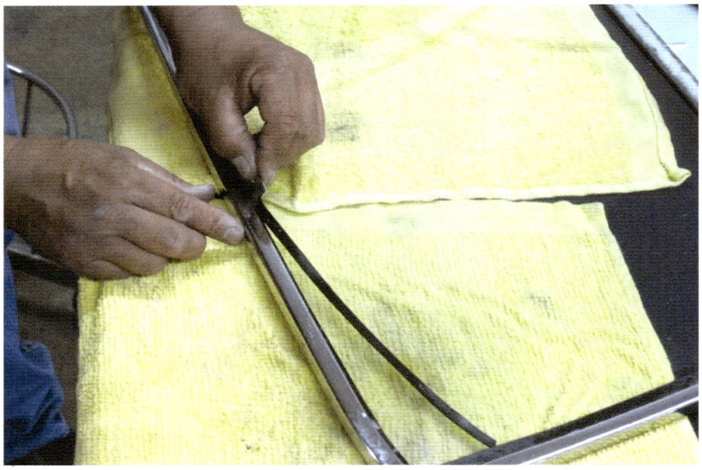

6b.109 Schneiden Sie das überstehende Dichtungsmaterial bündig ab.

6b.110 Lassen Sie die Scheibe vorsichtig in die Tür hinab und in die vordere Führungsschiene, ...

6b.111 ... während Sie gleichzeitig die Führungsschiene der Fensterheberschere mit dem Scheibenrahmen verbinden.

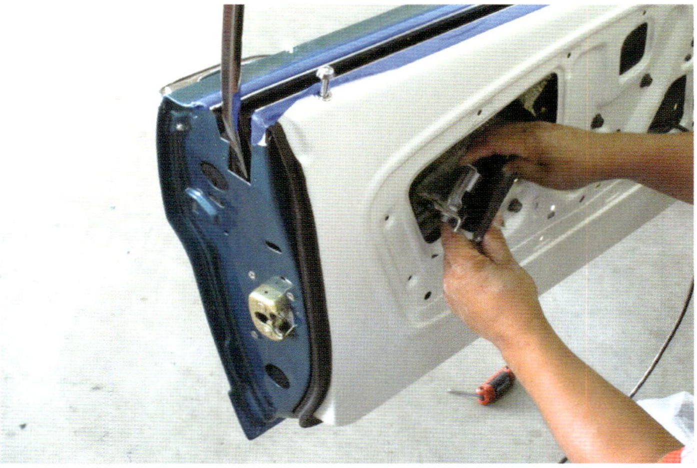

6b.112 Installieren Sie die hintere Führungsschiene, die die hintere Kante der Türscheibe umschließen soll.

6b.113 Drehen Sie die Befestigungsschrauben der Führungsschiene fest. Sie werden die Führungsschienen mehrfach nachjustieren müssen, um bei geschlossener Tür einen sauberen Sitz der Scheibe zum Dach hin zu erreichen. Seien Sie geduldig und schließen Sie die Tür nicht zu fest, bevor Sie nicht ein perfektes Ergebnis erzielt haben.

6b.114 Wenn Sie mit der Einstellung zufrieden sind, montieren Sie die Endstücke der Türdichtungen und die Abdeckungen der Führungsschienenschraublöcher an der hinteren Türstirnseite.

6b.115 Diese Befestigungsclips gehören in die Aussparungen auf der Rückseite der Türverkleidungen. Es bedarf etwas Feintunings, um diese Clips genau in die entsprechenden Bohrungen in der Tür einzupassen. Versuchen Sie den Einbau der Türverkleidung nicht ohne vorheriges Ausrichten der Clips.

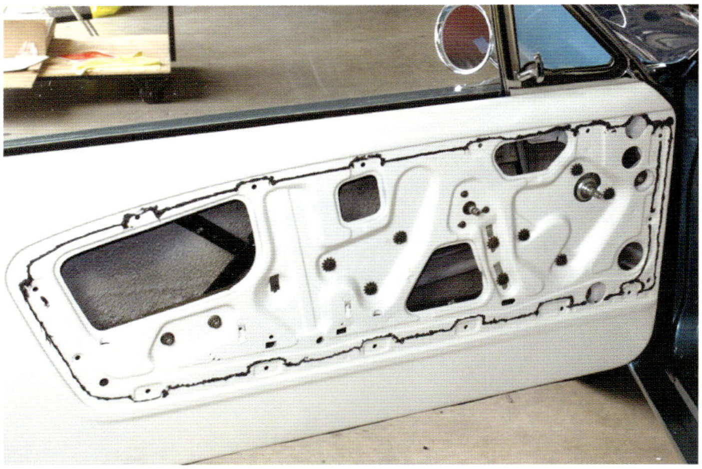

6b.116 Tragen Sie vorsichtig einen feinen Streifen Dichtungskleber um die Türöffnung herum auf. Hier ist weniger mehr!

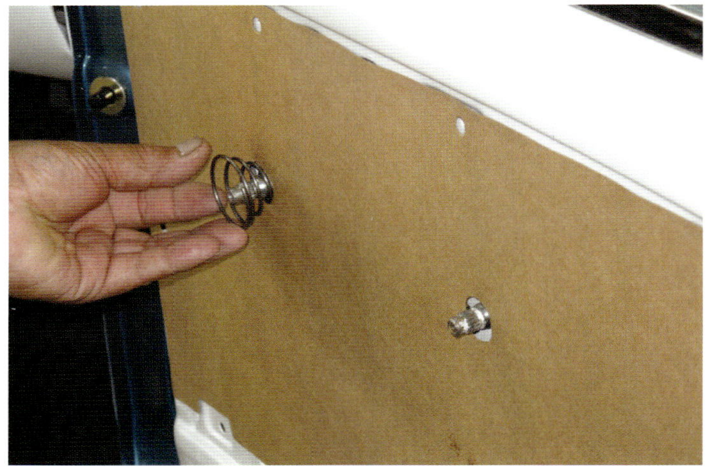

6b.117 Pressen Sie die neue Türdichtfolie auf den Dichtungskleber. Installieren Sie die Feder der Fensterkurbel.

6b.118 Nachdem Sie sichergestellt haben, dass alle Clips in die entsprechenden Bohrungen in der Tür passen, drücken Sie die Türverkleidung ohne Werkzeug, nur mit Ihren – sauberen – Händen, in Position. Tasten Sie mit den Fingern, ob alle Clips richtig sitzen. Fensterkurbel und Türgriff können nun mit einem Inbusschlüssel montiert werden. Achten Sie darauf, diese an beiden Türen im selben Winkel anzubringen.

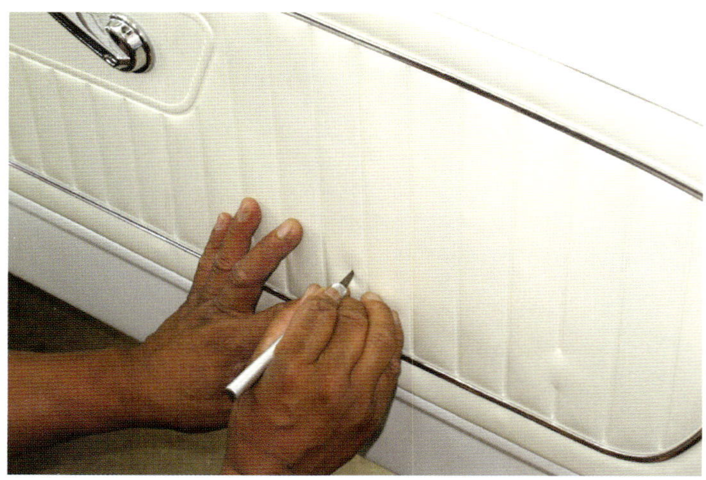

6b.119 Ertasten Sie in der Türverkleidung die Ausschnitte für die Armlehnen, finden Sie die Gewindelöcher und schneiden Sie dort mit dem Skalpell zwei kleine Löcher.

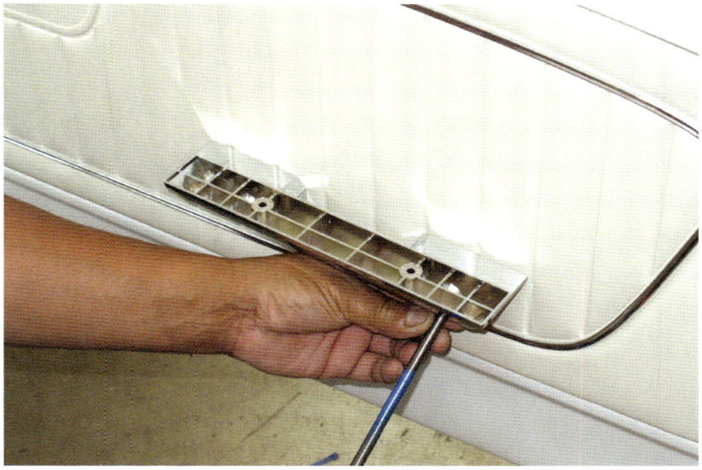

6b.120 Montieren Sie erst den Träger der Armlehne ...

6b.121 ... und dann die Auflage.

7. Restaurierung der Mechanik

Motorenbau

Der Antriebsstrang spielt bei jedem Fahrzeug eine wichtige Rolle, und niemand will die Kommentare hören, die einen unweigerlich treffen, wenn der klassische Mustang lahmt. Wer sich zunächst dafür entscheidet, in die Restaurierung von Motor, Getriebe und Hinterachse anstatt in eine glänzende Lackierung zu investieren, wird damit langfristig gut fahren, weil ihn sein Mustang kaum je im Stich lassen wird. Später wird auch wieder Zeit und Geld vorhanden sein, um sich um die Äußerlichkeiten zu kümmern.

Die Überholung eines Motors kann Respekt einflößen, wenn man keine Erfahrung hat. Wer jedoch bereit ist, etwas über die Funktion dieser wesentlichen Bauteile zu lernen, kann vielleicht Hilfe von einem Club erhalten. Und: Wer seinen Motor eigenhändig zusammengebaut hat, wird das Fahren ganz anders erleben. Er wird auf Geräusche achten, die er sonst nie bemerkt hätte, und der Tritt aufs Gaspedal wird noch viel befriedigender sein als mit einem vom Motorenbauer überholten Triebwerk.

Sie können einiges an Arbeitskosten sparen, wenn Sie Ihren Motor selbst revidieren. Außerdem können Sie so das Tempo für den sorgsamen Zusammenbau selbst bestimmen. Es macht Spaß, an Motoren der 60er Jahre zu schrauben, da sie noch keine computergesteuerten elektronischen Bauteile besitzen. Sie werden merken, dass der Windsor-Small-Block-V8 relativ unkompliziert aufgebaut ist und dass er nach Fertigstellung und Einfahrzeit exzellente und geschmeidige Fahrleistungen liefern wird.

Es werden nur ein paar Spezialwerkzeuge benötigt. Allerdings lohnt die Anschaffung für eine einzige Restaurierung und somit für einmaligen Gebrauch kaum. Ein Abzieher für den Schwingungsdämpfer der Kurbelwelle lässt sich auch borgen oder mieten.

Wem es allerdings an Können und Erfahrung für eine Motorüberholung mangelt, lässt sich besser einen Motorenbauer empfehlen. Lesen Sie dessen Garantiebedingungen sorgfältig. Viele Motorenbauer verlangen Belege über den Kauf oder die Überholung des Kühlers. Und das aus gutem Grund, da Überhitzung eine der Hauptursachen für Motorenschäden ist. Die strammer sitzenden neuen Komponenten produzieren mehr Reibung, und der Motor wird beim Einfahren heißer als im späteren Normalbetrieb. Sie sollten auch auf eine neue Wasserpumpe und auf ein neues Thermostat nicht verzichten.

Wer seinen Mustang so original wie möglich halten will, sollte das die Motorenwerkstatt wissen lassen. Die Farbe des Motors und der Anbauteile sollte genau für das Modelljahr stimmen. Um sicher zu gehen, können Sie die korrekte Farbe mitliefern. Mit einem Motor im falschen Blauton oder gar in Grau werden Sie bei Ihrem ersten Mustangtreffen auffallen. Bitten Sie die Werkstatt außerdem, keine Originalteile wie Klammern, Schläuche oder Halterungen wegzuwerfen. Vielleicht können Sie diese Teile später noch als Muster gebrauchen.

Auch wer sich für eine Motorenüberholung in Eigenregie entscheidet, sollte Arbeiten an Block und Zylinderköpfen lieber Fachleuten überlassen. Die sollten auch die Nockenwellenlager einpressen, was etwas kompliziert sein kann, da deren Öllöcher mit den Ölbohrungen im Zylinderblock fluchten müssen. Lassen Sie dort außerdem den Nockenwellen-Stopfen für die hintere Lagerbohrung auf der Rückseite des Motorblocks eintreiben.

Folgen Sie nun also den Fotos und Beschreibungen der wichtigsten Schritte von Vorbereitung und Zusammenbau. Wir befassen uns zuerst mit der Überholung des Zylinderkopfes, da wir hier einige Spezialwerkzeuge benötigen und präzise Einstellwerte beachten müssen. Da es keine verbleiten Kraftstoffe mehr gibt und unverbleites Benzin mit der Zeit die alten Motoren schädigen kann, zeigen wir hier auch den Einbau von gehärteten Ventilsitzringen.

7a.1 Sauberkeit hat höchste Priorität beim Motorenbau. Wenn Sie nicht an Ihrem Motor arbeiten, decken Sie ihn mit einer Plastikfolie ab.

7a.2 Die Motorenwerkstatt wird Ihren Motor komplett zerlegen und alle Komponenten säubern. Die Zylinderköpfe werden einige Zeit in einer Maschine verbringen, die kritische Unebenheiten beseitigt. Man beginnt mit der Ausrichtung des Zylinderkopfes, bis der Dorn in der Ventilführung senkrecht steht.

7a.3 Mit einer Präzisionswasserwaage wird der Dorn gleichmäßig ausgerichtet und dann befestigt.

7a.4 Das ist einer der gehärteten Ventilsitzringe, die wir an den Auslassventilen verbauen, da diese am heißesten werden.

7a.5 Dieses Schneidwerkzeug fräst eine größere Bohrung für den neuen Ventilsitzring.

7a.6 Das Schneidwerkzeug wird präzise eingestellt, um eine Bohrung zu fräsen, die minimal kleiner ist als der neue Ventilsitzring.

7a.7 Das Ergebnis ist eine Bohrung, die wesentlich größer als die alte ist.

7a.8 Hier wird der neue Ventilsitzring eingetrieben. Mancher legt die Ringe auch über Nacht ins Gefrierfach, um sie etwas zu schrumpfen.

7a.9 Der Dorn wird in der Ventilführung ausgerichtet und fixiert. Er dient als Führung für die nächsten Arbeitsschritte.

7a.10 Dieses Schneidwerkzeug kann gleichzeitig verschiedene Winkel in den Ventilsitz fräsen.

7a.11 Die Ventile müssen ebenfalls überarbeitet werden, um mit einem bis auf ein Grad gleichen Winkel möglichst exakten Sitz zu gewährleisten. Dazu erhält der Ventilteller maschinell den gewünschten Winkel.

7a.12 Dies ist ein weiterer Typ Schneidwerkzeug zur Vorbereitung von Ventilsitzringen in Zylinderköpfen.

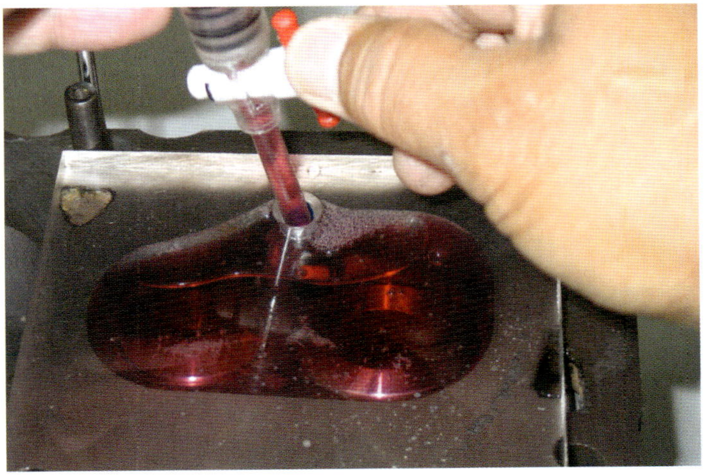

7a.13 Legen Sie bei eingebauten Ventilen ein Plexiglas mit zwei Löchern über die Brennräume und füllen Sie mit Hilfe einer Bürette Automatiköl ein. Sie können nun an der Skala die Brennraumgröße ablesen (Differenz vorher-nachher). Dieses Verfahren wird häufig angewandt, um dann durch weitere Bearbeitung in allen Zylindern exakt gleiche Hubräume zu erzeugen. Durch die gleiche Kompression in allen Brennräumen entsteht ein gleichmäßiger Krafthub und somit ein runderer Motorlauf.

7a.14 Wer die alten Ventilfedern wiederverwendet, muss deren Spannkraft prüfen. Unsere waren alle in Ordnung, aber übermäßig beanspruchte Ventilfedern können zu fehlerhaften Öffnungs- und Schließzeiten der Ventile führen.

7a.15 Moderne Ventilschaftdichtungen wie diese sind haltbarer als die originalen aus Gummi. Ölen Sie die Oberseite von Ventilführung und Ventilschaftdichtung vor der Montage ein. Viele Dichtungssets werden mit einer Montagehilfe geliefert, die eine Beschädigung der Dichtung durch das Ventil verhindert.

7a.16 Dies sind die frisch bearbeiteten Ventile mit den dazugehörigen Federn, Federtellern, Dichtungen und Ventilkeilen. Das größere ist das Einlassventil.

7a.17 Um Ventile und Federn zu montieren, benötigt man einen Ventilfederspanner.

7a.18 Bei aufgelegtem Federteller presst das Werkzeug die Feder so weit zusammen, dass sich die Ventilkeile in die Nut oben am Ventil einbringen lassen. Danach wird der Federspanner langsam gelöst.

7a.19 Sind alle Ventile eingebaut, wird die Ventilfederhöhe geprüft. Es wird von der Oberfläche des Zylinderkopfes bis zur Oberseite des Federtellers gemessen. Dabei dürfen vorgegebene Werte nicht überschritten werden.

7a.20 Nachdem der Motorblock gesäubert ist, werden die Zylinder auf Beschädigungen geprüft und dann vermessen. Die Brennräume werden aufgebohrt und feingehont, um perfekten Sitz für die neuen Kolben zu erzielen. Danach wird der Block noch einmal mit heißem Seifenwasser gereinigt und muss dann trocknen. Wischen Sie die Bohrungen mit einem fusselfreien Tuch und Motoröl aus. Bleibt das Tuch schließlich sauber, ölen Sie die Zylinderwände für die Montage ein.

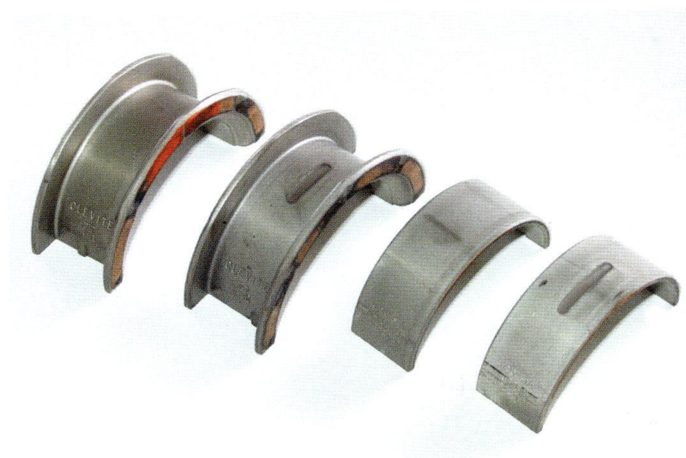

7a.21 Die Kurbelwelle wird als erste der Hauptkomponenten in den Motorblock eingebaut. Hier sind einige der benötigten Hauptlagerschalen zu sehen. Die Lagerschalen mit Bund dienen in unserem 289er als Mittellager.

7a.22 Installieren Sie die oberen Hauptlagerschalen am Block ohne Öl! Sie haben Nasen, die den verdrehten Einbau der Lagerschalen zueinander verhindern. Jeweils eine Lagerschale hat zudem einen Schlitz. Sie gehört in den Block, und die Öffnung muss genau über dem Ölkanal liegen, damit Öl zwischen Lager und Schale gelangen kann.

7a.23 Die Mittellager kontrollieren bei unserem Motor das Axialspiel der Kurbelwelle, also, wie weit sich die Welle vor- und zurückbewegt. Diese Lager werden durch Hin- und Herbewegungen in ihre Sitze gedrückt.

7a.24 Setzen Sie die unteren Lagerschalen in die Lagerdeckel ein. Achten Sie auf das exakte Einpassen der Lagerschalennase in die Aussparung im Lagerdeckel.

7a.25 Die Kurbelwelle, ebenfalls nicht eingeölt, wird vorsichtig in ihre Position herabgelassen.

7a.26 Das Lagerspiel wird mit Hilfe eines Plastikdrahtes (Fa. Plastigage) gemessen, der zwischen Kurbelwelle und Lagerdeckeln eingelegt wird.

7a.27 Die Lagerdeckel werden mit den vorgeschriebenen Werten angezogen. Danach die Schrauben der Lagerdeckel wieder lösen und anhand der Breite des zerdrückten Drahtes das Spiel am mitgelieferten Messstreifen ablesen.

7a.28 Nun werden die Lagerdeckel vor dem Einbau der Kurbelwelle mit Montageschmiermittel bestrichen und die Schrauben ein letztes Mal festgezogen.

7a.29 Drücken Sie nun die Kurbelwelle mit Hilfe zweier Schraubendreher vor und zurück und messen das Endspiel mit einer Messuhr.

7a.30 Schmieren Sie den Deckel des hinteren Lagers, der auch die Kurbelwellendichtung aufnimmt. Im Original waren dort eingeschmierte Abdichtschnüre verbaut, heute benutzt man Dichtungen aus Neopren.

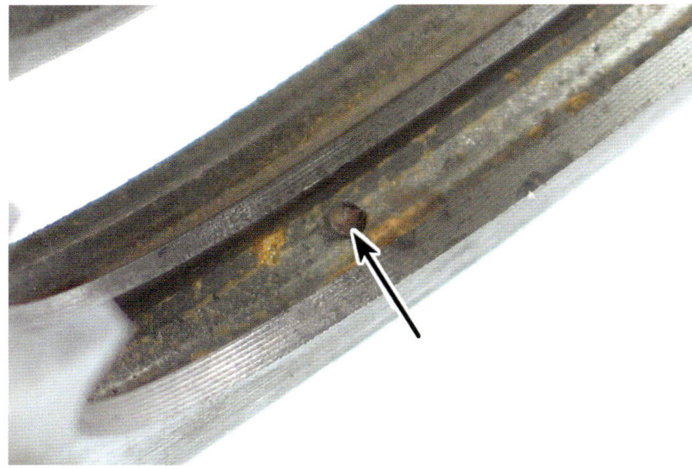

7a.31 Wenn Sie sich für die Neopren-Dichtung entscheiden, müssen Sie den kleinen Dorn, der früher die Abdichtschnur hielt, austreiben. Füllen Sie das entstandene Loch mit Dichtmasse auf.

7a.32 Die Neopren-Dichtung steht auf einer Seite etwa 1 cm heraus. Die andere Dichtung steht auf dem Lagerdeckel genauso weit heraus.

7a.33 Vor dem endgültigen Einbau des hinteren Lagerdeckels wird an diese Stellen eine dünne Schicht Dichtmasse aufgetragen.

7a.34 Schieben Sie einen Kolbenring mit Hilfe eines alten Kolbens in den Zylinder und achten Sie auf rechtwinkelige Ausrichtung. Messen Sie das Ringstoßspiel, also die Breite der Lücke im Kolbenring, mit einer Fühlerlehre. Wiederholen Sie den Vorgang bei allen Zylindern. Liegt der Abstand oberhalb der Toleranz, benötigen Sie Ringe der nächsten Größe, deren korrektes Stoßspiel dann per Feilen erreicht wird. Dazu gibt es im Handel ein kleines, preiswertes Gerät mit Handbetrieb zu kaufen.

7a.35 Prüfen Sie alle Pleuelschrauben mit einer Lupe. Die Schraube auf der linken Seite hat eine verengte Stelle, was bedeutet, dass sie sich gelängt hat. Ist auch nur eine der Schrauben beschädigt, tauschen Sie besser gleich alle aus.

7a.36 Eine Motorenwerkstatt kann Ihnen Pleuel und Kolben mit einem speziellen Werkzeug zusammenbauen. Ölen Sie nun einen Kolben ein und installieren Sie die Kolbenringe. Beginnen Sie mit der Distanzfeder des Ölabstreifrings ...

7a.37 ... der dann von oben und unten mit Stahlringen fixiert wird. Oberen und unteren Stahlring so einsetzen, dass die Stöße gegenüber dem Zwischenring nach links und rechts versetzt sind.

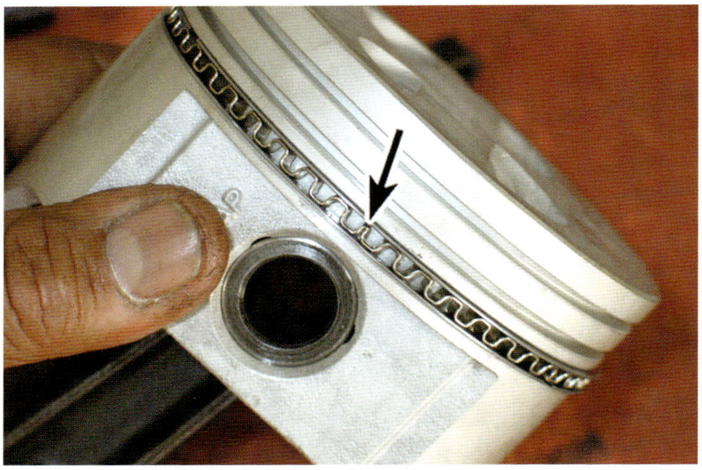

7a.38 So sollte der komplette Ölabstreifring aussehen: Wo sich die beiden Enden der Distanzfeder treffen, sollte nichts hervorstehen.

7a.39 Die beiden oberen Kompressionsringe sollten nicht von Hand, sondern mit einer Kolbenringzange montiert werden, welche die Ringe gerade weit genug für den Einbau spreizt. Bei falscher Handhabung können die Ringe brechen und Sie müssen ein komplettes neues Set kaufen. Der untere Kompressionsring wird als erster montiert, wobei die Markierung „UP" auf die nach oben zeigende Seite hinweist.

7a.40 Sind alle Kolbenringe montiert, können Sie mit dem Einbau von Kolben und Pleuel beginnen. Pressen Sie die Lagerschalen hinein und schmieren Sie sie. Die obere gehört in die Pleuelstange, die untere in den Pleuellagerdeckel. Achten Sie darauf, jede Pleuelstange mit dem jeweils passenden Lagerdeckel zu verschrauben.

7a.41 Einen Kolbenringspanner wie diesen kann man mieten. Ziehen Sie ihn an, bis er sich an den Kolben schmiegt und die Kolbenringe in ihre Nuten drückt.

7a.42 Schneiden Sie zwei Gummischlauchstücke zurecht und schieben Sie diese über die Pleuelschrauben. Das verhindert das Zerkratzen der Kurbelwelle bei der Montage von Kolben und Pleuel.

7a.43 Führen Sie das Pleuel und den Kolben in den passenden Zylinder ein, bis der Kolbenringspanner den Motorblock berührt. Klopfen Sie den Kolben mit einem Plastikhammer in die Bohrung. Spüren Sie dabei Widerstand, stoppen Sie und finden Sie die Ursache heraus.

7a.44 Montieren Sie die Pleuellagerdeckel mit ihren Muttern, sobald der Kolben seinen tiefsten Punkt erreicht hat. Achten Sie dabei darauf, dass Pleuel und Pleueldeckel die gleiche Nummer eingestanzt haben (hier Zylinder Nr. 7) und dass diese Nummern auf der passenden Zylinderseite liegen. Diese Nr. 7 sollte auf der linken Seite des Blocks liegen.

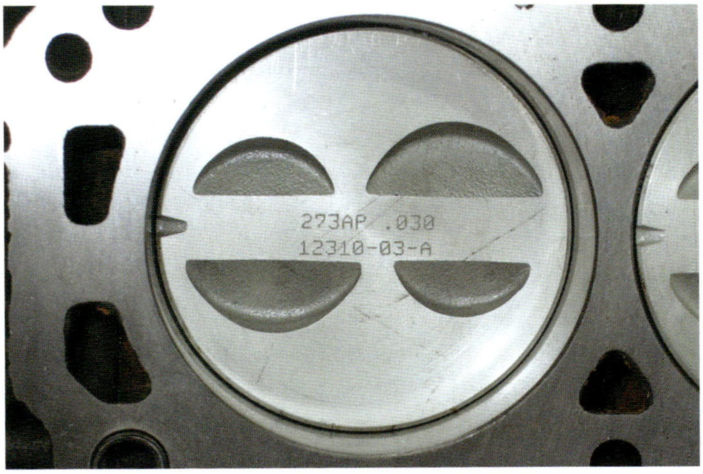

7a.45 Die Kolben haben eine Aussparung oder einen Pfeil, der zur Vorderseite des Motors zeigen sollte.

7a.46 Sind alle Kolben mit ihren Pleueln installiert und die Muttern an den Pleueldeckeln festgezogen, können Sie den Motor auf dem Motorhalter umdrehen, um auf der Unterseite zu arbeiten. Hier ist die Welle der Ölpumpe zu sehen. Der Stopp-Ring (Pfeil) muss zum Verteiler zeigen.

7a.47 Legen Sie eine neue Ölpumpendichtung auf den Block.

7a.48 Führen Sie die Welle in die Ölpumpe ein und schrauben Sie die Pumpe fest.

7a.49 Die Nockenwelle gehört gründlich geschmiert, bevor sie in den Block eingebaut wird. Eine lange Schraube oder eine passende Gewindestange, die in das Gewindeloch auf der Vorderseite der Nockenwelle gedreht wird, dient als Griff. So lässt sich beim Einbau eine Beschädigung der Nockenwellenlager oder der Nockenwelle selbst verhindern.

7a.50 Messen Sie auf der Vorderseite des Motors den Abstand des Nockenwellenlagers. Legen Sie dafür ein Haarlineal an den Block und messen Sie mit einer Fühlerlehre zwischen Lineal und Lager. Der Abstand sollte zwischen 0,127 und 0,508 mm liegen.

7a.51 Schrauben Sie die Halteplatte für die Nockenwelle auf und schlagen Sie einen neuen Stift ein, falls die Nockenwelle noch keinen besitzt.

7a.52 Drehen Sie den Motor so, dass Kolben Nr. 1 oben steht. Setzen Sie die Steuerkette mit dem Stirnrad auf. Vielleicht müssen Sie die Nockenwelle etwas mit dem Stirnrad drehen, bis die beiden Markierungen von Nockenwelle und Kurbelwelle auf einer Linie stehen.

7a.53 Nun lässt sich der Exzenter der Benzinpumpe installieren, indem er durch die Halteplatte in die Nockenwelle eingeschraubt wird. Ein kleiner Tupfer der blauen Motordichtmasse gehört auf die Schraube.

7a.54 Wir haben unseren Steuerdeckel vor dem Wiedereinbau gründlich gesäubert.

7a.55 Legen Sie ein Kantholz unter den Bereich der Kurbelwellenbohrung. Tragen Sie etwas RTV-Dichtmittel (bei Raumtemperatur vulkanisierend) auf den Dichtring auf und treiben Sie diesen im rechten Winkel in den Steuerdeckel.

7a.56 Die Steuerdeckeldichtung wird mit durchsichtigem Dichtungskleber am Motorblock angebracht. Danach wird auch die Außenseite der Dichtung mit Kleber versehen.

7a.57 Der Deckel kann nun angebracht werden. Ölen Sie vorher den Kurbelwellendichtring ein und achten Sie darauf, die passenden Schrauben zur Hand zu haben, da diese unterschiedliche Längen haben. Schmieren Sie die Motorseite des Schwingungsdämpfers und ziehen Sie ihn mit der Schraube fest, während das Schwungrad mit einer Halteklaue gegen Verdrehen gesichert ist.

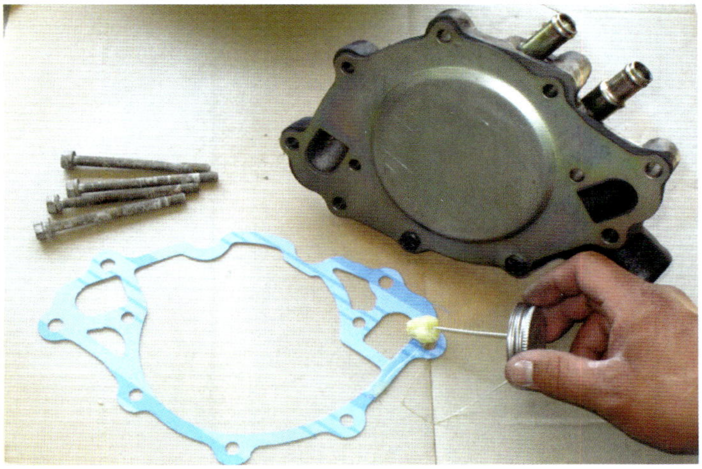

7a.58 Falls die neue Wasserpumpe ohne Zwischenplatte geliefert wird, müssen Sie ihre alte benutzen. Nehmen Sie für die neue Wasserpumpendichtung klaren Dichtungskleber.

7a.59 Befestigen Sie die neue Wasserpumpe am Motor und achten Sie auf die korrekte Länge der Schrauben. Einige von ihnen dienen, je nach Baujahr und Motor, zur Befestigung des Lichtmaschinenhalters und anderer Anbauteile.

7a.60 Wenn Sie den Motor nun wieder auf den Kopf stellen, können Sie mit der Montage der Ölwanne beginnen. Tragen Sie etwas RTV-Dichtmittel auf der Vorderseite des Motorblocks zwischen Abdeckung und Motorblock auf.

7a.61 Die zwei Korkdichtungen werden auf den beiden Seiten des Blocks verklebt. Die Dichtungen haben Nasen, die in die Nuten für die vordere und hintere Gummidichtung passen.

7a.62 Drücken Sie die neuen Gummidichtungen in die Nuten von Steuerdeckel und hinterem Hauptlagerdeckel und tragen Sie dort etwas RTV-Dichtmasse auf, wo sich Gummi- und Korkdichtungen treffen.

7a.63 Verstreichen Sie Dichtmasse auf der Auflagefläche der Ölwanne und schrauben Sie diese nach Vorgabe fest. Beachten Sie, dass es zwei verschiedene Schraubendurchmesser gibt: an den Ecken vorne und hinten 5/16 Zoll, für die restlichen Schrauben ¼ Zoll.

7a.64 Reinigen Sie die Oberfläche des Blocks mit Verdünnung und montieren Sie die neuen Zylinderkopfdichtungen. Hier sieht man die linke Seite des Motors, wo Sie die Dichtung mit der „UP"-Seite nach oben legen, damit die Bohrungen der Wasserkanäle freibleiben.

7a.65 Auf der rechten Seite, und das ist etwas Besonderes bei den Ford-Small-Blocks, zeigt die mit „UP" gekennzeichnete Seite der Zylinderkopfdichtung nach unten. Kontrollieren Sie noch einmal, ob die Bohrungen hinten am Block mit den Löchern der Dichtungen fluchten.

7a.66 Wenn Sie die Schrauben der Zylinderköpfe in der vorgeschrieben Reihenfolge und mit den richtigen Drehmomenten festgezogen haben, sieht Ihr Motor bereits wieder ziemlich komplett aus. Schmieren Sie die Stößelbohrungen und installieren Sie neue Stößel. Kombinieren Sie niemals neue Stößel mit einer alten Nockenwelle.

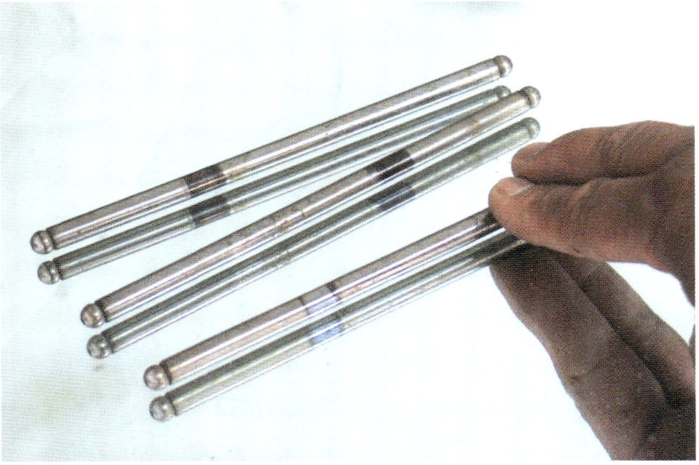

7a.67 Die Stößelstangen gehören gründlich gereinigt und mit Druckluft ausgeblasen. Sie lassen sich auf Geradheit prüfen, indem sie auf einer Glasfläche gerollt werden. Sind sie verbogen, müssen sie ersetzt werden.

7a.68 Wenn alle Stößelstangen in ihren geölten Führungen sitzen, können die Kipphebel montiert werden. Dabei wird gemäß der Zündfolge von Zylinder zu Zylinder gearbeitet.

7a.69 Tragen Sie gegen Wasserlecks RTV-Dichtmasse um die vorderen und hinteren Wasserkanäle der Zylinderköpfe auf. Die meisten alten Motoren zeigen an diesen Stellen Korrosion, und die Dichtmasse gleicht die Unebenheiten aus.

7a.70 Montieren Sie die Ansaugbrückendichtungen auf den Zylinderköpfen und tragen Sie RTV-Dichtmasse an den Stellen auf, wo sich Köpfe und Block treffen.

7a.71 Die Abschlussdichtungen der Ansaugbrücke sind aus Kork und werden verklebt. Es ist wichtig, dass Passnasen und Aussparungen genau zueinander passen. Die Oberseiten der Korkdichtungen sollten dünn mit RTV-Dichtmasse bestrichen werden.

7a.72 Es gibt endlos viele Anwendungsmöglichkeiten für diese Drahtbürstenaufsätze. Hier wird eine Ansaugbrücke bis auf das blanke Metall abgebürstet, um sie dann später zu grundieren und zu lackieren.

7a.73 Diese Marke an der Ansaugbrücke sollten Sie vorsichtig entfernen und säubern. Vielleicht versehen Sie sie vor der Wiedermontage auch mit etwas Klarlack. Sie ist die ID Ihres Motors.

7a.74 Die Froststopfen gehören in Motorblock und Zylinderköpfe. Um sie zu installieren, säubern Sie die Bohrungen, tragen Sie etwas geeignetes Dichtmittel in den Bohrungen und auf den Stopfen auf ...

7a.75 ... und nehmen dann eine Steckschlüsselverlängerung mit einem ½-Zoll Aufsatz, der in den Stopfen passt. Treiben Sie den Stopfen mit dem Hammer bündig in die Bohrung.

7a.76 Mit solchen Schleifscheiben lassen sich Verschmutzungen und Farbe entfernen, ohne das Metall abzutragen.

7a.77 Zum Lackieren müssen alle Öffnungen des Motors gründlich abgedeckt werden. Ölwanne und Ventildeckel erhalten zuerst eine Schicht Grundierung.

7a.78 Hier werden die grundierten Ventildeckel im Vorfeld des Motoreneinbaus zum Schutz der Zylinderköpfe vor Dreck benutzt.

7a.79 Nun sind die neu beschichteten Gusskrümmer dran. Sie werden montiert, indem sie von den äußeren Schrauben gehalten werden und die Dichtungen zwischen Krümmer und Motorblock eingesetzt werden.

7a.80 Beachten Sie, dass wir Sicherungsbleche (Nasenscheiben) wie im Original verwenden. Nachdem die Schrauben festgezogen sind, werden die Nasen der Scheiben mit einem kleinen Hammer und einem Dorn an der flachen Seite der Bolzen angebogen.

7a.81 Schmieren Sie den Kipphebel der mechanischen Kraftstoffpumpe an seiner Spitze mit Montagefett, führen Sie die Pumpe in den Motorblock ein und benutzen Sie bei der Montage eine neue Dichtung.

7a.82 Nachdem der Motor wieder eingebaut und mit dem Getriebe verbunden ist, können auch die kleineren Bauteile montiert werden. Dies ist der überholte Originalvergaser.

7a.83 So sah unser Vergaser vor der Überholung aus, immerhin war es der passende 2V-Vergaser für unseren Motor. Der Vergaser lässt sich mit einem Überholsatz eigenhändig wieder in Schuss bringen. Mühsam ist nur die gründliche Säuberung.

7a.84 Die Riemenscheibe der Wasserpumpe, die Distanzscheibe des Lüfters sowie der Lüfter selbst werden festgeschraubt. Schläuche und Kabel warten ebenfalls auf ihren Einbau.

7a.85 Wir haben uns beim Kauf der neuen Kühlerschläuche und Schlauchschellen für das Originaldesign entschieden.

7a.86 Auch das Luftfiltergehäuse wurde restauriert und benötigt nun noch eine Dichtung auf der Unterseite des Deckels. Die wird in die Aufnahme eingelegt.

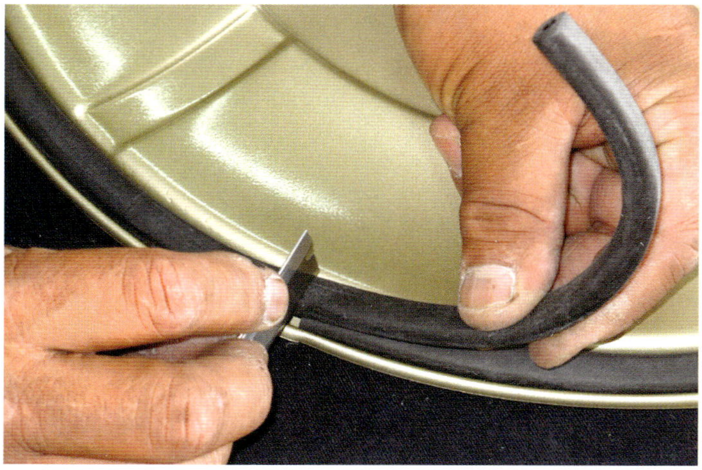

7a.87 Das überlappende Material wird mit einer scharfen Klinge abgeschnitten.

7a.88 Auf die Dichtung wird Kleber aufgetragen, der etwas antrocknen muss.

7a.89 Der Kleber kommt auch in die Vertiefung des Deckels. Wenn auch dieser ein paar Minuten angetrocknet ist, kann die Dichtung an ihren Platz gedrückt werden.

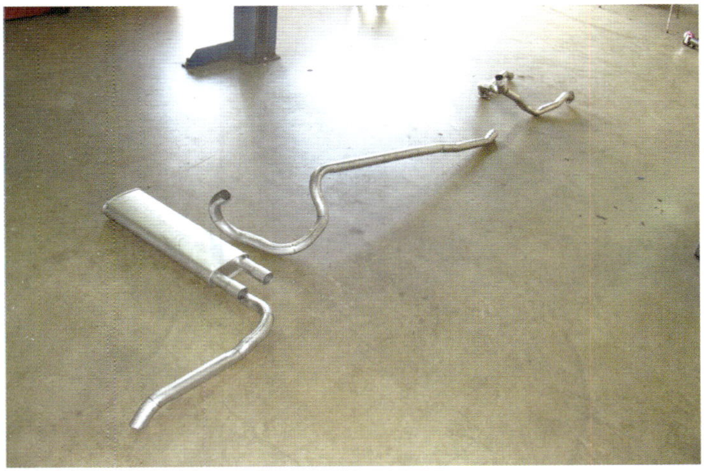

7a.90 Für den 65er Mustang gibt es diverse Auspuffanlagen. Da unserer mit einem 289er mit Zweifach-Vergaser ausgestattet ist, bleiben wir bei der originalen Konfiguration mit Einrohranlage.

7a.91 An beiden Seiten des Hosenrohrs werden neue Dichtringe verbaut.

7a.92 Die Schrauben des Hosenrohrs werden anfangs nicht festgezogen. Sie arbeiten hier auf beengtem Raum, besonders auf der rechten Seite, wo der Anlasser verbaut ist.

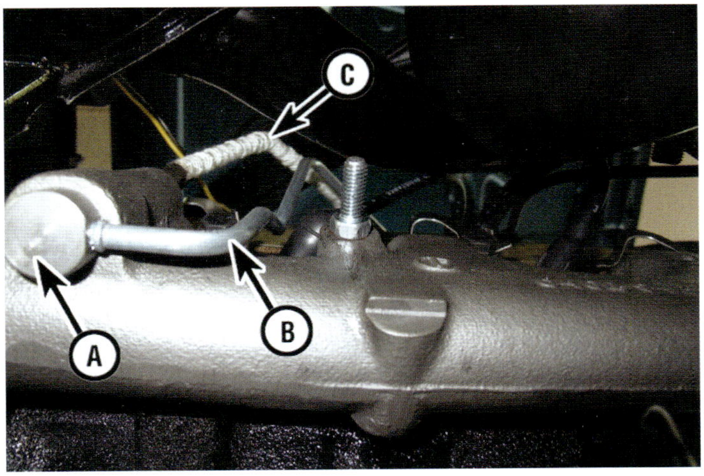

7a.93 Ebenfalls auf der rechten Seite findet sich am Abgaskrümmer ein Vorwärmsystem für den Choke. Von dem Gehäuse gehen durch eine Muffe (A) die Frischluftleitung (B) zum Vergaser sowie die Heißluftleitung (C) zum Choke ab.

7a.94 Beim Einbau von Antriebsstrang oder Auspuffanlage ist eine Hebebühne enorm hilfreich. Das Mittelrohr lässt sich nur schwer handhaben, aber man kann es mit Draht fixieren, bis der Rest der Bauteile installiert und verbunden ist.

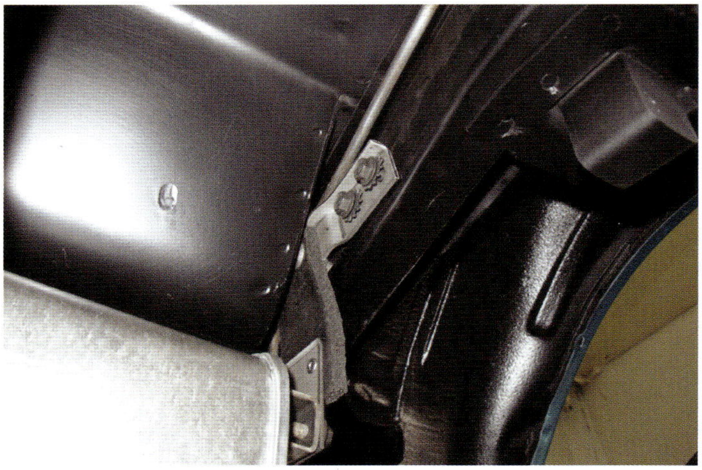

7a.95 Der quer eingebaute Auspufftopf wird mit Hilfe einer Klammer mit zwei Schrauben am Chassis und mit zwei Schrauben am Topfende befestigt.

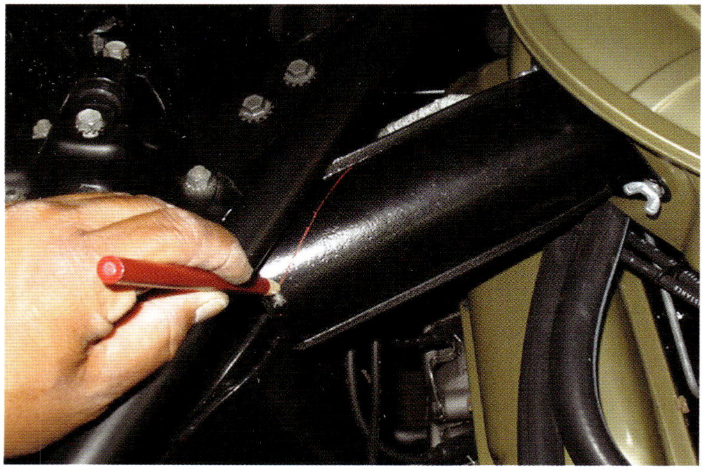

7a.96 Der Schnorchel des originalen Ford-Luftfilters kann fehlen. Viele Mustangbesitzer haben ihn in der Annahme abgenommen, das würde dem Motor zu mehr Leistung verhelfen. Wir haben einen gefunden, allerdings stehen die Karosserieversteifungen des Cabrios dem Schnorchel im Weg. Wir markieren den Bereich mit einem Fettstift.

7a.97 Es mag als Frevel erscheinen, ein so gesuchtes Teil zu kürzen, aber schon Ford hat den Händlern seinerzeit eine Anweisung geschickt, wie dieser Schnorchel für Cabriolets anzupassen sei. Wir benutzen eine Trennscheibe für den sauberen Schnitt.

7a.98 Zur Erinnerung: So sah der Motorraum beim Kauf des Fahrzeugs aus. Es gab allerhand zu tun.

7a.99 Hier das Endresultat: detailgetreu und präsentationsreif!

Getriebe

Es gibt eine überwältigende Anzahl von Komponenten in einem Automatikgetriebe: Kupplungen, Planetengetriebe, Ventilgehäuse und weitere Bauteile, mit deren Hilfe die Getriebeflüssigkeit Regler, Ventile und Bänder in Aktion treten lässt. Die Überholung eines Automatikgetriebes ist für die meisten Hobbyschrauber eine so große Herausforderung, dass sie es lieber zu einem Spezialisten bringen, wo sie auch noch eine Garantie auf das fertige Stück erhalten. Aus- und Einbau sind allerdings mit Hilfe eines gemieteten Getriebehebers auch in der heimischen Garage leicht zu schaffen. Wir haben den Ausbau unseres C4-Getriebes ja bereits im Kapitel 4a behandelt.

Die Wartung lässt sich allerdings leicht selbst vornehmen. Die wichtigste Aufgabe ist das Wechseln der Getriebeflüssigkeit und des Flüssigkeitsfilters in den vorgeschriebenen Intervallen. Ein alter Getriebespezialist sagte uns einmal: „Wenn die Leute die Flüssigkeit und den Filter regelmäßig wechseln würden, wären wir arbeitslos."

Es gibt noch weitere Routinearbeiten am Getriebe, die man in der eigenen Garage ausführen kann. Wenn Sie unsaubere Schaltzeitpunkte feststellen oder weißer Qualm aus Ihrem Auspuff kommt, kann das an einer defekten Membran im Unterdruckmodulator liegen. Man kann das mit einem Vakuummeter prüfen und das Teil einfach austauschen.

Wie groß auch immer Ihr persönlicher Anteil an der Überholung des C4-Getriebes ist: Es wird sich als geschmeidig, langlebig und effizient erweisen. Millionen dieser Getriebe sind noch immer in zahlreichen Ford- und Mercury-Modellen auf den Straßen unterwegs.

7b.1 Klar, es ist ein großes und mysteriöses Bauteil. Aber mit einem Getriebeheber und den Anleitungen in diesem Buch sind Aus- und Einbau des Getriebes auch für Hobbyschrauber zu schaffen.

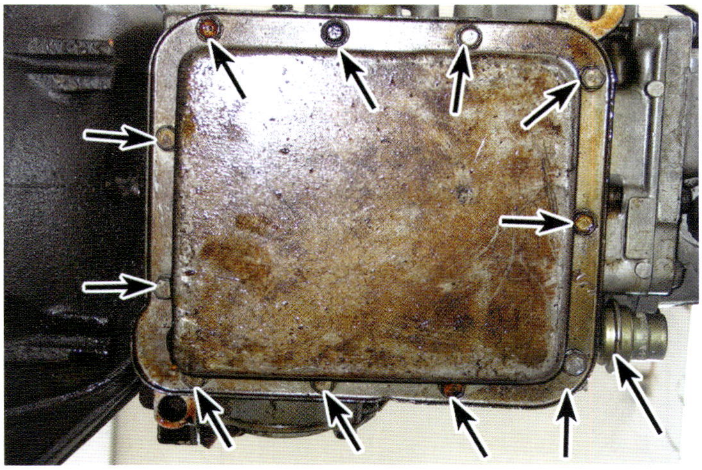

7b.2 Die Getriebeölwanne muss zum Ablassen der Getriebeflüssigkeit und zum Wechsel des Filters abgenommen werden. Hier ist auch der Unterdruckmodulator rechts an der Rückseite des Gehäuses zu sehen.

7b.3 Wenn Sie die Getriebeflüssigkeit ablassen, stellen Sie eine große Auffangwanne darunter und lösen Sie die Schrauben. Entfernen Sie nun rundherum alle Schrauben bis auf die vorderen und kippen Sie die Ölwanne zum Ablassen. Eventuell müssen Sie die Wanne aufhebeln. Entfernen Sie nun die restlichen Schrauben.

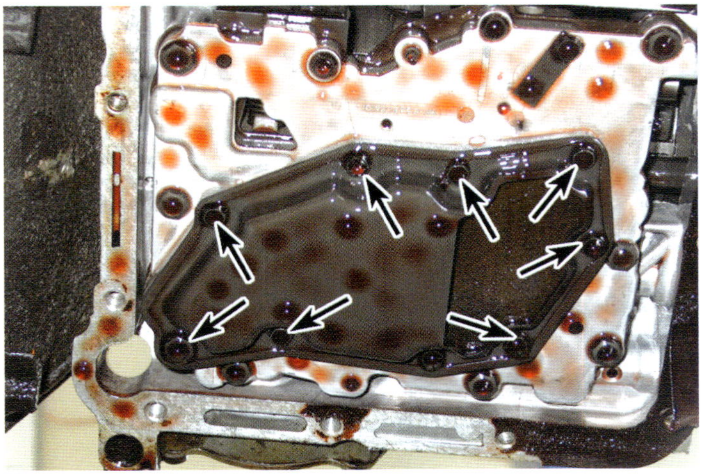

7b.4 Entfernen Sie die markierten Schrauben des Getriebeölfilters. Kratzen Sie die Dichtungsreste von Getriebegehäuse und Ölwanne. Achten Sie darauf, die Aluminiumwanne nicht zu beschädigen. Installieren Sie den neuen Filter. Er besitzt dort eine neue Dichtung, wo sich Filter und Flüssigkeitsleitung des Getriebes treffen.

7b.5 Entfernen Sie die Ablaufschraube(n) und lassen Sie die Flüssigkeit im Wandler komplett ab.

7b.6 An der linken Seite des Getriebes ist hinten die Servoeinheit verbaut. Wenn die Abdeckung abgenommen ist, lassen sich Federn und Dichtungen bei eingebautem Getriebe austauschen.

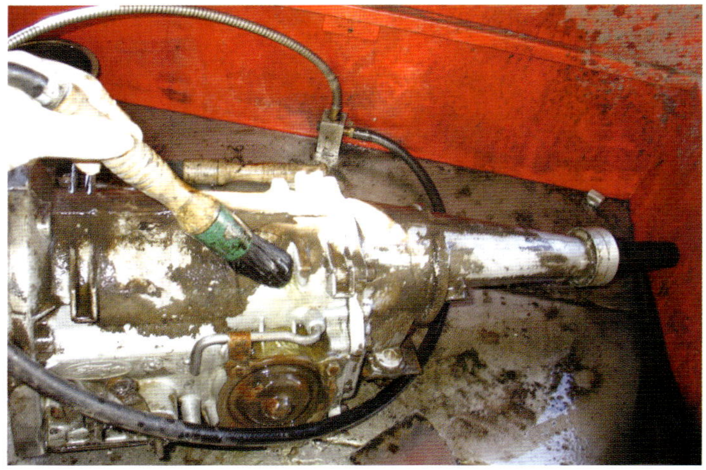

7b.7 Wenn Sie Ihr Getriebe bereits seit Kapitel 4A gemeinsam mit dem Motor ausgebaut haben, können Sie es, wenn es technisch in gutem Zustand ist, zumindest gründlich säubern. Schrubben Sie es mit Motorreiniger und heißem Wasser ab. Bei einem sauberen Getriebe lassen sich Öllecks einfacher entdecken, bevor sie größeren Schaden anrichten.

7b.8 Wie so viele Bauteile unseres Cabriolets hat auch die Schaltkulisse unter Vernachlässigung, Dreck und Rost gelitten. Wir werden Schritt für Schritt den alten Glanz und die volle Funktionstüchtigkeit wiederherstellen.

7b.9 Lösen Sie unter dem Fahrzeug die Schaltstange vom Schalthebelarm und entfernen Sie die vier Schrauben, die die Schaltkulisse am Getriebetunnel sichern. Ziehen Sie das Schalthebelgehäuse heraus. Die Dichtung zwischen Schaltkulisse und Bodenblech ist reif für die Tonne.

7b.10 Aus dem umgedrehten Gehäuse lässt sich das Verschlussgummi heraushebeln.

7b.11 Nun können Sie die Mutter lösen, die Schalthebel und Arm verbindet.

7b.12 Auf der anderen Seite des Gehäuses lässt sich jetzt der Arm herausziehen.

7b.13 Das Oberteil der Baueinheit besteht aus mehreren Lagen Metallplatten und Plastikteilen. Legen Sie unbedingt alle Bauteile in der richtigen Reihenfolge zurecht und machen Sie zur Sicherheit Fotos zur späteren Identifikation.

7b.14 Alle Metallteile waren verrostet, also wurden sie entweder abgeschliffen, gestrahlt oder, bei empfindlicheren Teilen, zur Entrostung in ein chemisches Bad gelegt. Achtung: Entfernen Sie alle Plastikteile vor der Arbeit mit Chemie oder Schleifmitteln.

7b.15 Dieses Teil gehört zur Arretierungsfunktion des Schaltmechanismus. Das dünne Metall bedarf vorsichtiger Behandlung mit Rostlöser und bekommt dann eine Schicht Klarlack.

7b.16 Das Gehäuse selbst ist stabil genug, um sandgestrahlt zu werden. Danach wird es Schwarz lackiert.

7b.17 Das gleiche Ergebnis lässt sich auch mit ein Paar Gummihandschuhen, Rostlöser und Drahtbürste erzielen. Nach dem Säubern kann lackiert werden.

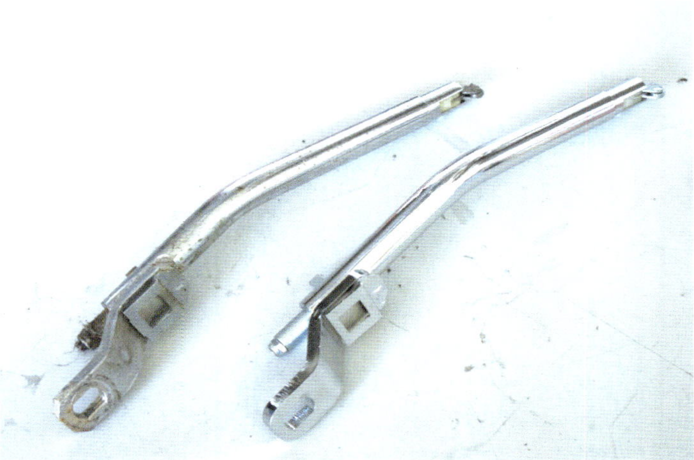

7b.18 Beim Schalthebel geht es um mehr als nur um gutes Aussehen. Dies ist die Mechanik, die es dem Druckknopf am Schaltgriff erlaubt, den Hebel für die Wahl der Schaltstufe freizugeben. Hier sah alles ganz gut aus, aber natürlich nicht so toll wie frisch nachgefertigte Teile (rechts).

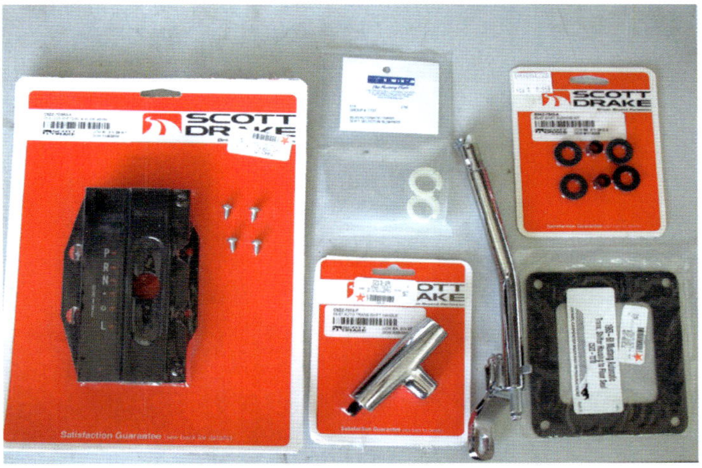

7b.19 Mustang-Teilehändler bieten von den Buchsen über den Wählhebel bis zu den Plastikteilen der Schaltanzeige alles an, um den Schalter wieder wie ein Neuteil funktionieren zu lassen.

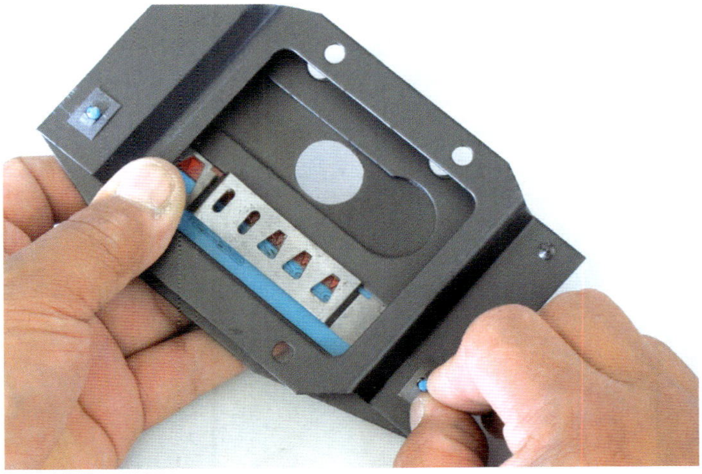

7b.20 Das neue farbige Plastikteil wird mit Clips an der Platte befestigt.

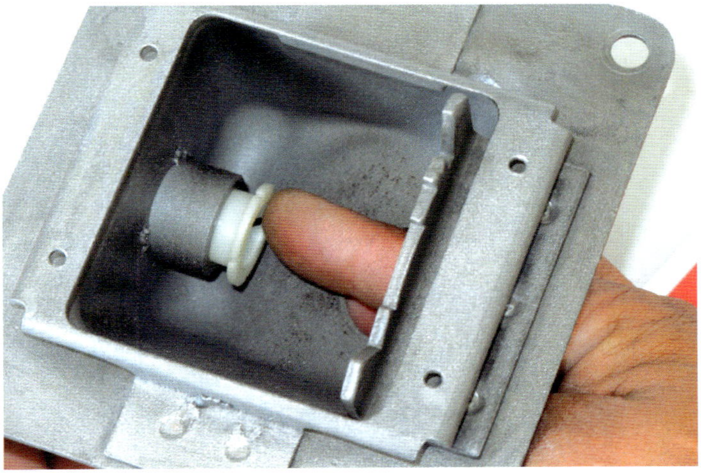

7b.21 Drücken Sie im Gehäuse die neue Plastikbuchse mit dem Flansch nach innen ein.

7b.22 Eine weitere Buchse wird geschmiert und an der Außenseite des Gehäuses angebracht. Jetzt kann der Schalthebelarm eingebaut werden. Drehen Sie ihn, um die einwandfreie Funktion zu prüfen.

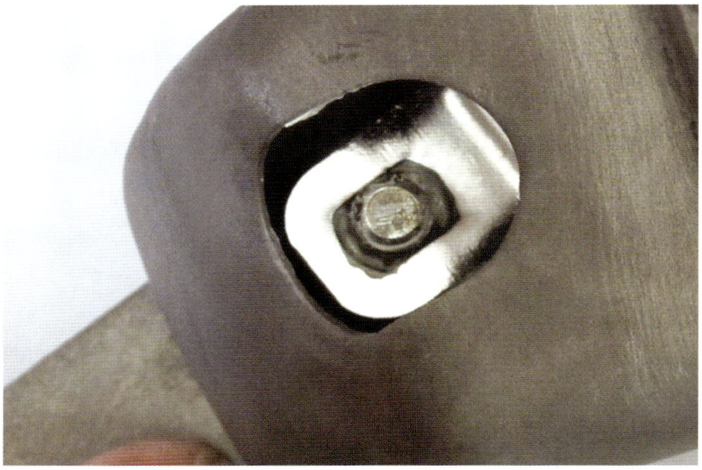

7b.23 Der Schalthebel wird über den Bolzen des Schalthebelarms geschoben und mit einer neuen Mutter gesichert. Nun wieder das Verschlussgummi einbauen.

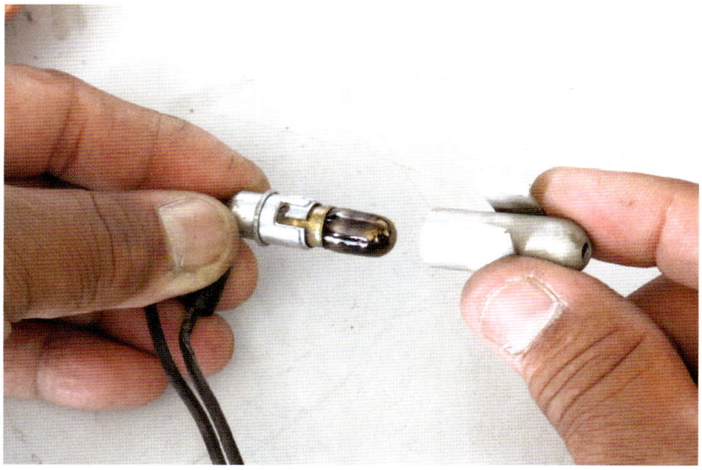

7b.24 Das kleine Birnchen, das Ihnen die Schaltposition anzeigt, wird von einer Kappe abgedeckt, die nur einen kleinen Lichtstrahl durchlässt. Diese Birne ist offensichtlich durchgebrannt – ersetzen und die Kappe wieder aufstecken.

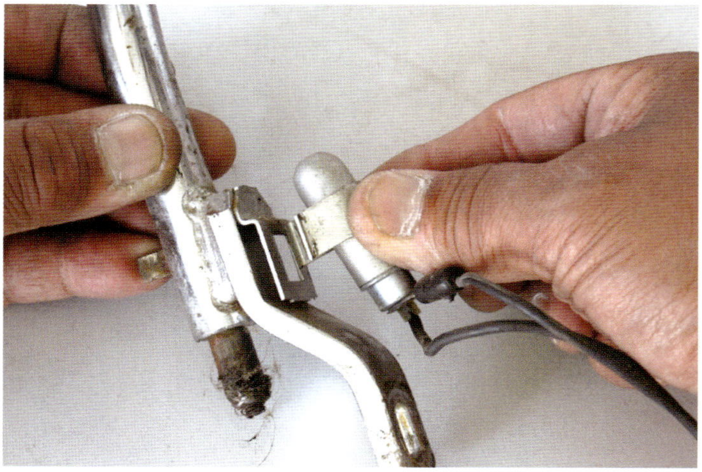

7b.25 Der Träger des Birnchens schnappt in die rechteckige Halterung unten am Schalthebel.

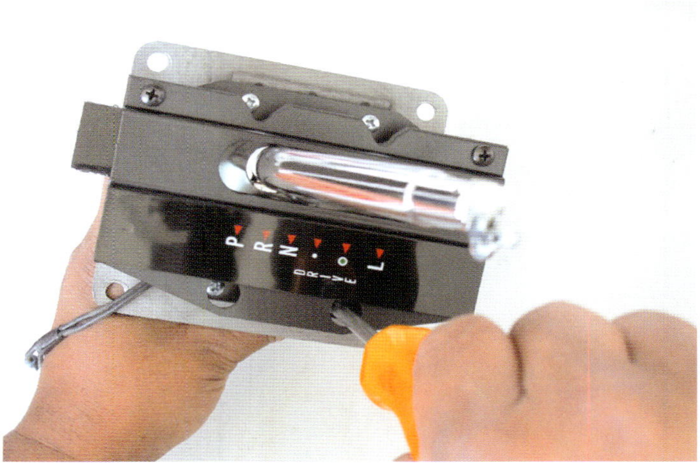

7b.26 Die neue Schaltanzeige wird mit vier Schrauben an das Schaltgehäuse montiert und lässt das ganze wie frisch aus dem Showroom aussehen.

7b.27 Legen Sie eine neue Dichtung auf den Getriebetunnel, richten Sie die vier Schraubenlöcher aus und bauen Sie das Schalthebelgehäuse wieder ein.

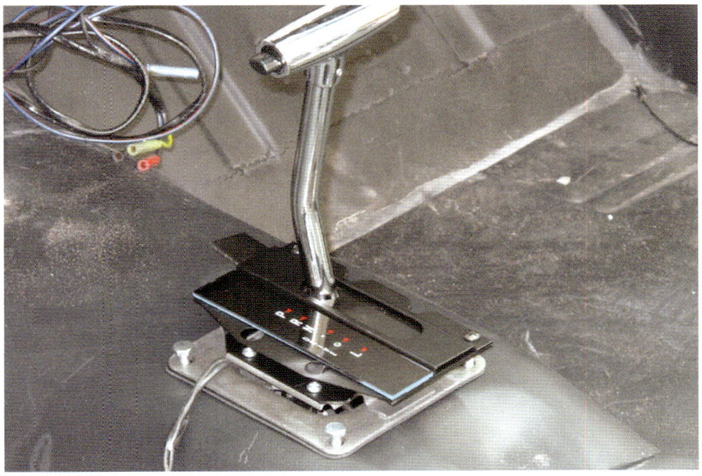

7b.28 Schrauben Sie das Schalthebelgehäuse am Bodenblech fest und schieben Sie den Wahlhebel auf „P“. Unter dem Fahrzeug müssen Sie den Arm am Getriebe ebenfalls auf „P“ stellen. Verbinden Sie Schalthebelarm und Schaltstange. Ziehen Sie die Haltemutter fest.

Montage des Antriebsstrangs

Wenn in diesem Buch vom Antriebsstrang die Rede ist, sind Kardanwelle und Hinterachse gemeint. Diese Bauteile gehören zu den am wenigsten beachteten Komponenten am Fahrzeug und werden daher beim Schmierdienst häufig übersehen. Kardanwelle und Hinterachse können bei mangelnder Wartung jedoch lautstark auf sich aufmerksam machen und Kosten verursachen.

Das Kreuzgelenk wird mit Hilfe einer Fettpresse abgeschmiert. Geschieht dies einmal im Jahr, verlängert das die Lebensdauer von Antriebswelle und Kreuzgelenk spürbar.

Die Hinterachse besteht aus dem Achsgehäuse, dem Differenzial und den Hinterachswellen. Die Wellen machen, abgesehen von defekten Lagern nach 150.000 oder auch erst 300.000 km Laufleistung, selten Ärger. Wenn Sie den Antriebsstrang wie in diesem Kapitel beschrieben überholen, werden Sie dort nie wieder Probleme haben. Voraussetzung ist jedoch, dass Sie die Kreuzgelenke regelmäßig schmieren sowie den Füllstand der Differenzialflüssigkeit jährlich prüfen und alle 50.000 km wechseln.

Für einige der hier beschriebenen Arbeitsschritte benötigen Sie Werkzeuge wie eine Fettpresse, die Sie vielleicht nicht im Haus haben. Aber Sie können die Hinterachse zum Austausch der Dichtungen auch in eine Werkstatt bringen.

Der bei Ford bis in die 70er Jahre verbaute Differenzialtyp besitzt einen abnehmbaren Differenzialträger. Er ist sehr robust und benötigt selten mehr als regelmäßige Flüssigkeitswechsel. Zusammenbau und Einstellung sind etwas kompliziert, besonders wenn Sie Kegel- und Tellerrad neu verbauen und keine Messuhr mit Magnetfuß zur Verfügung steht. Ist das Gehäuse erst einmal abgenommen, können Sie es auch zu einem Achsenspezialisten bringen, der Ihnen Lager und Tragbild korrekt einstellt.

Wollen Sie das Übersetzungsverhältnis an Ihrem Mustang ändern – sei es für bessere Beschleunigung oder höheren Autobahnkomfort –, schrauben

7c.1 Die Hinterachse erhält neue Lager. Sie sollten für weitere 200.000 km gut sein!

Sie das Gehäuse ab und tauschen Sie die Übersetzung. Es gibt 8-Zoll- und 9-Zoll-Hinterachsen, benannt nach dem Durchmesser des Tellerrads.

Achten Sie bei den Differenzialgehäusen auf die feinen Unterschiede. Manche Ausführungen besitzen eine Einfüll- und eine Ablassöffnung im Differenzialträger, bei anderen finden sich diese im Achsgehäuse. Weist das Achsgehäuse keine Öffnungen auf, stellen Sie sicher, dass Ihr neues Differenzialgehäuse welche hat, sonst können Sie weder Flüssigkeit einfüllen noch welche ablassen.

Bei den 6-Zylinder-Mustangs ist der Differenzialträger im Achsgehäuse integriert, das Differenzial lässt sich nicht einfach abnehmen. Wer mehr als einen Flüssigkeitswechsel vornehmen will, sollte die Hinterachse ausbauen.

Auf einer Hebebühne lassen sich jedoch einige Einstellarbeiten sowie Übersetzungsänderungen bei eingebauter Hinterachse vornehmen. Der Austausch von Lagern und Dichtungen an der Achse funktioniert genau wie bei den Versionen mit abnehmbarem Differenzialgehäuse.

7c.2 Um das hintere Kreuzgelenk an der Kardanwelle zu ersetzen, ziehen Sie die beiden Lagerschalen ab, mit denen die Antriebswelle an der Hinterachse befestigt ist.

7c.3 Entfernen Sie die Sprengringe an den anderen Enden des Kreuzgelenks mit einem Schraubenzieher und einem kleinen Hammer.

7c.4 Wenn sich der Sprengring wegdreht, versuchen Sie es von der anderen Seite.

7c.5 Da wir das Kreuzgelenk ersetzen, kann das alte auf dem Schraubstock aufliegen, während wir mit einem Messinghammer auf die Gabel der Kardanwelle klopfen, um die Nadellager zu lösen. Sobald diese etwas herausstehen, können sie mit einer Gripzange herausgelöst werden.

7c.6 Man kann die beiden Nadellager auch weit genug heraustreiben und dann das Kreuzgelenk entfernen. Dann die Lager ganz heraustreiben.

7c.7 An der Vorderseite der Kardanwelle markieren Sie die Position von Kardanwellenantrieb (Yoke) und Kardanwelle zueinander mit einem Körner. So lässt sich die Antriebswelle wieder in ihrer ursprünglichen Ausrichtung einbauen, und die Werks-Auswuchtung kann bleiben.

7c.8 Das vordere Kreuzgelenk verbindet Kardanwelle und Yoke, dessen verzahntes Ende in das Getriebeverlängerungsgehäuse gehört. Wir legen wieder die Gabel der Kardanwelle auf den Schraubstock, um mit dem Messinghammer die Nadellager zu lösen.

7c.9 Ein Kunststoffrohr mit 10 cm Durchmesser dient als Wanne für ein Rostlösebad. Das eine Ende des Rohrs verschließen wir. Natürlich sollte das Rohr etwas länger als die Kardanwelle sein.

7c.10 Das Kunststoffrohr haben wir an ein Regal in unserer Werkstatt montiert und die Kardanwelle mit Hilfe eines Drahtbügels hineingelassen.

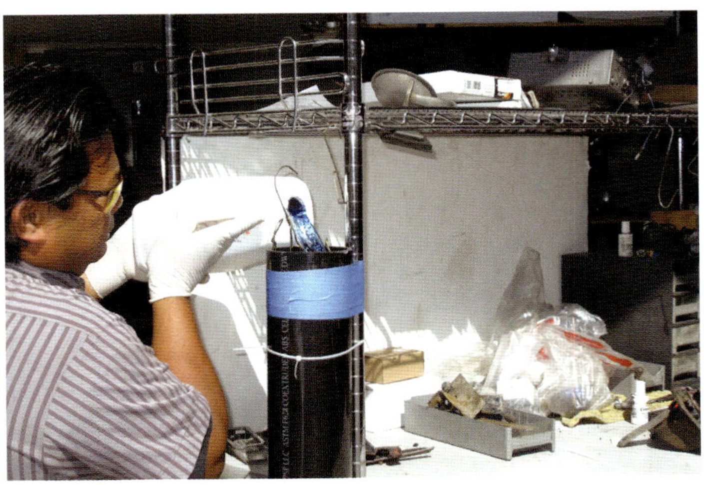

7c.11 Fünf Liter „POR-15 Metal Ready“ werden nun eingefüllt. Man beachte die Vorgaben des Herstellers.

7c.12 Der Yoke kommt ebenfalls ins Bad.

7c.13 Nach drei Stunden in der Lösung sehen Antriebswelle und Yoke wieder wie neu aus.

7c.14 Um den fabrikneuen Look zu konservieren, werden Kardanwelle und Yoke mit mattem Klarlack aus der Dose lackiert. Es gibt neue Kreuzgelenke, und die gehören satt abgeschmiert.

7c.15 Nach der Demontage des Differenzialträgers vom Hinterachsgehäuse wird altes Dichtungsmaterial restlos abgekratzt.

7c.16 Das Gehäuse wird nach der Reinigung mit rotbrauner Grundierung lackiert, die der Originalfarbe sehr nahe kommt.

7c.17 Um Undichtigkeiten zu verhindern, reinigen Sie die Auflagefläche des Differenzials gründlich mit einer Fiberscheibe. Kaum etwas riecht unangenehmer als alte Differenzialflüssigkeit.

7c.18 Der richtige Zahnkontakt zwischen Kegel- und Tellerrad wird mit Einstellscheiben und -muttern erzielt. Weißes Fett wird auf die Zähne aufgetragen und das Tragbild nach Drehung des Tellerrads in beide Richtungen kontrolliert. Ziel ist ein Tragbild in der Mitte der Zähne.

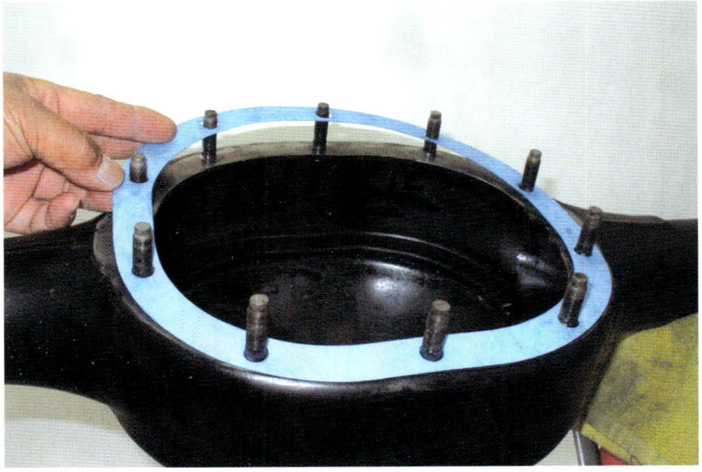

7c.19 Die Montagefläche des Achsgehäuses wird vor dem Auflegen der neuen Dichtung gründlich gesäubert. Beseitigen Sie Rückstände an den Stehbolzengewinden mit einem Gewindeschneider, um später die Muttern beim Zusammenbau gleichmäßig anziehen zu können.

7c.20 Um das hintere Radlager (B) zu ersetzen, muss zuerst der innere Haltering (A) entfernt werden. Er lässt sich abziehen, aber in vielen Werkstätten wird er einfach abgeflext. Wer das bevorzugt, ergreife alle Sicherheitsmaßnahmen wie das Tragen von Handschuhen und Schutzbrille.

7c.21 Treiben Sie einen Meißel zwischen Haltering und Radlager, und der Ring sollte sich lösen.

7c.22 Mit dieser Konstruktion lässt sich das Radlager von unten packen und abziehen.

7c.23 Nach gründlicher Reinigung der Achse setzen Sie alles zusammen mit dem Werkzeug auf eine hydraulische Presse. Sitzt das Radlager richtig, kann der neue Haltering aufgepresst werden.

7c.24 Kratzen Sie Dreck und Rost gründlich vom Radlagerhalter, damit er später gut abdichtet.

7c.25 Kleben Sie eine neue Dichtung auf die Innenseite des Radlagerhalters.

7c.26 Säubern Sie das Ende des Achsgehäuses und schleifen Sie die Auflagefläche glatt.

7c.27 Die Simmerringe im Achskörper sind nicht so einfach zu entfernen. Dazu empfiehlt sich der Einsatz eines Schlagausziehers.

7c.28 Den neuen Simmerring mit der Lippe voran mit dem passenden Montagewerkzeug gerade einsetzen.

7c.29 Sitzt der Simmerring an seinem Platz, wird die innere Lippe geschmiert.

7c.30 Führen Sie die Achse durch die Bremsankerplatte und stecken Sie die Hammerschrauben durch. Achtung: Gehen Sie beim Einführen der Antriebswellen vorsichtig zu Werke, die Verzahnung kann den neuen Simmerring beschädigen.

7c.31 Auf der Bremsenseite lassen sich nun die Stoppmuttern montieren und mit dem vorgeschriebenen Drehmoment festziehen. Jetzt haben wir einiges geschafft: Die Hinterachse sieht gut aus und wir müssen uns keine Sorgen mehr um ihre Haltbarkeit machen.

7c.32 Nun können die Handbremsseile in die Bremsankerplatte installiert werden. Die kleinen Zinken sichern das Seil, sobald es durchgeschoben ist.

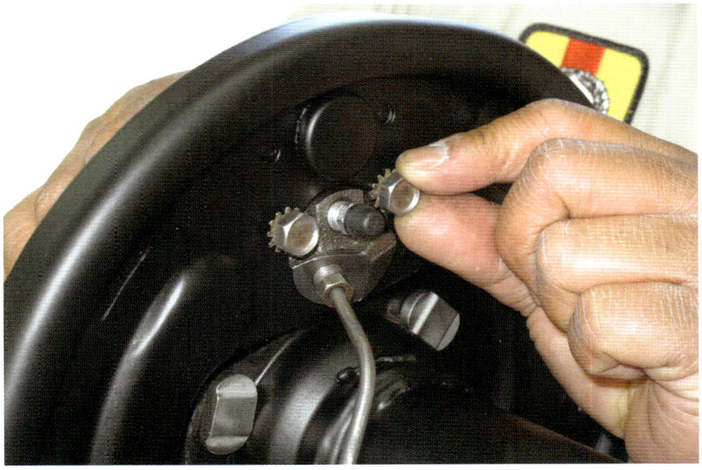

7c.33 Wir montieren bereits zu diesem Zeitpunkt die Radbremszylinder, damit keine Fremdkörper in die Bremsleitungen dringen können.

7c.34 Beide Bremsleitungen führen zu diesem Verteiler aus Messing, von dem außerdem der Bremsschlauch zur Karosserie und der Schraubstutzen zur Entlüftung der Hinterachse abgehen.

Fahrwerk und Bremsen

Fahrwerks- und Bremskomponenten machen natürlich lange nicht so viel her wie eine neue Lackierung, glänzender Chrom und frische Innenausstattung – sie sind aber wichtig! Und natürlich wird es auch Leute geben, die nachschauen, ob auch unter Ihrem Mustang alles korrekt ist.

Wer die in diesem Kapitel beschriebenen Arbeiten erledigt hat, wird alle Teile des Fahrwerks und der Bremsen in den bestmöglichen Zustand versetzt haben – ganz ohne Tuning-Komponenten. Das Fahrverhalten und das Geräuschniveau Ihres Fahrzeugs hängen von diesen Baugruppen ab.

Wenn Sie Ihren Mustang vorher einige Zeit im unrestaurierten Zustand gefahren sind, werden Sie Ihr Fahrzeug nach der Überholung von Fahrwerk und Bremsen nicht wiedererkennen. Den Abschluss der Arbeiten krönt ein Satz neuer Reifen. Der Zustand der alten Reifen, auf denen Sie Ihr Projekt in der Werkstatt herumgerollt haben, hat sich selbst bei Nichtbenutzung verschlechtert und sie sind auch mit Sicherheit längst viel zu hart.

Nach dem Aufziehen neuer Reifen werden Sie einen riesigen Unterschied beim Fahren feststellen. Auch wenn die Aufgaben in diesem Kapitel arbeitsreich sind – Sie werden dafür auf jedem Kilometer belohnt werden.

7d.1 Nach der Überarbeitung von Fahrwerk und Bremsen wird sich Ihr Mustang wie ein neues Auto anfühlen.

Vorderachse

7d.2 Viele Fahrwerksteile haben eine Wachsschicht, die das blanke Metall vor Rost schützen soll. Nach ein paar Jahren werden die Komponenten jedoch trotzdem rosten. Sie sollten eine neue Schutzschicht erhalten. Wir haben den Differenzialdeckel und die Bremsankerplatten pulverbeschichtet.

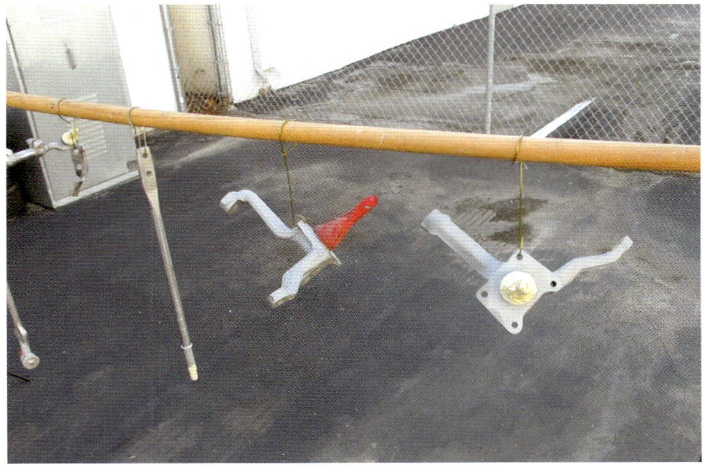

7d.3 Die Achsschenkel werden im Farbton „bare metal" lackiert. So werden sie über Jahre hinweg neu aussehen. Bevor Sie Neuteile lackieren, sollten Sie die Wachsschicht mit Bremsenreiniger entfernen.

7d.4 Der untere Querlenker ist etwas komplizierter zu lackieren. Ab Werk waren etwa zwei Drittel im selben Schwarzton wie das übrige Fahrwerk lackiert, der Rest blieb unlackiert (hier mit „No Paint" gekennzeichnet). Um den Originalzustand wieder herzustellen, kleben wir den Querlenker ab und sprühen das Fahrwerksschwarz auf. Nach dem Trocknen maskieren wir ihn erneut, um den Metallton zu lackieren.

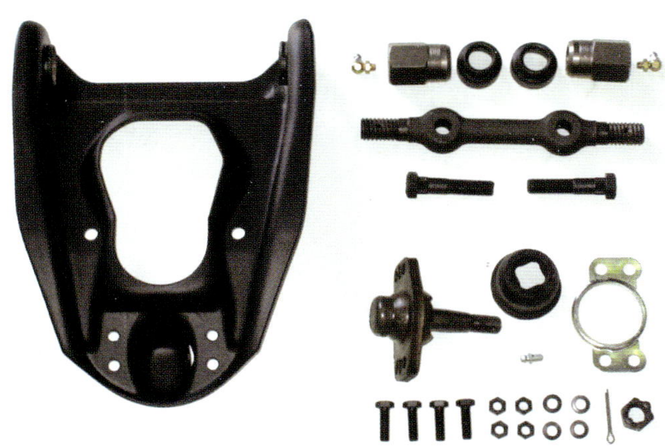

7d.5 Vom oberen Querlenker werden alle Anbauteile entfernt. Mit neuem Kugelgelenk und neuen Buchsen wird er wieder wie neu funktionieren.

7d.6 Die untere Federauflage sitzt wie eine Wippe auf dem oberen Querlenker. Wir ersetzen die große Buchse mit Hilfe einer hydraulischen Presse. Dabei wird die Federauflage mit einem in der Länge halbierten Rohr gegen Verbiegen geschützt. Sie können die Federauflagen allerdings auch komplett mit Buchse neu erwerben.

7d.7 Die Federauflage wird mit zwei Bolzen am oberen Querlenker befestigt. Wir treiben sie mit einem Messinghammer in die Buchse, wobei das Teil auf dem Schraubstock aufliegt und nicht darin eingespannt ist.

7d.8 Richten Sie das neue Kugelgelenk an den vier Bohrungen aus und setzen Sie die Staubkappe darauf. Achtung, beim Neuteilekauf beachten: Es gibt auch Kugelgelenke/Querlenker mit nur drei Bohrungen.

7d.9 Neue Querlenker gibt es mit bereits vormontierten Kugelgelenken. Wir haben uns für eine Version mit verschraubbaren Kugelgelenken entschieden. In der Montageanleitung sollten Sie die passenden Drehmomente für die Schrauben finden. Installieren Sie den Haltering für die Staubkappe, bevor Sie die Schrauben festziehen.

7d.10 Vergessen Sie nicht den Schmiernippel. Er wird durch diese Öffnung im oberen Querlenker montiert. Schmieren Sie das Gelenk lieber sofort ab, bevor Sie es später vergessen.

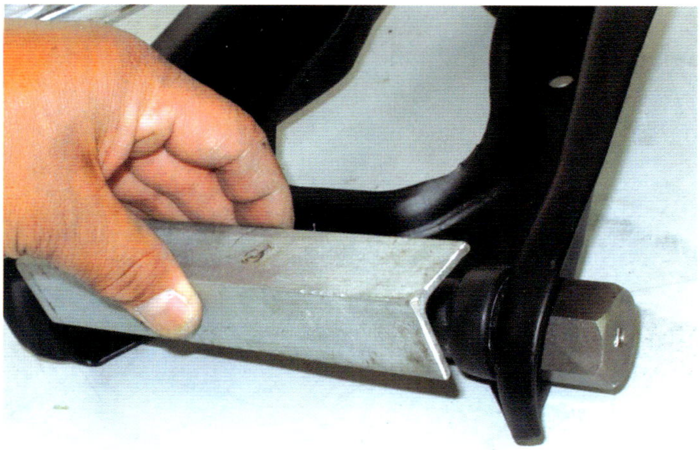

7d.11 Wir schneiden ein Winkelprofil von der Breite des Querlenkers innen zurecht. Es soll ein Verziehen des Querlenkers beim Befestigen des neuen Schwenklagers verhindern.

7d.12 Montieren Sie die Schmiernippel an beiden Buchsen. Achten Sie darauf, dass diese nicht gerade sind, sondern einen 90°-Winkel besitzen. Andernfalls werden Sie die Lager niemals abschmieren können. Nun können Sie das Schwenklager an der Karosserie befestigen. Benutzen Sie jeweils die gleiche Zahl von Unterlegscheiben, die Sie bei der Demontage abgenommen haben, und ziehen Sie dann die Schrauben fest.

7d.13 Das Kugelgelenk des unteren Querlenkers ist vernietet. Bohren Sie die alten Nieten aus. Wenn Sie es sich einfach machen wollen, kaufen Sie neue Querlenker mit bereits vormontierten Kugelgelenken.

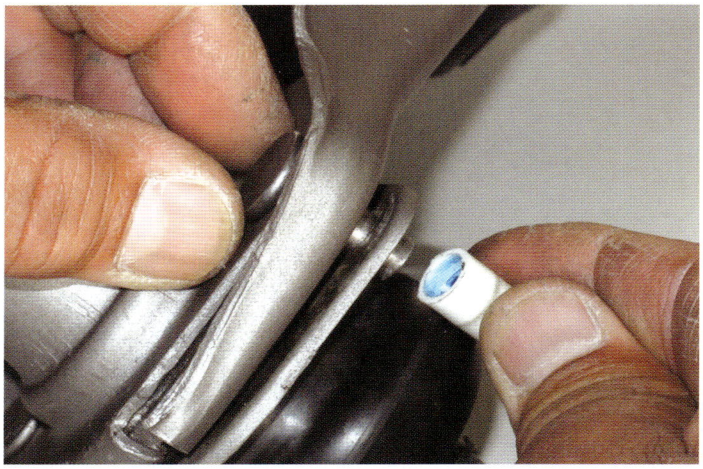

7d.14 Wer die Nieten mit Hilfe einer Presse anbringen will, muss Sie in den Bohrungen gerade halten. Wir haben uns einige Plastikröhrchen aus einem alten Stift geschnitten, mit denen die Nieten in Position bleiben.

7d.15 Das Plastik hält die Niete in der Presse gerade und wird beim Zusammenpressen flach wie eine Unterlegscheibe.

7d.16 Setzen Sie die Staubkappe über das Kugelgelenk.

7d.17 Die Kappe wird mit dieser Platte fixiert, die mit dem unteren Querlenker verschraubt wird.

7d.18 Um die neue Buchse an der Innenseite des unteren Querlenkers zu montieren, haben wir uns zur Unterstützung ein halbrundes Rohrstück in der richtigen Länge angefertigt.

7d.19 So werden die Bauteile in der Presse montiert: Die Buchse wird von oben mit einem passenden Werkzeug hineingedrückt, während die andere Seite des Arms auf einer etwas größeren Buchse aufliegt.

7d.20 Jetzt lässt sich die Innenseite des unteren Querlenkers an den Rahmen schrauben. Oberer und unterer Querlenker warten darauf, mit dem Achsschenkel verbunden zu werden.

7d.21 Die Verbindung von oberem und unterem Querlenker mit dem Achsschenkel ermöglicht es uns, diese Baugruppe mit einem Wagenheber für den Einbau der Schraubenfedern anzuheben und abzulassen. Die Kronenmuttern am Kugelgelenk festziehen und mit Splinten sichern.

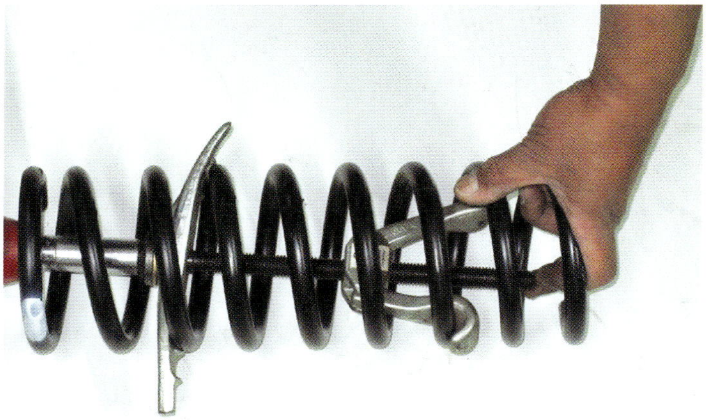

7d.22 Wir benutzen den gleichen Federspanner wie bei der Demontage (Kapitel 4C).

7d.23 Schieben Sie die Feder samt Spanner in die obere Federauflage, während Sie den unteren Querlenker mit einem Wagenheber anheben.

7d.24 Auf dem Federdom werden die drei Bolzen für den Stoßdämpferhalter in ihre Aufnahmen geführt.

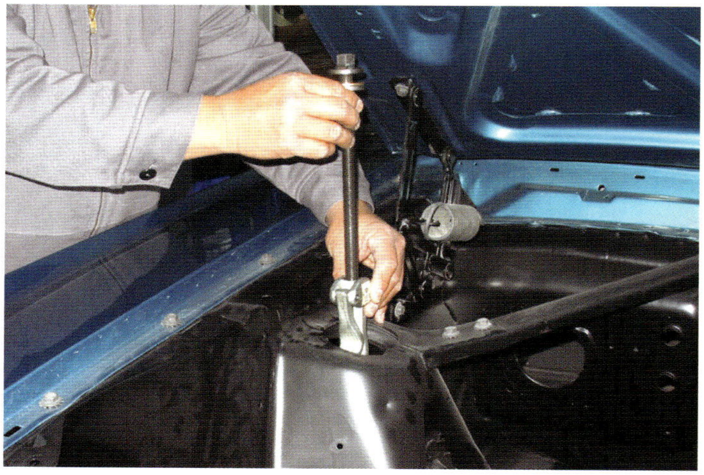

7d.25 Wenn die Schraubenfeder an beiden Enden in den Federauflagen sitzt und ein Wagenheber den unteren Querlenker unterstützt, lässt sich der Federspanner entfernen. Achtung: Der Wagenheber muss in Position bleiben, bis der Stoßdämpfer eingebaut ist.

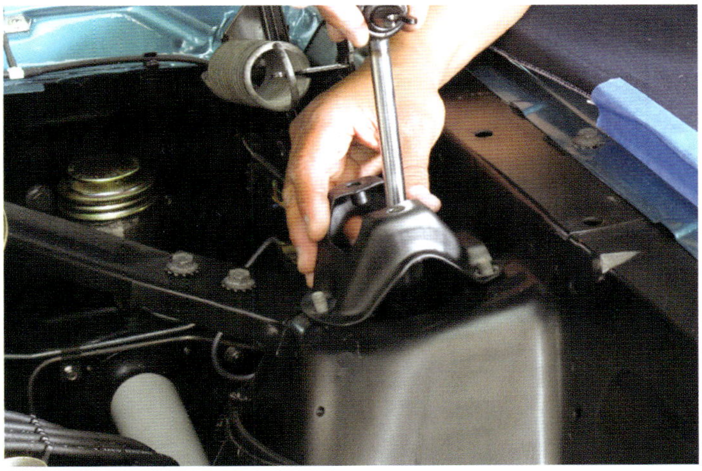

7d.26 Den Stoßdämpfer auf volle Länge ausziehen und von oben bis zum Sitz in der unteren Federaufnahme herablassen. Dann den Stoßdämpferhalter mit den drei Schrauben auf den Federdom aufsetzten und befestigen.

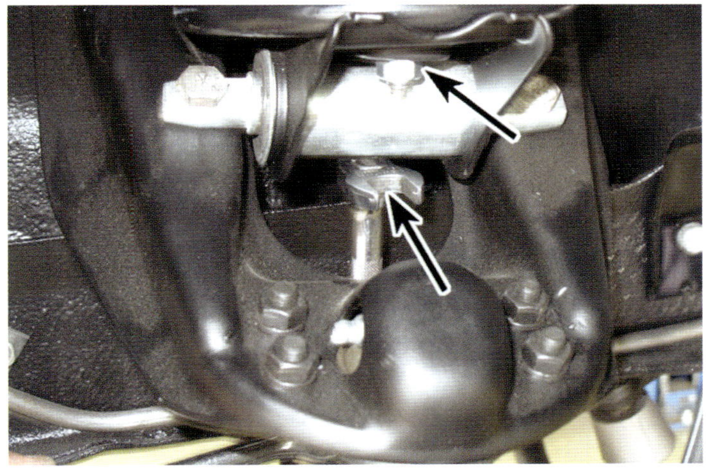

7d.27 Die beiden Bolzen unten am Stoßdämpfer gehören in die Bohrungen der unteren Federaufnahme. Die äußere Mutter ist einfach festzuziehen, bei der inneren benötigt man eventuell einen Hahnenfußschlüssel.

7d.28 Hier sieht man deutlich, warum die Schmiernippel (Pfeile) am oberen Querlenker um 90° abgewinkelt sitzen und nach außen zeigen sollten. Anders käme man mit der Fettpresse nicht an sie heran.

7d.29 Oben wird der Stoßdämpfer mit zwei Schrauben am Stoßdämpferhalter befestigt.

7d.30 Tragen Sie etwas Gummischmiermittel auf die Buchse für die Zugstrebe auf und drücken Sie diese mit einer großen Zange ein.

7d.31 Bei Modellen mit Einstellmuttern für den Nachlauf drehen Sie eine große Mutter auf die Strebe, dann eine Tellerfeder und drücken die Strebe durch die Buchse. Bei den anderen Modellen schieben Sie die Tellerfeder und die Gummibuchse auf. Das andere Ende der Strebe befestigen Sie mit Gewindebolzen am unteren Querlenker. Montieren Sie nun die andere Gummibuchse, die zweite gewölbte Scheibe sowie die Mutter auf der anderen Seite des Halters am Rahmen.

Lenkung

7d.32 Mit Hilfe eines Drahtbürstenaufsatzes entfernen wir Lack und Rost von der Lenksäule. Anschließend wird das blanke Metall mit Schleifpapier, zuerst mit 320er Körnung, dann immer feiner bis zum Nassschliff mit 1000er Körnung werdend, von seinen Rostschäden befreit.

7d.33 Die Lenksäule wird mit Silikonentferner gereinigt und erhält zwei Schichten Grundierung. Nach gründlicher Trocknung wird die Lenksäule erneut gesäubert und mit zwei Schichten weißem Innenraumlack besprüht. Der Aufwand hat sich gelohnt: Das Ergebnis kann sich sehen lassen!

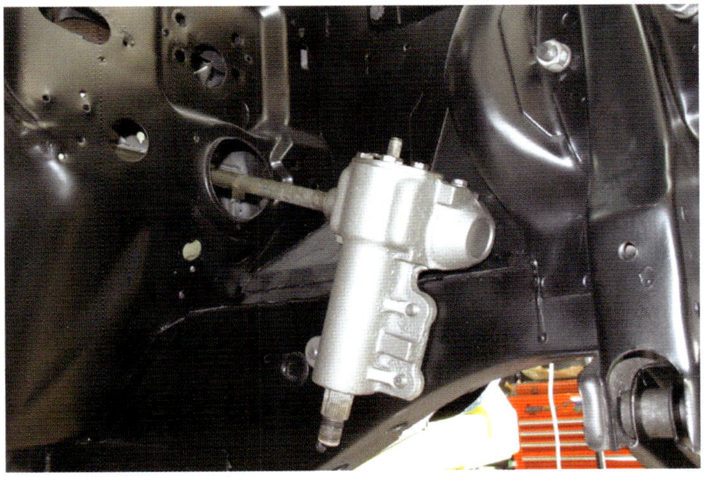

7d.34 Beim Lenkgetriebe der 65er und 66er Mustangs ist die Lenkwelle fest integriert. Sie müssen daher beim Einbau die Lenkwelle vom Motorraum aus vorsichtig durch die Spritzwand führen. Im Innenraum sollte jemand darauf achten, dass die Welle dort nichts beschädigt. Die Lenksäule lässt sich nun über die Welle schieben und die Dichtung an der Spritzwand montieren. Bei Mustangs späterer Baujahre sind Lenkwelle und Lenkgetriebe separate Teile.

7d.35 Setzen Sie zum Zentrieren der Lenkung das Lenkrad vorübergehend auf und montieren Sie den Lenkstockhebel. Er sollte nur an ein oder zwei Positionen auf die Verzahnung des Lenkgetriebes passen. Dann Federscheibe und Mutter anbringen.

7d.36 Auf der rechten Seite wird der Umlenkhebel nach vorne zeigend an der Karosserie festgeschraubt. Die Spurstange verbindet den Lenkstockhebel links mit dem Umlenkhebel rechts.

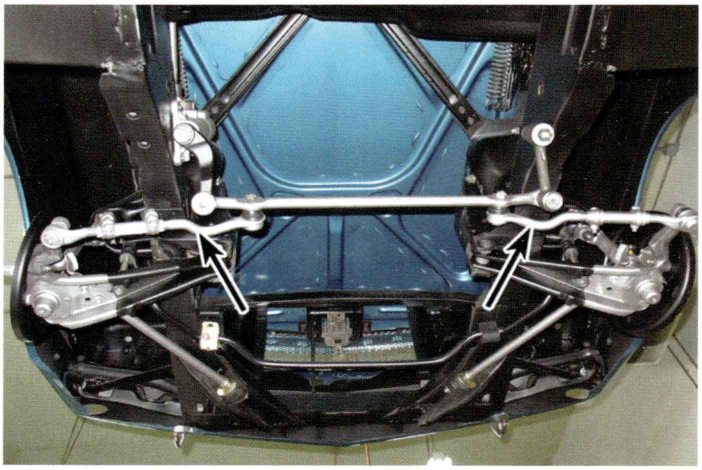

7d.37 Die Spurstangenköpfe verbinden die Achsschenkel mit der Spurstange. Alle Spurstangenköpfe werden festgezogen und mit Splinten gesichert.

7d.38 Schieben Sie die neuen Gummis über den Frontstabilisator und setzen Sie die Halter lose angeschraubt darauf. Zentrieren Sie den Stabilisator und ziehen Sie die Schrauben der Halter fest.

7d.39 Montieren Sie die langen Schrauben und die Hülse des Stabilisator-Zwischenglieds wie hier gezeigt mit Scheiben und Gummibuchsen an den Enden des Stabilisators.

7d.40 Setzen Sie das untere Ende der Hülse mit einer Scheibe und einem Gummi auf die Bohrung im unteren Querlenker und befestigen Sie von unten das zweite Gummi mit Scheibe und Schraube.

Hinterachse

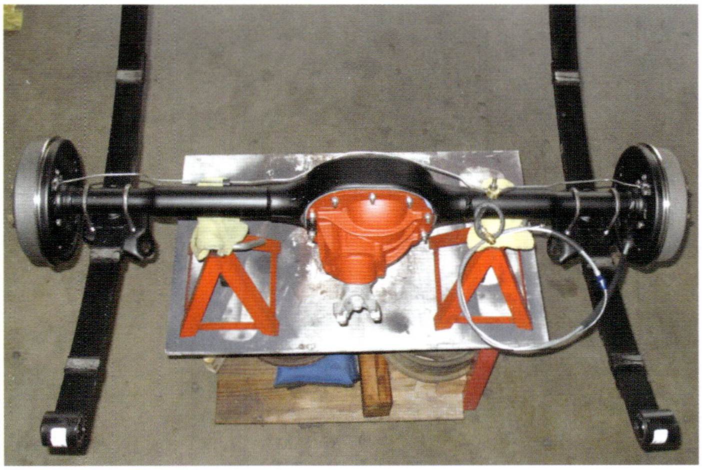

7d.41 Die Hinterachs-Konstruktion der frühen Mustangs ist einfach aber effizient. Sie besteht aus zwei parallelen Blattfedern (die bei unrestaurierten Fahrzeugen meist durchhängen) mit Buchsen an der Vorderseite und beweglichen Schäkeln hinten. Achskörper und zwei Stoßdämpfer komplettieren die Baugruppe bereits.

7d.42 Schmieren Sie die Gummibuchsen mit WD-40 ein und pressen Sie von jeder Seite je eine in die hinteren Hilfsrahmenträger.

7d.43 Eine lange Schraube führt durch den Hilfsrahmen und das vorderen Auge der Blattfeder.

7d.44 Verwenden Sie eine neue selbstsichernde Mutter für die Montageschraube der Blattfeder vorne. Denken Sie daran, dass das Blattfederende mit dem größeren Auge in Fahrtrichtung zeigen muss.

7d.45 Demontieren Sie das neue Schäkel-Kit und führen Sie zwei der vier Buchsen in die Bohrungen des hinteren Hilfsrahmens ein. Die anderen beiden Buchsen werden in die hinteren Augen der Blattfedern montiert. Sie können die beiden Bolzen des Schäkels gleichzeitig durch Blattfeder und Hilfsrahmen schieben. Befestigen Sie das Ganze mit selbstsichernden Muttern.

7d.46 Ein weiterer Meilenstein unserer Restaurierung. Sie könnten den Wagen jetzt hinten auf die Räder stellen. Aber wir wollen nicht vorgreifen.

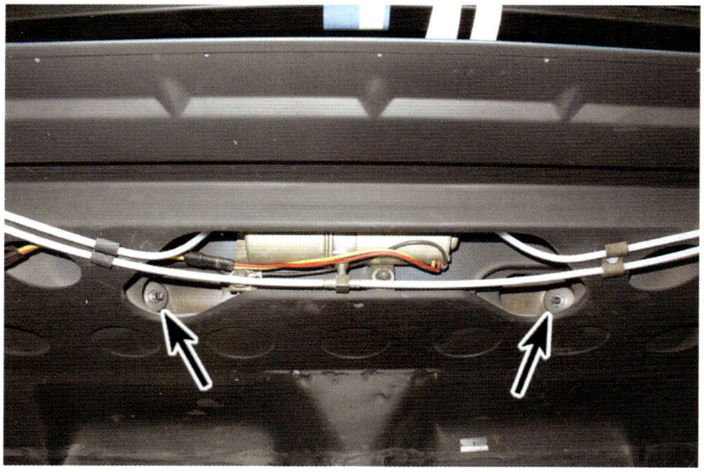

7d.47 Das letzten fehlenden Teile am hinteren Fahrwerk sind die Stoßdämpfer. Bei den Coupés befindet sich das Montageloch für die oberen Stoßdämpferschrauben vorne im Kofferraum, bei den Cabrios und Fastbacks jedoch hinter den Rücksitzen. Unabhängig von der Karosserieform sollte jedoch immer die Rückenlehne der Rücksitzbank ausgebaut sein, um vom Innenraum aus an die Montagelöcher zu kommen.

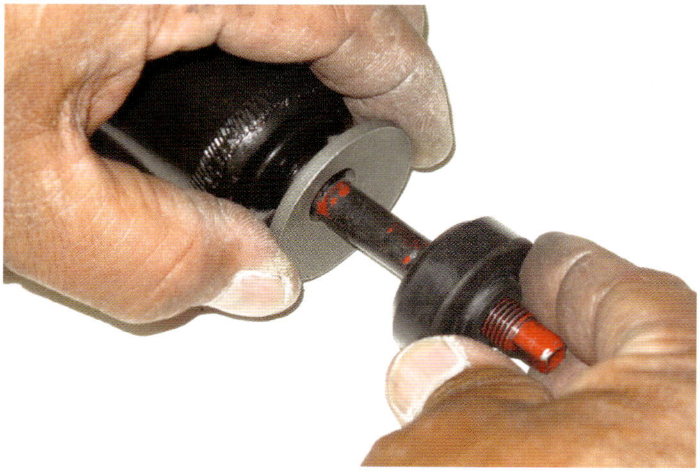

7d.48 Installieren Sie bei den neuen Stoßdämpfern zuerst eine der Tellerscheiben und eine Gummibuchse. Schieben Sie den Stoßdämpfer dann von unten ins Montageloch, bis das Gewinde von oben sichtbar wird.

7d.49 Während ein Helfer den Stoßdämpfer von unten in Position hält, setzen Sie von oben die zweite Gummibuchse, die Scheibe sowie die Mutter auf das Gewinde.

7d.50 Ziehen Sie die oberen Stoßdämpfermuttern fest und setzen Sie die Abdeckung für das Montageloch wieder ein.

7d.51 Die Unterseite der hinteren Stoßdämpfer wird einfach an die Halteplatte der Blattfeder geschraubt. Montieren Sie die Gummibuchsen und Scheiben beiderseits des Halters und ziehen Sie die Sicherungsmutter fest.

Vordere Bremsen

7d.52 So wie viele andere Komponenten bei dieser Restaurierung werden auch die alten Bremsenteile durch neue ersetzt. Die vorderen Trommeln sind hinüber und die Radbolzen ebenfalls. Trommel und Radnabe sind fest verbunden und müssen daher ausgepresst werden. Hier treibt eine Presse die Radbolzen aus.

7d.53 Ungeachtet des Rosts können wir Radnabe und Bremstrommel voneinander trennen. Die Radnabe wird entrostet und lackiert, die Trommeln wandern ins Altmetall.

7d.54 In der Radnabe befinden sich das innere sowie das äußere Radlager mit ihren Lagerschalen. Entsorgen Sie die alten Radlager und treiben Sie die Lagerbuchsen mit einem Hammer und einem stumpfen Stanzwerkzeug aus.

7d.55 Montieren Sie die neuen inneren und äußeren Lagerbuchsen in die Radnabe. Dazu benötigt man ein passendes Treiberwerkzeug im richtigen Durchmesser.

7d.56 Die Lagerbuchsen werden gerade eingesetzt und mit dem passenden Montagewerkzeug eingetrieben, bis sie auf dem Vorsprung in der Nabe aufsitzen.

7d.57 Radnabe und neue Bremstrommel werden in einer Presse zusammengeführt, indem man die Radbolzen in die Bohrungen setzt. Die Bolzen müssen dabei immer rechtwinkelig ausgerichtet sein. Anmerkung: Sechszylinder-Mustangs haben lediglich vier Radbolzen, die Achtzylindermodelle dagegen fünf.

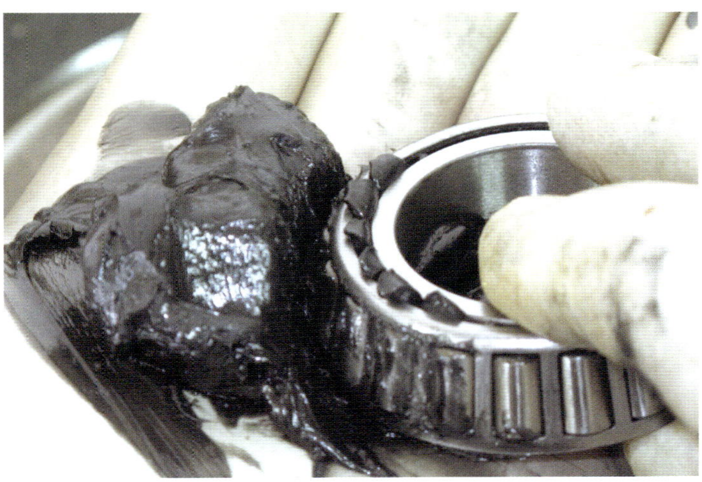

7d.58 Benutzen Sie Latexhandschuhe beim Befüllen der Radlager mit Fett. Verteilen Sie dazu Fett auf Ihrer Handfläche und bewegen Sie das Radlager darin hin und her, bis das Fett rundherum aus dem Lager quillt. Es gibt im Autozubehör allerdings auch Werkzeuge, die diese Prozedur erleichtern.

7d.59 Schmieren Sie auch die Außenseite des Radlagers ein und montieren Sie es in die Nabe. Achten Sie darauf, dass kein Fett auf die Nabe oder in die Bremstrommel gelangt. Das würde Ihre frischen Bremsbeläge sofort ruinieren.

7d.60 Schmieren Sie nun die innere Lagerbuchse ein und montieren Sie das innere Radlager.

7d.61 Sie können nun den Simmerring am inneren Radlager mit einem passenden Treiberwerkzeug einbauen.

7d.62 Halten Sie sich nicht mit der Aufarbeitung Ihrer alten Radbremszylinder auf. Neuteile wie diese hier gewährleisten Sicherheit für viele Kilometer.

7d.63 Bevor Sie den Bremsschlauch anbringen, setzen Sie den Kupferdichtring auf das Gewinde des Anschlusses.

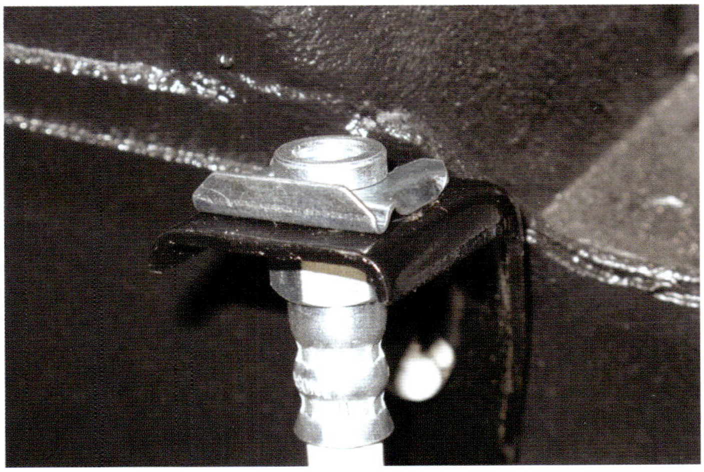

7d.64 Das andere Ende des Bremsschlauchs wird mit einer Blechmutter an der Halterung an der Karosserie befestigt. Wenn Sie die neuen Stahlbremsleitungen jetzt noch nicht montieren wollen, verschließen Sie die Bremsschläuche zum Schutz vor Fremdkörpern mit Stopfen.

7d.65 Führen Sie die beiden Bolzen in die Gummikappen des Radbremszylinders ein und beginnen Sie mit dem Zusammenbau der vorderen Bremsen. Dazu benötigen Sie ein paar Spezialwerkzeuge wie eine Bremsfederzange, ein Werkzeug zum Herunterdrücken der Teller der Bremsbackenhaltefedern und ein Werkzeug für die Einstellschrauben.

7d.66 Die hintere (Sekundär-) Bremsbacke erkennt man am längeren Bremsbelag. Die Bremsbacke wird zuerst oben in den Schlitz der Radbremszylinderbolzen eingeführt und dann mit der Haltefeder fixiert.

7d.67 Als nächstes wird die vordere (Primär-) Bremsbacke montiert.

7d.68 Das Auge am Ende des Kabels für den Selbsteinstellungsmechanismus wird auf den Ankerbolzen der Bremsankerplatte geschoben. Dann werden die Rückzugsfedern zwischen Anker und Bremsbacken verbaut, die vordere Feder zuerst. Das Werkzeug hat am Ende eine Ausbuchtung, die es beim Dehnen der Feder auf dem Anker hält.

7d.69 Bevor Sie die gelbe hintere (Sekundär-) Feder anbringen, setzen Sie die Kabelführung in die hintere Bremsbacke. Dann stecken Sie das Ende der Feder in die Bohrung und ziehen das andere Ende mit der Bremsfederzange über den Ankerbolzen.

7d.70 So sieht das komplette Innenleben einer vorderen Trommelbremse aus. Man beachte unten die Verbindung des Kabels für die Selbsteinstellung und der Einstellfeder mit dem Einstellhebel.

7d.71 Die neue Bremstrommel mit der restaurierten Radnabe kann nun montiert werden. Die Bremstrommeln wurden zum Rostschutz metallgrau lackiert.

7d.12 Das gefettete äußere Radlager wird eingeführt, die Sicherungsscheibe aufgeschoben und mit der Mutter gesichert.

7d.73 Ziehen Sie die Mutter schrittweise an, um das Radlager in seinen Sitz zu drücken und das Lagerspiel zu eliminieren. Dann lösen Sie die Mutter wieder, bis sie etwas mehr als handfest ist. Die Trommel sollte sich nun leicht drehen lassen und nicht flattern. Sitzt die Mutter zu fest oder zu lose, wird das die Lebenszeit von Radlager und Reifen stark verringern.

7d.74 Schieben Sie die Kronensicherung über die Mutter und stellen Sie sicher, dass die Aussparungen mit der Bohrung im Achsschenkel fluchten. Schieben Sie den Sicherungssplint ein und biegen Sie dessen Enden um.

7d.15 Der letzte Schritt beim Zusammenbau der Trommelbremse ist die Montage der Staubkappe auf der Radnabe. Sie soll Dreck und Feuchtigkeit abhalten.

Hintere Bremsen

7d.76 Setzen Sie den neuen Radbremszylinder in die Öffnung der Bremsankerplatte, aber drehen Sie die Schrauben noch nicht hinein.

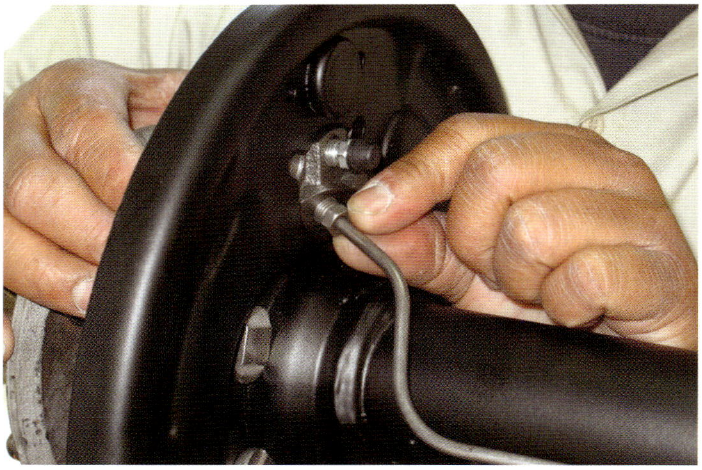

7d.77 Der Anschluss der Bremsleitung lässt sich leichter verschrauben, solange der Radbremszylinder noch nicht festgeschraubt ist. Sobald das Gewinde weit genug eingedreht ist, um nicht zu verkanten, können Sie die beiden Schrauben des Radbremszylinders montieren. Beachten Sie, dass Sie bei einer Umrüstung von einer Einrohr- auf eine Doppelrohrauspuffanlage hinten andere Bremsleitungen benötigen.

7d.78 Schieben Sie nun, genau wie bei den vorderen Bremsen, die Bolzen in die Radbremszylinder. Richten Sie die Schlitze zur Aufnahme der Bremsbacken aus.

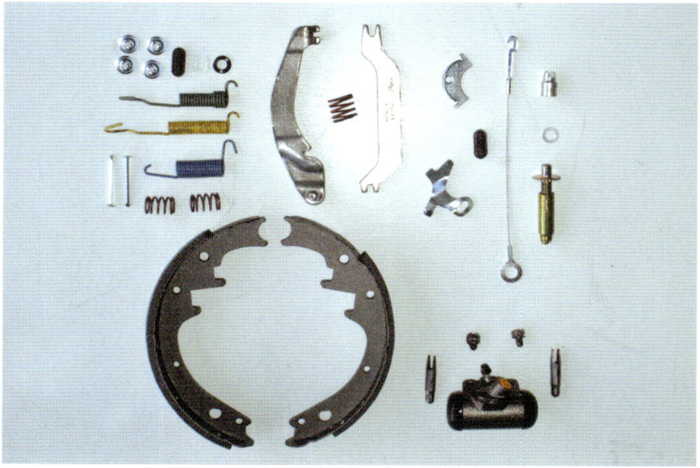

7d.79 Hier sehen Sie die neuen Komponenten für eine der Hinterradbremsen. Alle sind sicherheitsrelevant!

7d.80 Tragen Sie etwas Bremszylinderpaste auf die Auflageflächen der Bremsbacken auf.

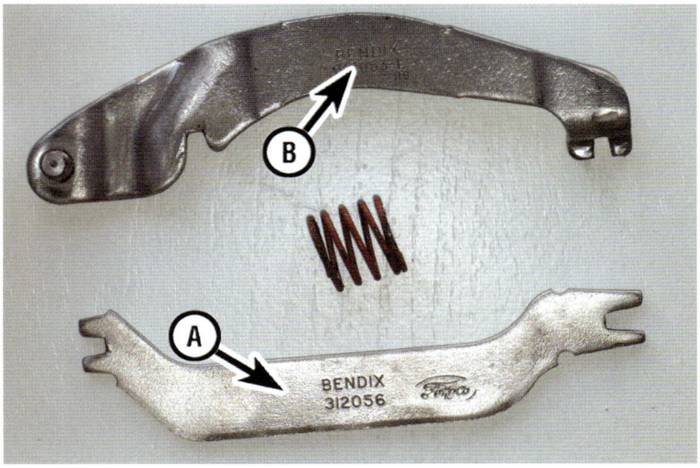

7d.81 Diese beiden Teile sind fast unzerstörbar: Ausgleichsstrebe (A) und Umlenkhebel (B) der Handbremse. Ein Überholsatz enthält eine neue Feder für die Ausgleichsstrebe und eine neue Halteklammer für die Verbindung zwischen Sekundär-Bremsbacke und Umlenkhebel.

7d.82 Tragen Sie etwas Bremszylinderpaste auf den Zapfen des Umlenkhebels auf, bevor Sie ihn mit der Sekundär-Bremsbacke verbinden.

7d.83 Setzen Sie eine neue Federscheibe auf den Zapfen und schieben Sie den neuen Halteclip auf. Pressen Sie ihn mit einer Zange zusammen.

7d.84 Montieren Sie die hintere (Sekundär-) Bremsbacke und sichern Sie diese mit der Bremsbackenhaltefeder und dem dazugehörigen Teller. Verdrehen Sie den Teller um 90° zum Kopf des Haltestifts.

7d.85 Montieren Sie die Ausgleichsstrebe mit der Feder so, dass diese zur vorderen Bremsbacke zeigt. Die Strebe passt in die Aussparungen in den Bremsbacken.

7d.86 Die vordere Bremsbacke wird nun an den Bolzen des Radbremszylinders und die Ausgleichsstrebe angelegt und bei eingehakter Bremsrückzugfeder montiert.

7d.87 Schieben Sie das Auge am Ende des Zuges für den Selbsteinstellungsmechanismus auf den Ankerbolzen der Bremsankerplatte. Montieren Sie zuerst die primäre (vordere) und dann die sekundäre (hintere) Rückzugsfeder auf den Ankerbolzen.

7d.88 Der Einstellmechanismus hat auf der einen Seite einen Schlitz und auf der anderen Seite eine Hülse. Schmieren Sie die Schlitze und die Kappe mit Bremszylinderpaste und setzen Sie dann Unterlegscheibe und Hülse auf.

7d.89 Der Einstellmechanismus gehört unten zwischen die beiden Bremsbacken. Zur Orientierung: Die gezackte Einstellschraube muss auf Höhe des Einstelllochs in der Bremsankerplatte liegen. Das Ende des Handbremsseils wird an der U-förmigen Aussparung des Umlenkhebels an der hinteren Bremsbacke angebracht. Achtung: Vertauschen Sie nicht linke und rechte Einstellmechanismen. Muttern mit Linksgewinde haben zur vorderen Bremsbacke hin eine einzelne Nut und sind nur für die linke Fahrzeugseite gedacht (Muttern für rechts: 2 Nute). Einstellschrauben sowie Hebel sind ebenfalls für die richtige Fahrzeugseite gekennzeichnet: L = links, R = rechts.

7d.90 Führen Sie nun den Haken des Kabels für den Selbsteinstellungsmechanismus in die Bohrung des Einstellhebels.

7d.91 Einer der letzten Arbeitsschritte an den hinteren Bremsen ist die Montage der Einstellfeder (hier blau). Mit der Bremsfederzange können Sie die Feder von der vorderen Bremsbacke zur Bohrung im Einstellhebel ziehen.

7d.92 Wenn Ihre Bremsankerplatten unten bisher keine Öffnung für das Einstellwerkzeug besitzen, wurden die Bremsen in der Vergangenheit wahrscheinlich nie richtig eingestellt. Dieser Verschluss hier sollte längst entfernt worden sein. Sie können diese Öffnung später mit einer Staubkappe aus Gummi verschließen.

7d.93 Inspizieren Sie Ihre Felgen genau, bevor Sie neue Reifen aufziehen lassen. Achten Sie auf Schäden wie Beulen oder Kratzer, verbogenes Felgenhorn und starken Rost. Der Bereich für die Reifenflanke sollte glattgeschliffen und rostfrei sein. Tragen Sie zwei Schichten Grundierung auf und schleifen Sie nochmal nass, bevor Sie die Felgen schwarz lackieren. Lassen Sie die Felgen von einer Werkstatt mit der Auswuchtmaschine auf Rundlauf und Stabilität testen.

7d.94 Die Standard-Stahlfelgen haben das Produktionsdatum eingestanzt. Wir hatten nur zwei originale Felgen und mussten zwei weitere suchen. Der Code „5 M F" ist korrekt für unser 65er Cabriolet. Da er allerdings später von den Radkappen verdeckt sein wird, weiß nur der Besitzer, ob es der richtige ist.

Heizung, Lüftung und Klimaanlage

Aus modernen Fahrzeugen ist der Komfort einer Klimaanlage heute nicht mehr wegzudenken. Das war Mitte der 60er Jahre anders. Zwar statteten Hersteller wie Cadillac, Lincoln, Buick und Oldsmobile ihre luxuriösen Wagen mit Klimaanlage aus, im unteren Preissegment war dies jedoch nicht der Fall. Viele Käufer eines 2300-Dollar-Mustangs fanden diese Option schlichtweg zu teuer. Außerdem: Wer jung ist und einen neuen Mustang auf Ratenzahlung kauft, den stört es kaum, bei Hitze einfach die Ausstellfenster zu öffnen und die Seitenfenster runterzulassen.

Viele Mustangbesitzer sind heute allerdings eher in den mittleren Jahren und daher komfortorientierter. Einen Mustang mit der originalen, unter dem Armaturenbrett installierten Klimaanlage zu finden, wird indes immer schwieriger. Die Instandsetzung ist allerdings auch meist teuer.

Klimakompressoren, Kondensatoren, Dichtungen und weitere Bauteile unserer modernen Alltagsfahrzeuge sind auf das umweltfreundlichere Kältemittel R-134A ausgelegt. Früher wurde das Kältemittel namens R-12 verwendet. Es ist nur noch schwer aufzutreiben und entsprechend teuer. Es gibt Ersatzmittel, aber deren Wirkung ist nicht besonders zufriedenstellend. Die meisten Werkstätten tauschen die Dichtungen und füllen R-134A ein, aber dessen Leistung wird nicht der des Originalmittels entsprechen.

Es gibt also zwei Möglichkeiten: Entweder lebt man mit modernem Kühlmittel und geringerer Kühlleistung oder man ersetzt den alten Klimakompressor durch eine moderne Einheit und büßt so den Original-Look des Motorraums ein.

Es gibt eine Vielzahl von leistungsstarken Nachrüstanlagen für die klassischen Mustangs. Einige von ihnen kommen dem Original sehr nah, andere werden hinter dem Armaturenbrett versteckt eingebaut.

Die Instandsetzung von Heizung, Lüftung und Klimaanlage ist nicht kompliziert. Wie bei den meisten Teilen für unseren klassischen Mustang ist Ersatz verfügbar, von den Halteklammern über Wärmetauscher bis hin zum Gebläsemotor. Natürlich ist das Heizungssystem bei unserem Fahrzeug verrostet. Bevor Sie sich dort an die Arbeit machen, lassen Sie die Klimaanlage von einem Fachmann entleeren und das Kühlmittel auffangen. Entleeren Sie auch den Wasserkühler und spülen Sie ihn. Trennen Sie außerdem die Heizungsschläuche an der Spritzwand ab.

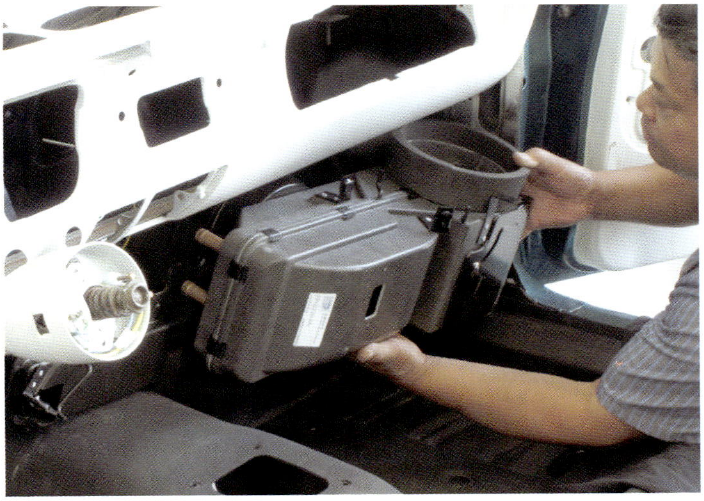

7e.1 Gut versteckt unter dem Armaturenbrett liegt der Gebläsekasten. Die Aufarbeitung lohnt sich, was man spätestens bei nasskaltem Wetter zu spüren bekommt.

7e.2 Beginnen Sie beim Ausbau des Gebläses mit dem Abziehen der beiden Kabelstecker vom Widerstand des Gebläsemotors.

7e.3 Lösen Sie die Heizzüge, indem Sie die aufgepresste Haltescheibe mit einem Seitenschneider auftrennen. Schieben Sie das Kabelende vom Hebel herunter und lösen Sie die Schraube am Betätigungszug.

7e.4 Gehen Sie beim Betätigungszug für die Temperaturregelung wie oben vor. Dieser liegt näher zur Spritzwand hin.

7e.5 Der letzte zu lösende Betätigungszug gehört zu den Klappen im Luftverteiler. Sie sehen hier, dass ein Stück des Kastens fehlt. Die Originalteile bestehen aus Presspappe, und reichlich Feuchtigkeit oder ein harter Stoß können sie beschädigen.

7e.6 Entfernen Sie an der Spritzwand im Motorraum die vier Muttern des Gebläses. Im Innenraum lassen sich nun die Muttern des Gebläsekastens abschrauben.

7e.7 Ist der Mustang mit einer originalen Klimaanlage ausgestattet, muss die erst heraus, will man den Gebläsekasten entfernen. Achtung: Brechen Sie zum Leeren der Klimaanlage nicht die Anschlüsse auf. Das Kältemittel ist gefährlich für Haut, Augen und Umwelt. Lassen Sie die Flüssigkeit von einem Fachbetrieb auffangen.

7e.8 Entfernen Sie die große runde Abdichtung, die das Gebläsegehäuse mit dem Luftschacht verbindet. Wir haben einen kompletten Dichtsatz für das Gebläsegehäuse gekauft, um die bestmögliche Leistung der Heizung zu erzielen.

7e.9 Lösen Sie die Schrauben des Gebläsemotors und ziehen Sie ihn aus dem Kasten heraus. Prüfen Sie ihn mit einer 12-V-Batterie. Unserer arbeitet prima und braucht lediglich etwas optische Auffrischung und eine neue Dichtung.

7e.10 Um das rostige Lüfterrad abzubauen, lösen Sie den Innensechskant mit einem langen Inbusschlüssel. Sie werden etwas Rostlöser und ein wenig Geduld brauchen, und das Lüfterrad zu lösen. Lassen Sie sich Zeit und vermeiden Sie Beschädigungen.

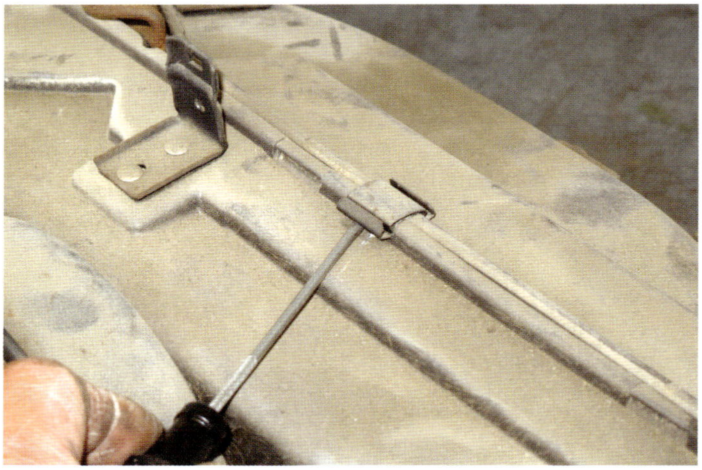

7e.11 Die beiden Hälften des Gebläsegehäuses werden von Klammern zusammengehalten. Hebeln Sie diese herunter und verlieren Sie keine davon. Sie kosten rund 4 Euro pro Stück.

7e.12 Wir haben bei der Demontage unseres Cabrios bereits einigen Horror gesehen, aber das Innere des Gebläsegehäuses ist am schrecklichsten. Der Wärmetauscher ist kaum mehr zu erkennen und sämtliche Metallteile sind komplett verrostet.

7e.13 Nachdem wir geplant hatten, die Metallteile zu entrosten und neu zu lackieren, fanden wir heraus, dass die Lüftungsklappen durchgerostet waren.

7e.14 Schließen die Klappen nicht sauber, arbeitet das Heizungs-Lüftungs-System nicht wie gewünscht.

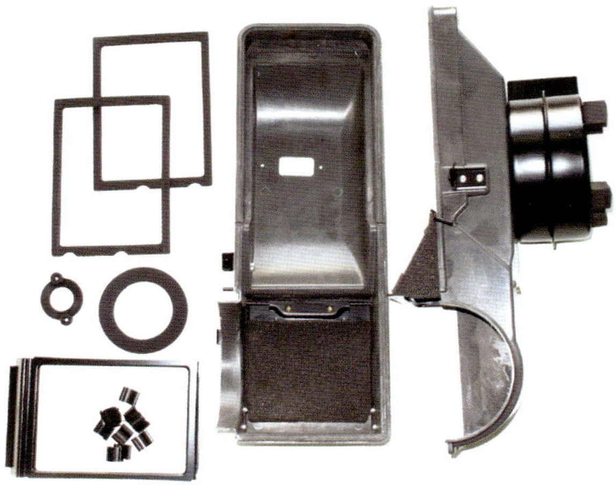

7e.15 Wir haben also ein neues Gebläsegehäuse mit vormontierten Lüftungsklappen sowie das benötigte Schaumgummi und Dichtungsmaterial erworben.

7e.16 Bauen Sie den Schaumstoff und alle Dichtungen ein. Sie leiten die Luft durch den Wärmetauscher. Spätestens bei der ersten Fahrt an einem kühlen Herbsttag werden Sie froh sein, sich diese Mühe gemacht zu haben.

7e.17 Der Wärmetauscher ist das Kernstück des Systems. Er ist nicht besonders teuer und wird ewig halten, wenn Sie auf ausreichend Frostschutzmittel im Kühlsystem achten.

7e.18 Der neue Wärmetauscher passt genau in das ausgepolsterte Bett. Achten Sie darauf, dass das Dichtungsmaterial bei der Montage nicht beschädigt wird.

7e.19 Beim Zusammenbau des Gehäuses sollte die Hälfte mit der Öffnung für den Gebläsemotor auf der Werkbank liegen. Der Wärmetauscher zeigt nach oben. Verbinden Sie die Gehäusehälften mit einigen Klammern.

7e.20 Trennen Sie Halteplatte und Gebläsemotor. Säubern, grundieren und lackieren Sie beide Teile.

7e.21 Die Dichtung zwischen Halteplatte und Motor sollte ersetzt werden, eine Abdichtung um den Lüftermotor herum ist wichtig. Es gibt Gebläsemotoren mit zwei und mit drei Geschwindigkeitsstufen.

7e.22 Wenn Sie Ihr Lüfterrad zur Rostvorsorge gestrahlt und lackiert haben, setzen Sie zuerst die Halteplatte und dann das Lüfterrad auf den Motor und ziehen dann die Inbusschraube fest. Montieren Sie die neue Dichtung zwischen Halteplatte und Lüftergehäuse, schieben Sie die Halteplatte über die Gewindestangen und ziehen Sie die Muttern fest.

7e.23 Tragen Sie etwas Karosseriedichtungskleber auf die Halteplatte auf. Sie sollte um den Motor herum aber nicht auf dem Motor sein.

7e.24 Schieben Sie die neue Spritzwanddichtung über den Gebläsemotor und drücken Sie diese vorsichtig auf den Kleber.

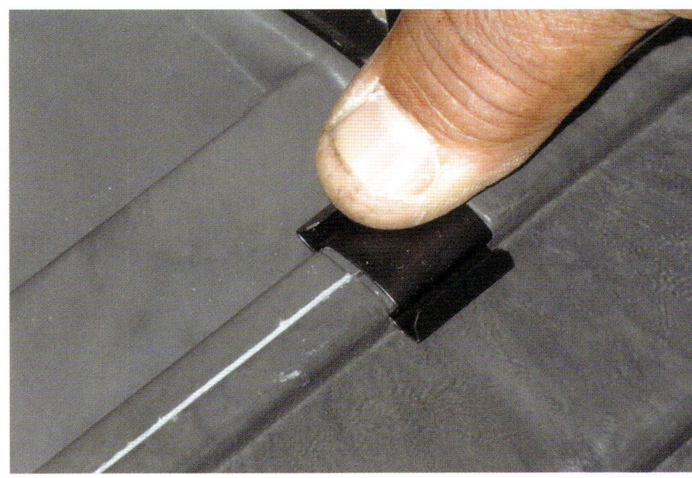

7e.25 Montieren Sie die restlichen Klammern.

7e.26 Bis auf den Luftverteiler der Heizung ist das komplette System nun überholt. Wir haben das Altteil aus Presspappe mit einem stabileren aus Kunststoff ersetzt.

7e.27 Luftverteiler und Gebläsekasten fügen sich wie im Original zusammen. Zur zusätzlichen Verstärkung werden aber noch einige Schrauben angebracht.

7e.28 Hier der originale Heizungsregler vor der Restaurierung. Man sieht, wie wenig Platz zum Arbeiten hier unter dem Armaturenbrett zur Verfügung steht.

7e.29 Nachdem der Gebläsekasten mit seinen vier Muttern an der Spritzwand verschraubt ist, kümmern wir uns nun um den Heizungsregler. Wir legen alt und neu nebeneinander und transferieren die Betätigungszüge nacheinander von der alten auf die neue Einheit.

7e.30 Sind alle Seilzüge montiert, werden sie durch die Öffnung im Armaturenbrett zu Ihren Hebeln am Gebläsekasten geführt. Versuchen Sie, die alten Längeneinstellungen beizubehalten.

7e.31 Die Frischluftzufuhr in klassischen Mustangs ist simpel: ein Lüftungsschacht aus Kunststoff sitzt auf beiden Seiten unter dem Armaturenbrett und wird über ein Gestänge und Seilzüge geöffnet oder geschlossen.

7e.32 Hier der typische Ford- oder York-Kompressor eines frühen Mustangs. Wenn er auf das moderne R-134A-Kältemittel umgerüstet und mit neuen O-Ringen versehen wird, funktioniert er zwar, ist jedoch nicht so effizient wie die neuen Systeme.

7e.33 Es gibt verschiedene Klimaanlagen-Umbausätze, auch kombiniert mit Heizung, auf dem Markt. Der gängigste Kompressor stammt von Sanden (s. Bild). Er ist zwar kompakt, aber eben nicht im Original-Look.

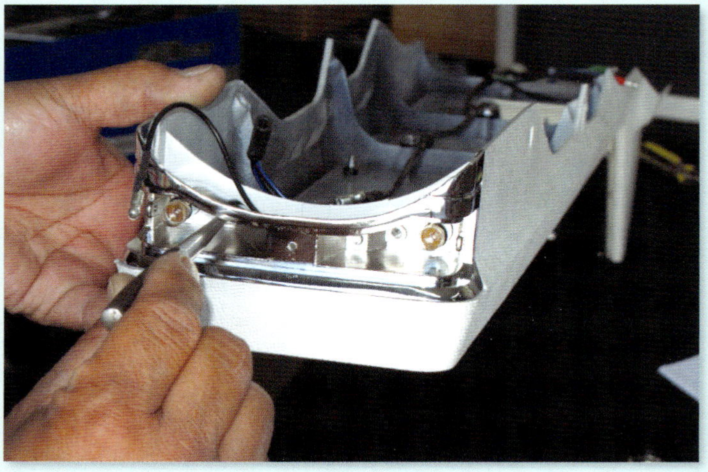

8. Innenraum und Verdeck

Innenraum

Manche Besitzer klassischer Fahrzeuge schrecken vor der Restaurierung des Innenraums zurück. Oft sind die Materialien teuer und die Arbeitskosten hoch. Professionelle Autosattler sind gut im Geschäft und scheinen immer ausgebucht zu sein. Hinzu kommt: Während das Auto im Fachbetrieb auf die Polsterarbeiten wartet, kann man nicht daran weiterarbeiten.

Glücklich dran ist da wieder der Mustang-Besitzer. Weil es noch so viele gibt, sind auch alle Teile in Originalqualität und zu vernünftigen Preisen verfügbar. Es gibt komplette Innenausstattungssets mit Dämmmaterial, Teppichen, Sitzbezügen, Armlehnen, Türverkleidungen und Sonnenblenden, die preiswerter sind als ein oder zwei Tage Arbeitslohn eines Fachbetriebs. Was wir hier ohne Vorkenntnisse aus dem Innenraum unseres Mustangs gemacht haben, wirkt nach der Fertigstellung wie eine Innenausstattung frisch aus dem Werk.

Sie werden überrascht sein, was Sie alles selbst erledigen können. Folgen Sie einfach unserer Anleitung und lassen Sie sich Zeit. Gehen Sie dieses Kapitel bei Bedarf ruhig mehrfach durch. Viele Fragen beantworten schon die Bilder. Die Aufarbeitung des Innenraums stellt, neben einer neuen Lackierung, die größte optische Verbesserung dar, die Sie erzielen können. Sie benötigen dazu ein paar Spezialwerkzeuge: eine scharfe Schere, eine Montagezange für die Polsterklammern (nehmen Sie die mit dem längeren Griff), Polsterklammern, ein oder zwei Polsternadeln, Sprühkleber, Füllung aus Baumwolle sowie Jute und Leinenmaterial. Sie finden alles im Fachhandel für Polstereibedarf oder online.

Ein wichtiges Bauteil bei Autositzen ist der Spanndraht. Befestigt man das Vinyl des Bezugs einfach mit den Polsterklammern am Sitzgestell, reißt es mit der Zeit an den Klammern wegen der punktuellen Belastung aus. Ein umlaufender Spanndraht an der Unterseite verteilt die Belastung gleichmäßig. Sie müssen diese Spanndrähte aus Ihren alten Sitzbezügen ausbauen. Um die alten Bezüge abzubekommen, müssen Sie alle Polsterklammern mit einem Seitenschneider durchtrennen.

8a.1 Moderne Autos sind komfortabel und praktisch, aber sie besitzen einfach nicht die Ausstrahlung eines frisch restaurierten Mustangs aus den 60ern.

Bevor Sie mit den Polsterarbeiten beginnen, machen Sie Fotos von der Unterseite der Originalsitze. Versehen Sie die Spanndrähte mit Klebeband und notieren Sie darauf den jeweiligen Ausbauort.

Moderne Sitze unterscheiden sich mit Sitzheizung und Lendenwirbelstütze, x-fachen Verstellmöglichkeiten und der Möglichkeit zur Speicherung verschiedener Sitzpositionen in Komfort und Stil stark von ihren Vorläufern aus den 60ern. Aber so komfortabel sie auch sein mögen, sie besitzen nicht den Coolness-Faktor klassischer Mustangsitze.

Teppiche

8a.2 Dämmmaterial und Teppich werden vor allen anderen Innenraumteilen eingebaut. Vorher werden jedoch die Ablauflöcher im Fußraum versiegelt. Schmieren Sie etwas Dichtmasse um die Öffnung herum.

8a.3 Tragen Sie außerdem etwas Dichtmasse auf den Verschlussdeckel auf, setzen Sie ihn in die Öffnung und schrauben Sie ihn fest.

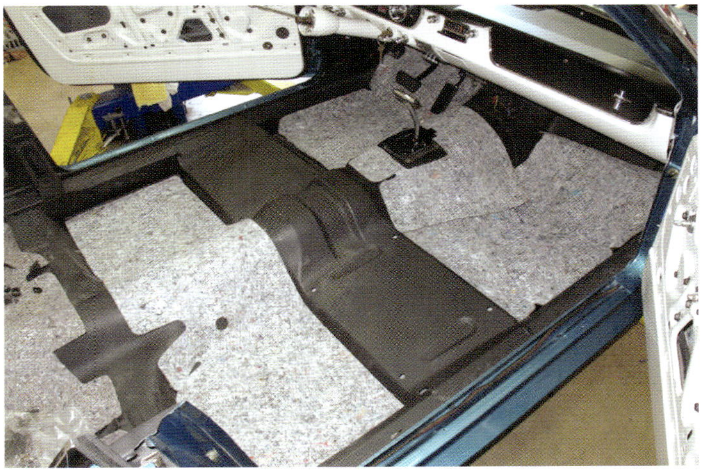

8a.4 Position und Ausrichtung des Dämmmaterials sind am Zuschnitt gut erkennbar. Die Matte soll hauptsächlich die Fahrgeräusche dämmen sowie gegen Wärme und Kälte schützen. Bei der Cabrio-Karosserie findet sich das Verstärkungsblech unter den Sitzen, daher gibt es dort keine Dämmung.

8a.5 Der Teppich wird in mehreren vorgestanzten Einzelteilen geliefert. Er wird sich einfach an der passenden Stelle im Innenraum einfügen. Achten Sie darauf, dass er mittig liegt. Sie können den Teppich beim Verlegen mit Gewichten fixieren.

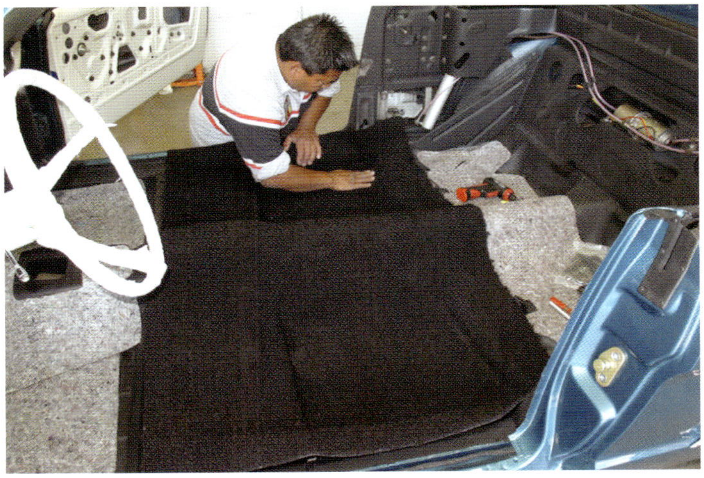

8a.6 Mit Hilfe einer Polsternadel oder eines Dorns lassen sich die Befestigungslöcher der Sicherheitsgurte im Bereich des hinteren Teppichs platzieren. Sie müssen passend ausgeschnitten werden. Sobald die Gurte wieder eingebaut sind, kann der Teppich nicht mehr verrutschen.

8a.7 Der vordere Teil des Teppichs überlappt den hinteren. Seine Position wird über die Löcher für die Sitzschiene definiert. Finden Sie diese von oben mit Hilfe eines Dorns.

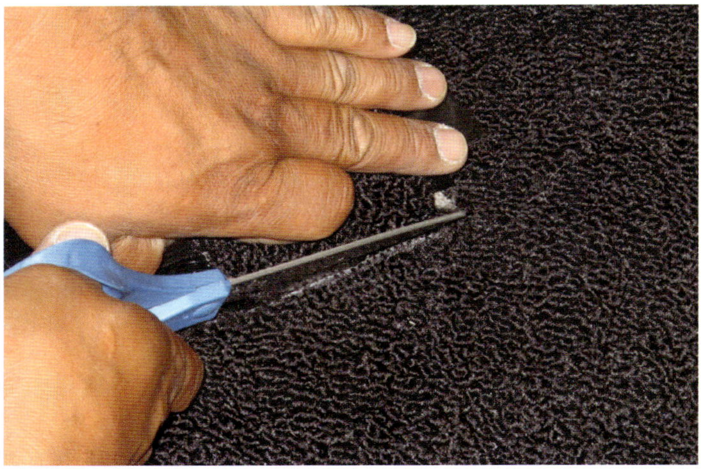

8a.8 Markieren Sie die Punkte mit Kreide und schneiden Sie die Löcher mit einer scharfen Schere aus. Verwenden Sie keine Bohrmaschine, die Maschen würden sich um den Bohrer wickeln und den Teppich ruinieren. Ein Skalpell oder ein Stanzwerkzeug in der richtigen Größe funktionieren ebenfalls gut.

8a.9 Schneiden Sie das Loch für den Fernlichtschalter auf der Fahrerseite vorsichtig aus. Viele der Teppichsätze werden bereits mit einer solchen Gummidurchführung für den Fußschalter geliefert. Nachdem unser Mustang so lange Zeit zerlegt war, macht es richtig Spaß, den Teppich und die weiteren Innenraumteile einzubauen.

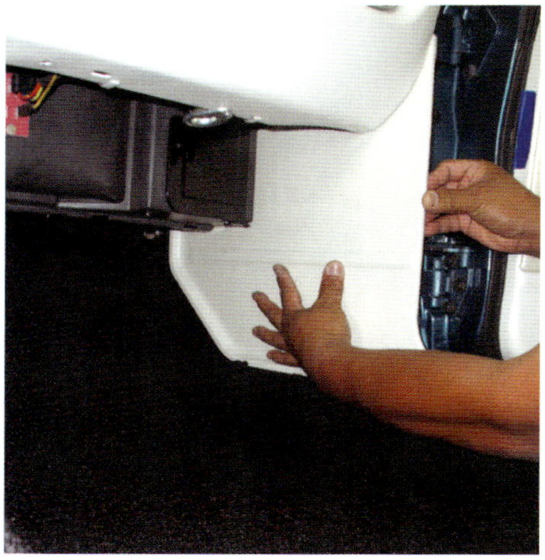

8a.10 Die neulackierten Fußraumverkleidungen können nun montiert werden; sie fixieren den Teppich vorne. Die Verkleidungen müssen wegen der Dicke des neuen Teppichs fest anpresst werden, um die Befestigungsschrauben festziehen zu können.

8a.11 Lösen Sie in der Fahrzeugmitte die vier Schrauben am Schalthebel und heben Sie ihn an, um die Position der vier Löcher auf dem Teppich zu markieren. Schieben Sie den Teppich unter den Schalthebel.

8a.12 Wählen Sie ein oder zwei Löcher für die Türeinstiegsleisten aus und ziehen Sie die Schrauben nur leicht an. Richten Sie die Leiste an den anderen Bohrungen aus und ziehen Sie dann alle Schrauben fest. Die Einstiegsleiste fixiert den Teppich am Türeinstieg.

Mittelkonsole

8a.13 Bei unserer Mittelkonsole fehlten einige Teile, und das Gehäuse hatte mehrere Risse. Also haben wir uns aus Zeitgründen für einen Nachbau entschieden.

8a.14 Um die Standardkonsole für unser Cabrio anzupassen, müssen seitlich am Gehäuse markierte Flächen ausgeschnitten werden. Das kann mit einer Laubsäge oder einem scharfen Teppichmesser geschehen, aber seien Sie dabei vorsichtig.

8a.15 Neue Konsolengehäuse sind in Schwarz und in Weiß lieferbar. Die Konsole wird gesäubert und mit einer nicht füllenden Grundierung lackiert. Schleifen Sie das Gehäuse nicht an, Sie würden damit die Struktur der Oberfläche beschädigen.

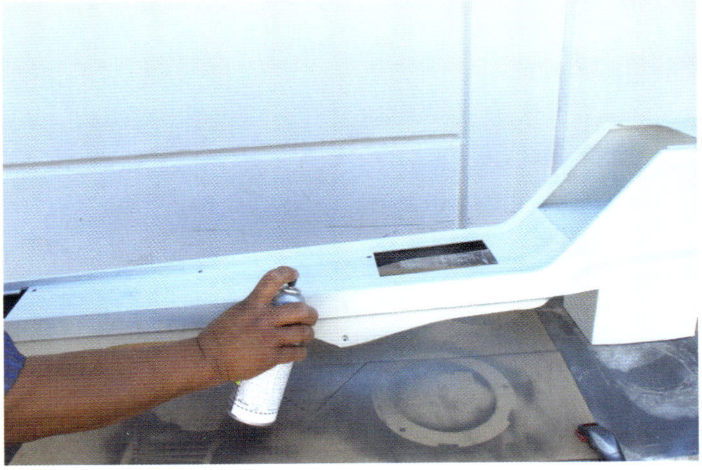

8a.16 Auf die Grundierung wird die korrekte Innenraumfarbe aus der Sprühdose aufgetragen, in unserem Fall Weiß.

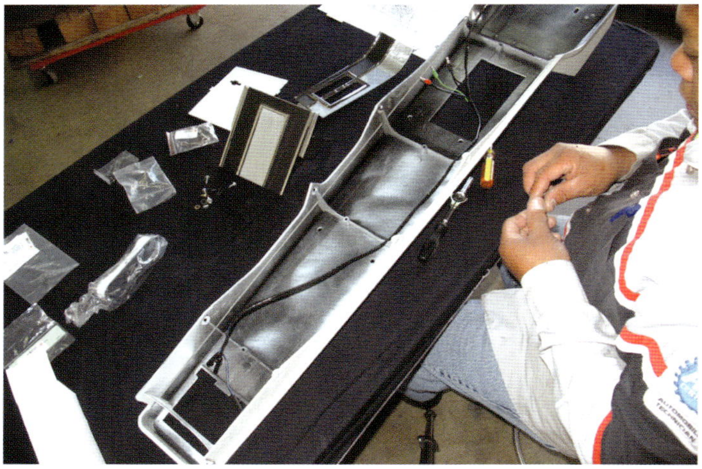

8a.17 Die Verkabelung der Konsole ist recht einfach, man folge der ursprünglichen Verlegung.

8a.18 Die Montage des Konsolendeckels ist etwas kompliziert und erfordert eine kleine Spitzzange zum Einbau der Federn.

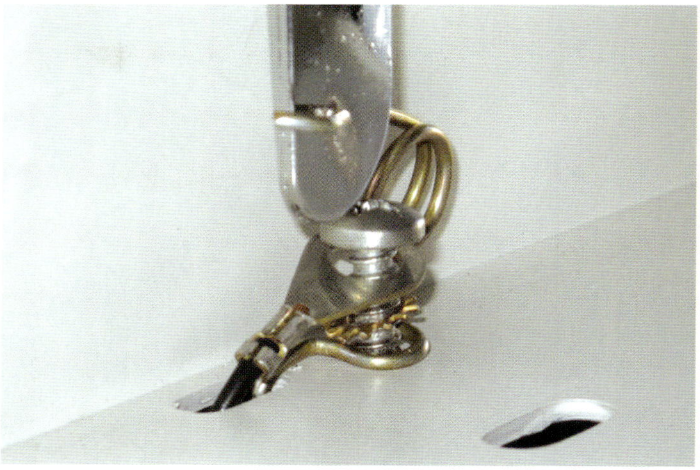

8a.19 Eine Schraube sichert die Feder und dient außerdem als Pol für das Massekabel.

8a.20 Die Abdeckblenden passen mit ihren Stiften in die Bohrungen in der Konsole. Sie erzeugen einen hübschen Kontrast am weißen Gehäuse.

8a.21 Die Blenden werden an der Unterseite mit Blechmuttern gesichert. Ziehen Sie diese nicht zu fest an!

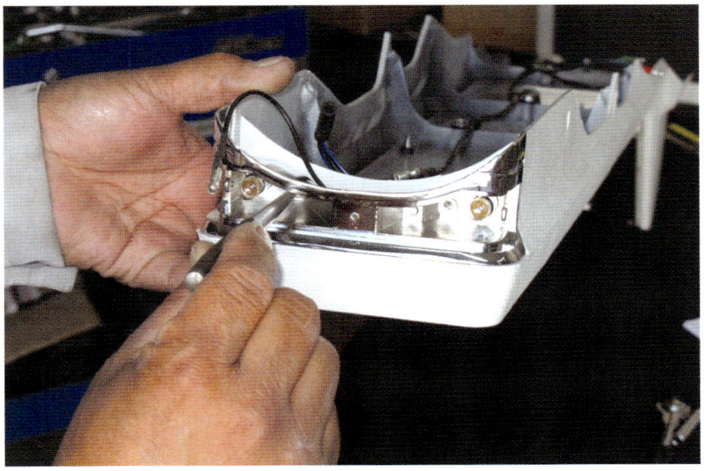

8a.22 An unserer Konsole müssen zwei Löcher für die Beleuchtung gebohrt werden. Hier wird die Lampe probeweise ans Gehäuse gehalten und die Position der Löcher markiert. Finden Sie anschließend die originalen Befestigungslöcher am Kardantunnel mit Hilfe eines Dorns und montieren Sie die Mittelkonsole.

Seitenwandverkleidung Cabrio

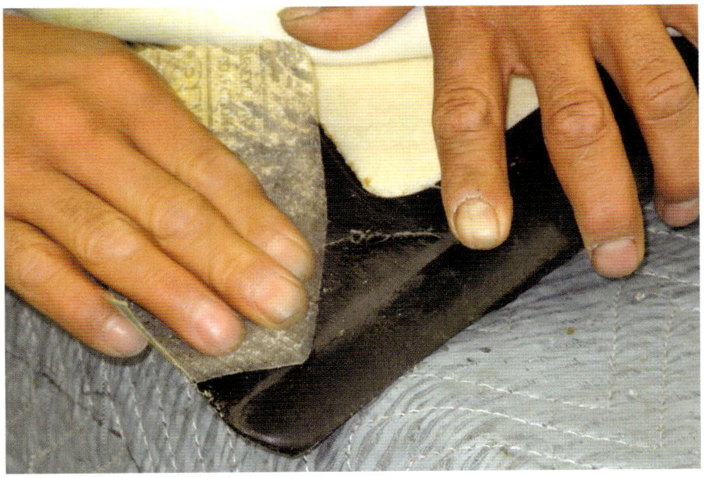

8a.23 Wir haben einen Fachmann mit der Montage von Polsterung und Vinylbezug für die hintere Seitenwand beauftragt. Unsere aufgearbeitete Verkleidung wird für einen besseren Halt des Klebers leicht angeschliffen.

8a.24 Zuerst wird die dünne Polsterung auf die Seitenwand geklebt. Das alte Material ist beim Abziehen des alten Bezugs einfach zerbröselt.

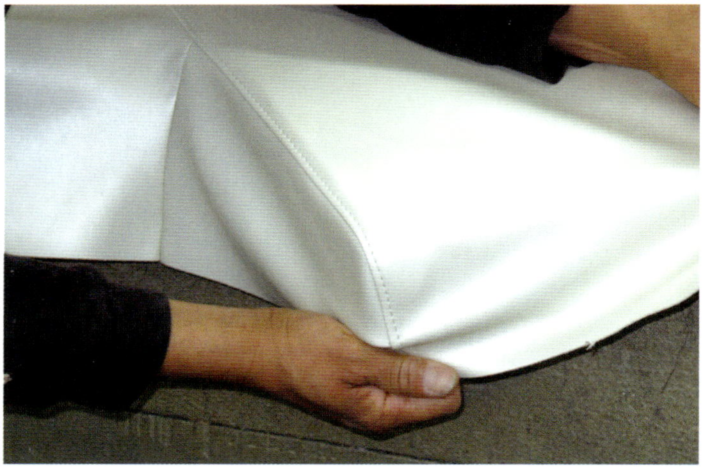

8a.25 Der Vinylbezug wird vorsichtig über die Kante gezogen. Im Moment befindet sich nur in diesem Bereich Klebstoff. Der spezielle Polster-Klebstoff haftet stark, das Bezugsmaterial lässt sich aber trotzdem noch abziehen, neu positionieren und wieder aufkleben.

8a.26 Ein weiteres Hilfsmittel des Polsterers ist die Heißluftpistole. Hier sieht man, wie sie in die Nähe der Naht gehalten wird, um das Vinyl dort noch ein wenig mehr zu dehnen.

8a.27 Das Material wird auf der kurzen Seite im Bereich des Aschenbechers in Passform gebracht und verklebt. Starker Zug am Material kann an anderer Stelle Falten produzieren. Daher sollte man bei dieser Arbeit behutsam vorgehen.

8a.28 Ist die Naht faltenfrei verklebt, lässt sich der Rest des Bezugs aufbringen. Dazu werden das Material angehoben, Kleber auf die Seitenwandverkleidung aufgesprüht, der Bezug aufgelegt und die Falten geglättet. Sieht alles zufriedenstellend aus, wird das Material noch einmal von Hand angepresst.

8a.29 Die Restarbeit besteht aus dem Abschneiden des an den Kanten überstehenden Materials. Davon sollten rund 3 cm Breite stehengelassen und auf der Rückseite verklebt werden.

8a.30 Es braucht ein wenig Übung, um den Bezug nicht so weit einzuschneiden, dass man es auf der Vorderseite sieht. Außerdem müssen die Schlitze so ausgeführt werden, dass es an den Rundungen nicht zu Überlappungen des Materials kommt. Hier die erste Proberunde.

8a.31 An gradlinigen Kanten ist die Sache einfach, interessant wird es bei Rundungen. Hier müssen dreieckige Stücke ausgeschnitten werden, um Überlappungen zu vermeiden.

8a.32 Für den Aschenbecher-Ausschnitt werden zwei Schnitte in X-Form gesetzt. So entstehen vier Laschen, die auf der Unterseite verklebt werden.

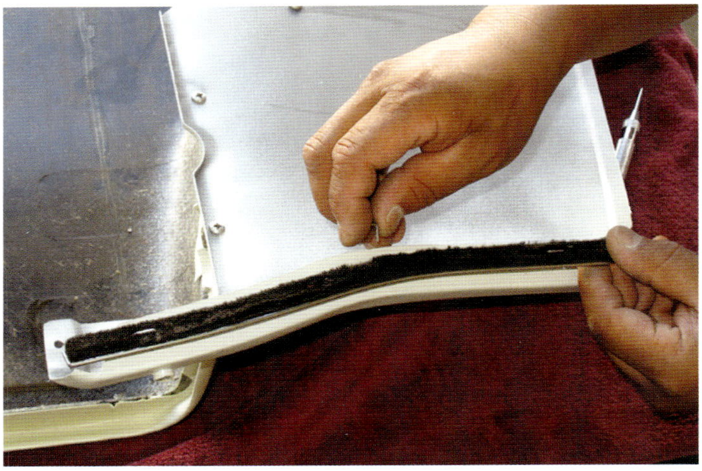

8a.33 Ein Kederband wird auf der Rückseite der Verkleidung angebracht. Richten Sie die Löcher der Dichtung an denen der Verkleidung aus. Sollten keine Löcher vorhanden sein, bohren Sie welche mit kleinem Durchmesser.

8a.34 Drücken Sie die Klammer durch die Dichtung in die Löcher.

8a.35 Biegen Sie die Klammern mit einer Zange um. Nun ist die Seitenverkleidung fertig. Seien Sie beim Einbau vorsichtig: Beschädigen Sie das Bezugsmaterial nicht beim Eindrehen der Schrauben und beim Einbau der Druckknöpfe für die Persenning.

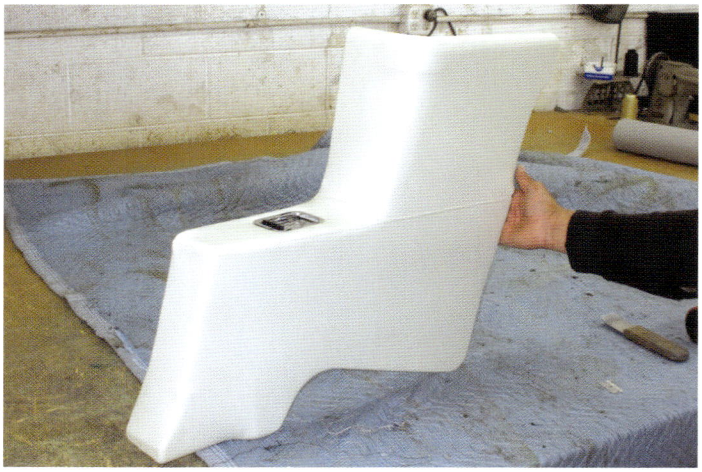

8a.36 Unsere hintere Seitenwandverkleidung sieht wieder genauso frisch aus wie im Jahre 1965.

Rücksitzpolsterung

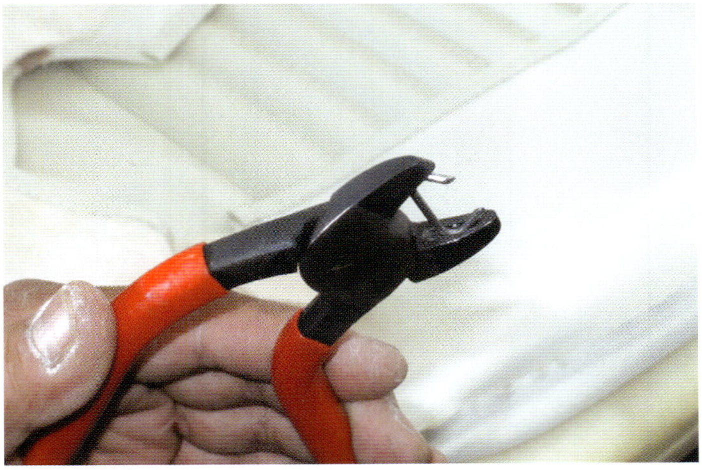

8a.37 Die Rücksitze sind einfacher aufzuarbeiten als die vorderen, und man lernt hier schon mal die generelle Vorgehensweise. Die C-Ring-Zange für die Polsterklammern (C-Ringe) mag altmodisch wirken, aber so wird es nun einmal gemacht: Wenn der Ring in der Vertiefung im Zangenkopf sitzt, setzen Sie ihn über die beiden zu verbindenden Teile und drücken zu, bis der Ring geschlossen ist.

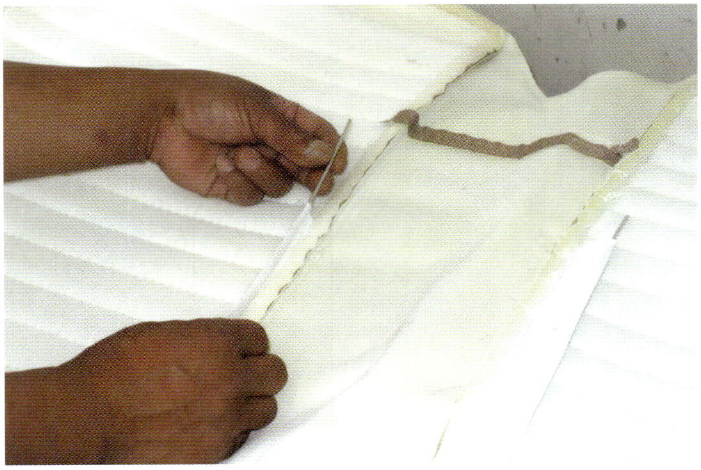

8a.38 Die meisten Sitzpolster haben vorne, hinten und seitlich Spanndrähte. Unseres hat zusätzlich noch einen U-förmigen Draht in der Mitte. Hier wird er gerade durch einen Keder des neuen Bezuges geschoben.

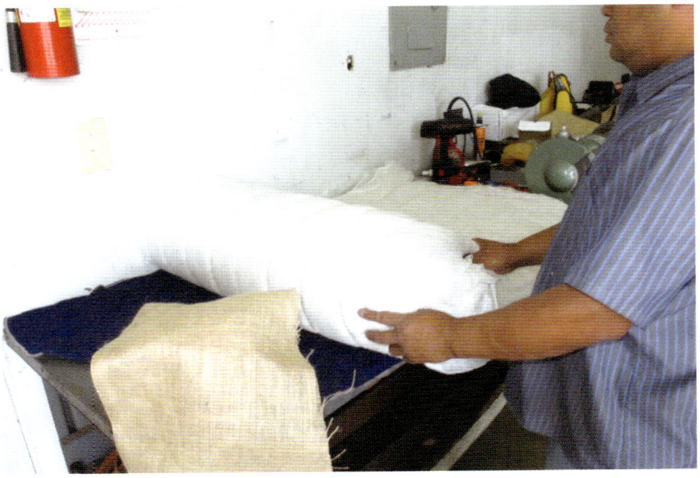

8a.39 Rollen Sie das Polstermaterial auf einer sauberen, mit Handtüchern oder Pappe abgedeckten Werkbank aus. Schneiden Sie es zurecht, es sollte rundum größer als das Sitzgestell sein.

8a.40 Bei der Demontage unseres Mustangs haben wir die Sitzgestelle vom Rost befreit und schwarz lackiert. Das Gestell der Rücksitzbank wird kopfüber auf das Polstermaterial und den Leinenstoff gelegt.

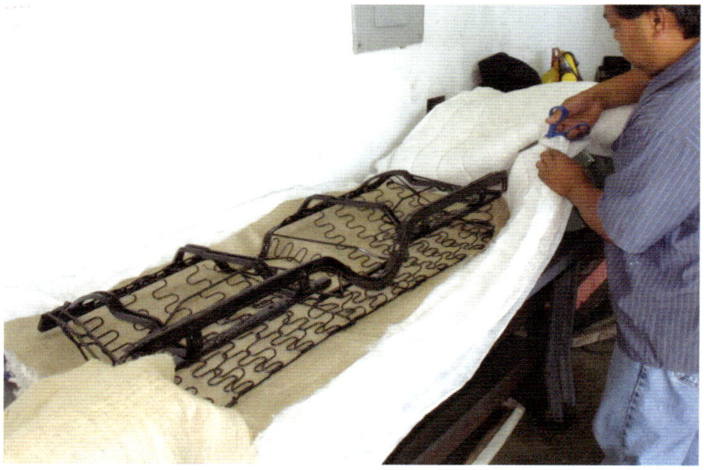

8a.41 Die beiden Materialschichten können nun zurechtgeschnitten werden. Vorne und an den Seiten sollte mehr Material überstehen als hinten. Das Polstermaterial soll die Sitzbank bequem machen und den Rahmen kaschieren.

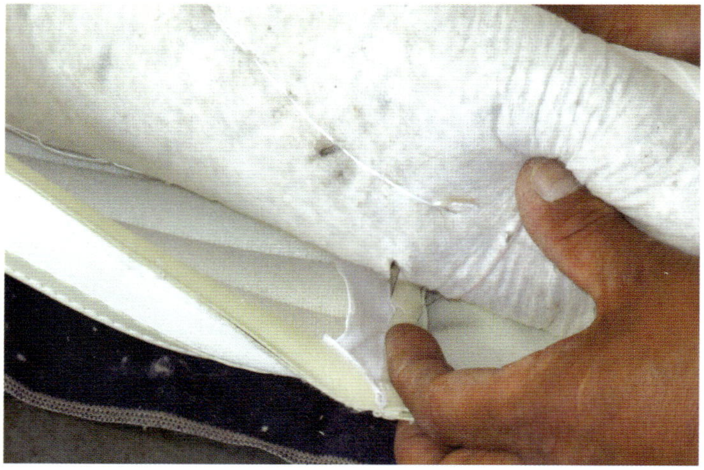

8a.42 Die Scherenspitze wird durch das Baumwollmaterial gestochen, um den Anfang der Schlaufe zu markieren. Schneiden Sie einen langen Schlitz in das Polstermaterial, damit sich der Spanndraht mit den Polsterklammern in der Mitte des Sitzgestells befestigen lässt.

8a.43 Der Sitzbezug liegt nun kopfüber unter dem Sitzgestell, und das Polstermaterial wird genauer zugeschnitten. Hinten muss nur ein geringer Überhang über dem Rahmen verbleiben.

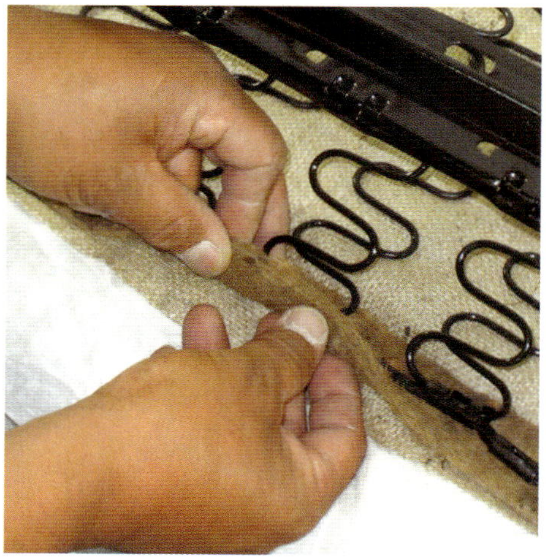

8a.44 Polsterklammern sorgen dafür, dass Jute- und Leinenmaterial an ihrem Platz an der Vorderseite des Rahmens bleiben.

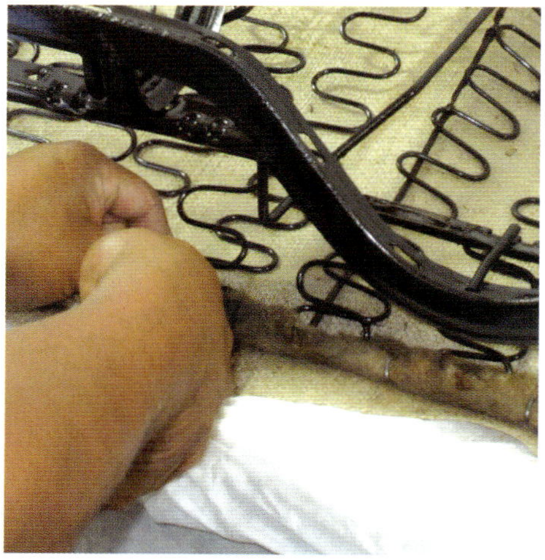

8a.45 Befestigen Sie nun vorsichtig den vorderen Spanndraht mit einigen Klammern am Sitzgestell. Kontrollieren Sie jeweils, ob sich Falten gebildet haben, bevor Sie den nächsten Ring montieren.

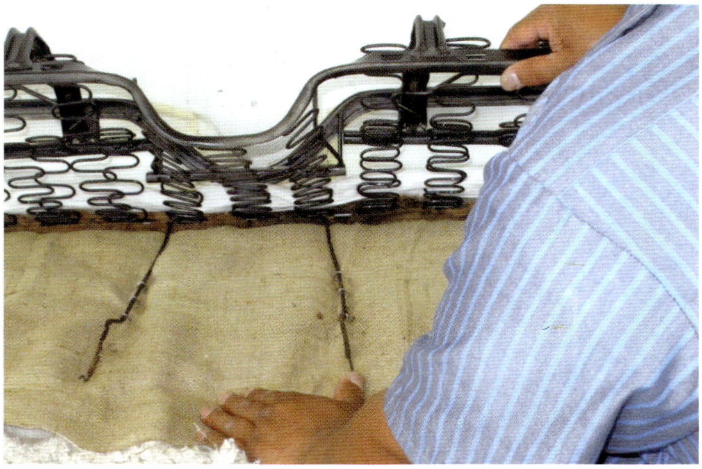

8a.46 Bei unserem Sitzgestell finden sich diese beiden Stangen, die mit mehreren Klammern mit dem Leinenmaterial verbunden werden müssen.

8a.47 Drücken Sie mit der Zange nicht zu stark auf die Polsterung, um sie nicht zu beschädigen.

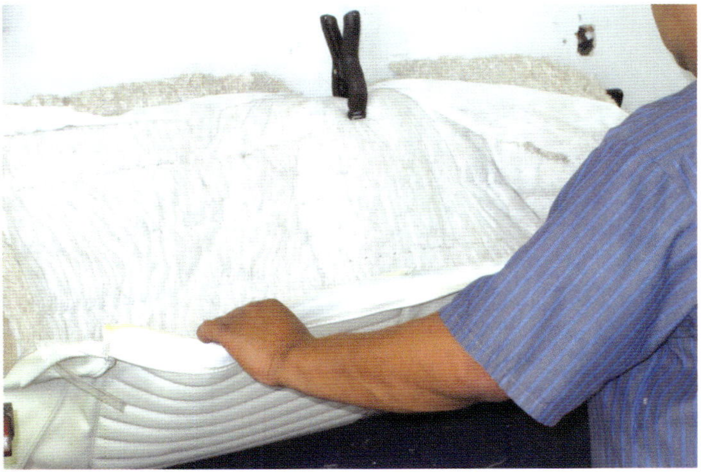

8a.48 Hier wurde die Polsterung kurzzeitig an der Rückseite des Sitzgestells festgeklammert, um den neuen Bezug anpassen zu können.

8a.49 Sobald die Spanndrähte an ihren Plätzen sitzen, kann der Bezug zuerst vorne und dann seitlich befestigt werden.

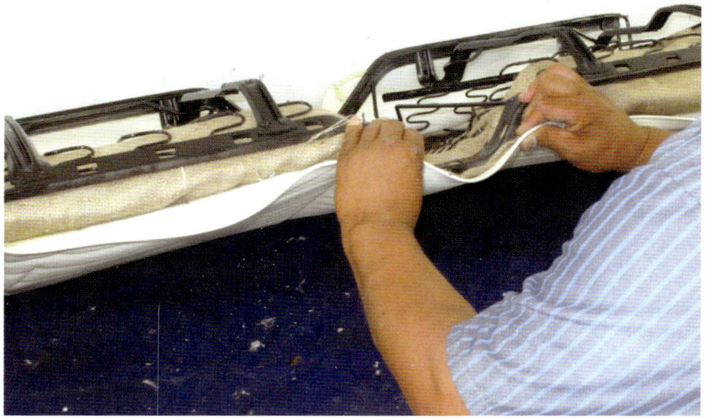

8a.50 Sind Front und Seiten faltenfrei festgeklammert, kann der hintere Spanndraht an den quadratischen Löchern im Sitzrahmen angebracht werden. Es reicht eine Klammer pro Loch.

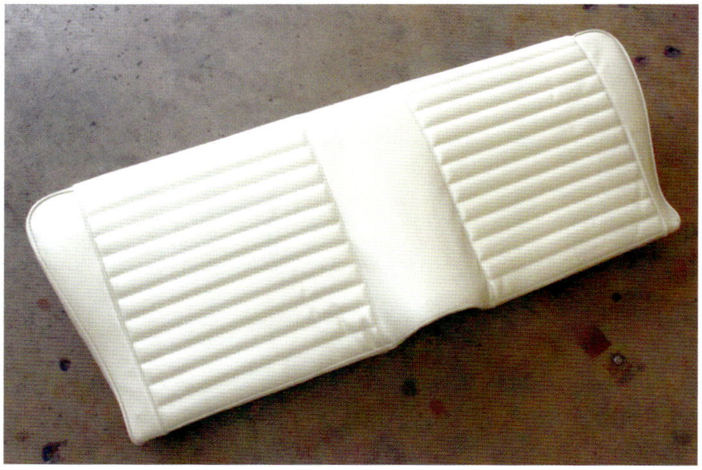

8a.51 Zurück im Cabriolet wird die Rücksitzbank wie frisch aus dem Werk wirken und niemand wird ermessen können, ob wir Sie selbst bezogen haben oder nicht.

Vordersitze

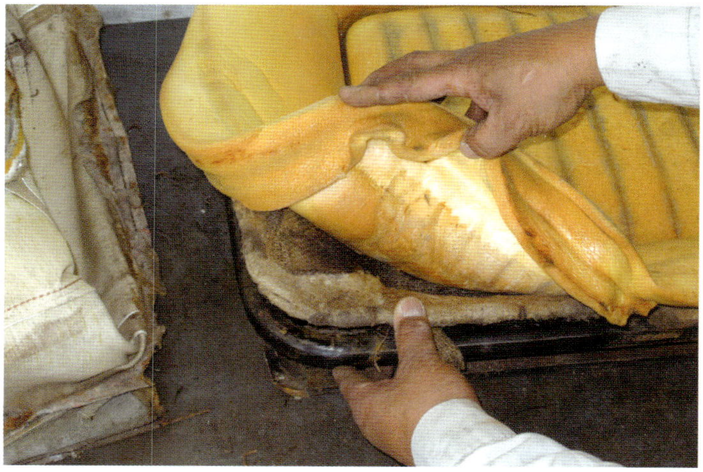

8a.52 Unter den alten Sitzbezügen der Vordersitze sah es nicht gut aus. Wir haben die Sitzgestelle gereinigt, lackiert und dann erst einmal zur Seite gestellt. Die alten Sitzkerne werden durch neue ersetzt.

8a.53 An der Unterseite des Sitzkerns verhindert Leinenstoff den direkten Kontakt von Schaumstoffkern und Metallrahmen.

8a.53 Der Sitzrahmen wird am Sitzkern befestigt, indem man ihn mit den Polsterklammern an Spanndraht und Leinenmaterial anbringt.

8a.55 Klammern Sie ein paar der Federn an den Spanndraht, um die Einzelteile des Sitzes zusammenzufügen.

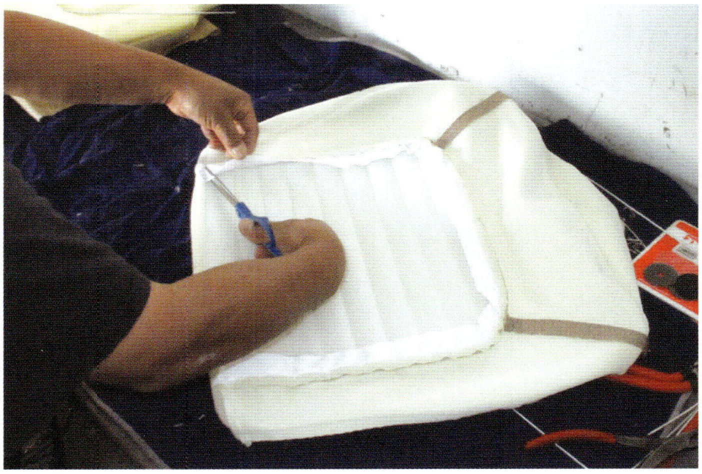

8a.56 Schneiden Sie die zugenähten Enden der Stoffmanschette auf.

8a.57 Führen Sie den neuen Draht in die Stoffmanschette ein.

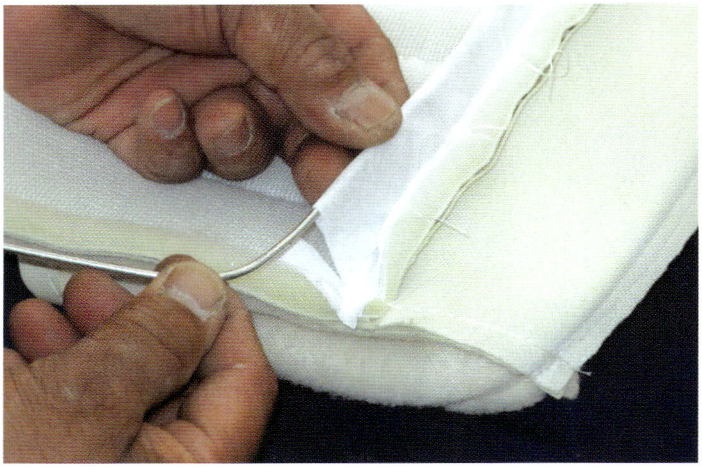

8a.58 Der U-förmige Draht wird in die Stoffmanschette eingeführt und um die gesamte Sitzfläche herum geschoben.

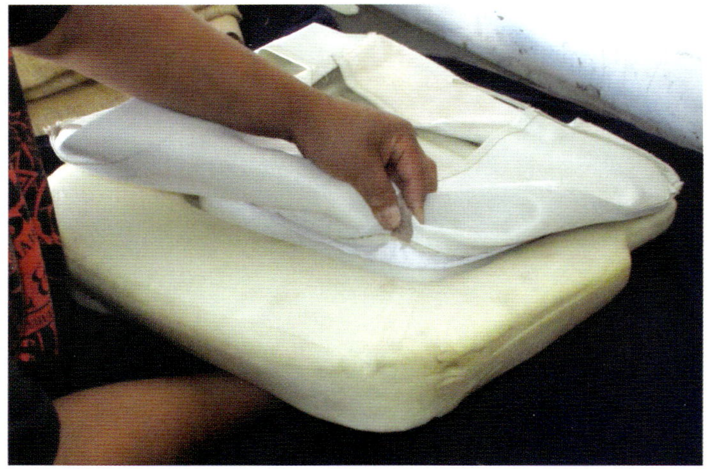

8a.59 Ertasten Sie die Lage des Spanndrahtes in der Vertiefung des Sitzkerns. Arbeiten Sie jetzt noch nicht mit einer Heißluftpistole, außer, Sie haben bereits Erfahrung damit. Am einfachsten ist es, die Sitzbezüge in die Sonne zu legen, um das Vinyl weich und formbar zu machen.

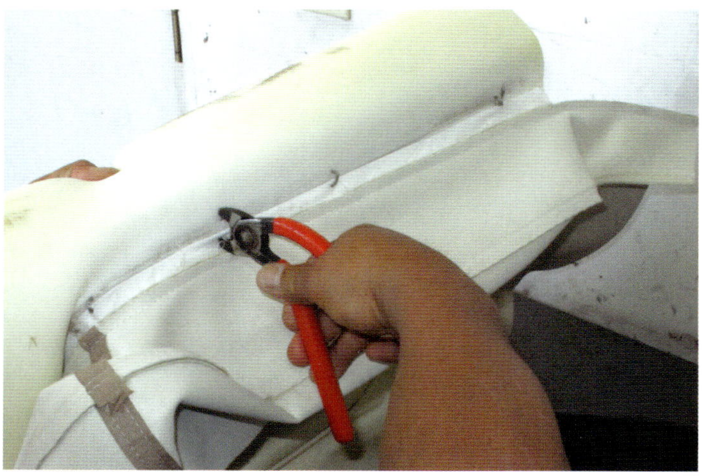

8a.60 Halten Sie den Sitzkern gegen, während Sie den Bezug in die Vertiefung drücken und am Spanndraht mit den Polsterklammern befestigen. Achten Sie darauf, Ihre Finger ausreichend weit von Klammer und Polsterzange zu halten. Polsterklammern sind als Piercing nicht so schön.

8a.61 Hier sehen Sie, wie der Spanndraht mit dem Sitz verbunden sein soll.

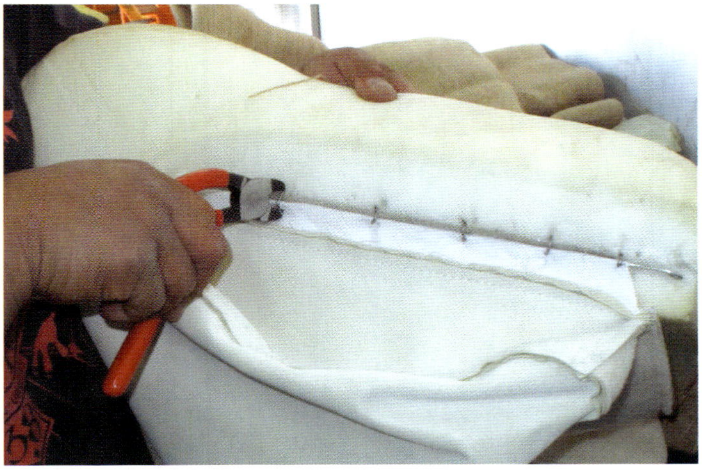

8a.62 Sparen Sie nicht bei den Polsterklammern, sie sollten in gleichmäßigen nicht zu großen Abständen angebracht werden. Als Vorlage helfen dann wieder Fotos, die Sie hoffentlich beim Sitzausbau gemacht haben.

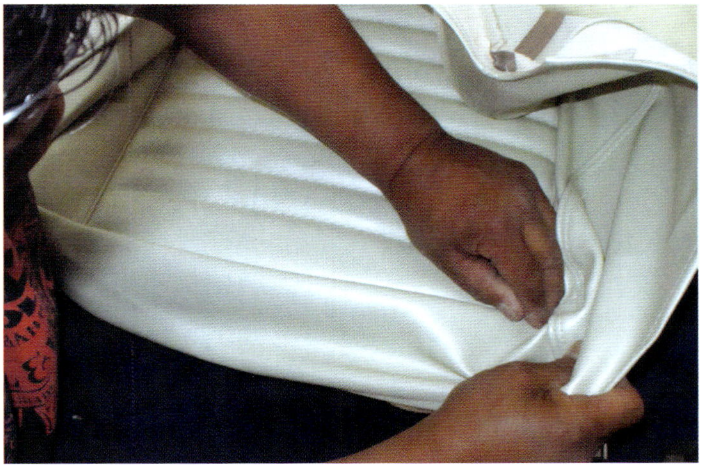

8a.63 Nun müssen Sie den Bezug über den Sitz ziehen und sicherstellen, dass der Schaumstoff darunter in Form bleibt.

8a.64 Ziehen Sie das Vinyl rundherum über das Sitzgestell und bringen Sie die Polsterklammern abwechselnd vorne und hinten sowie seitlich an, um ein Verziehen zu verhindern.

8a.65 Schneiden Sie mit einem Skalpell vorsichtig ein kleines Loch für den Befestigungsstift für die Rückenlehne aus. Schieben Sie das Vinyl darüber und schneiden Sie überstehendes Material ab.

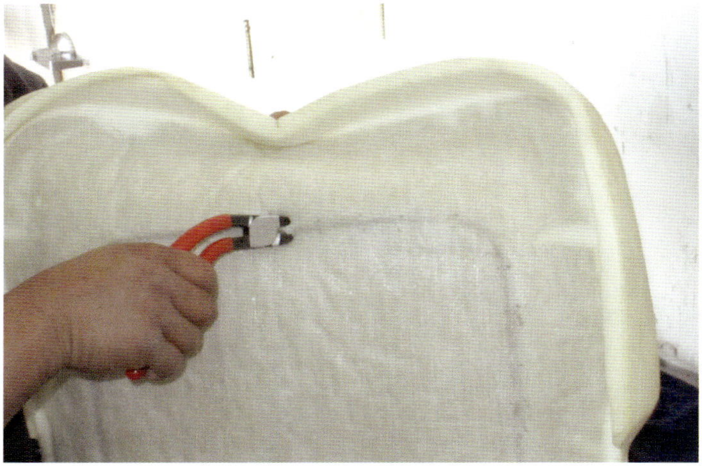

8a.66 Die Rückenlehne wird ganz ähnlich wie die Sitzfläche zusammengebaut. Wieder wird zuerst der Spanndraht montiert, der dem Vinyl die U-förmige Vertiefung geben soll.

8a.67 Das Leinenmaterial wird für die Rückenlehne passend zugeschnitten und mit einem Spanndraht am Sitzkern befestigt.

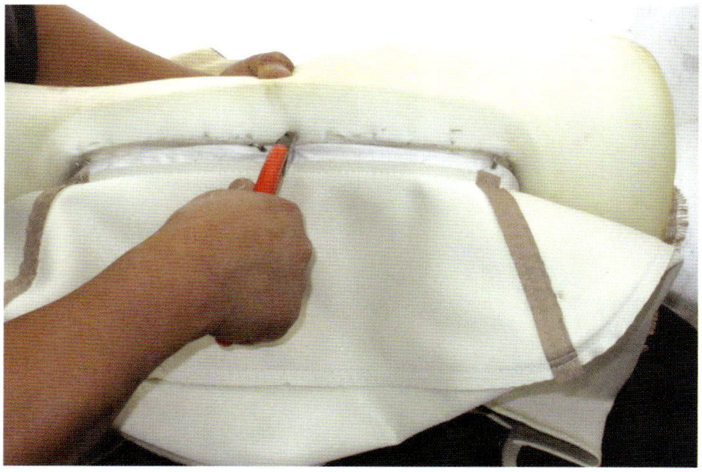

8a.68 Befestigen Sie den Sitzbezug entlang des Spanndrahtes mit Polsterklammern. Dabei sollte das Vinyl wieder vorgewärmt sein – und Sie sollten nach wie vor auf Ihre Finger achten.

8a.69 Das Material wird nun mit Polsterklammern an der Rückenlehne befestigt, damit bei der Montage des Bezuges nichts verrutscht.

8a.70 Kontrollieren Sie, ob der Schaumstoffkern überall richtig sitzt. Falls nicht, können Sie die Stelle von Hand glätten und mit Polsterklammern fixieren.

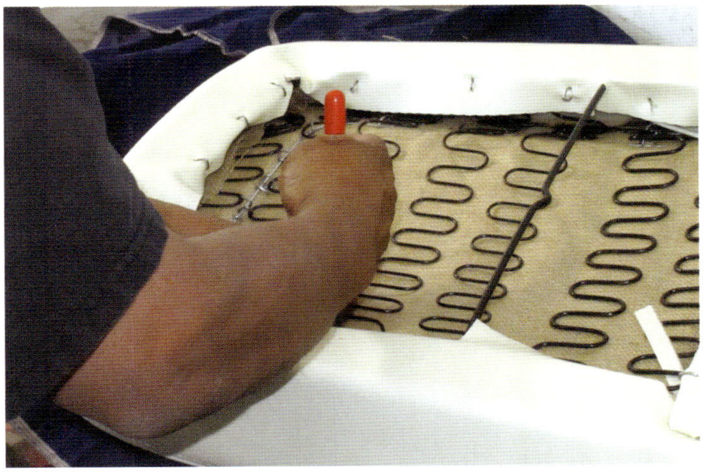

8a.71 Setzen Sie zuerst an jeder Seite mittig Klammern und dann erst weitere. Achten Sie darauf, dass keine Falten im Sitzbezug entstehen.

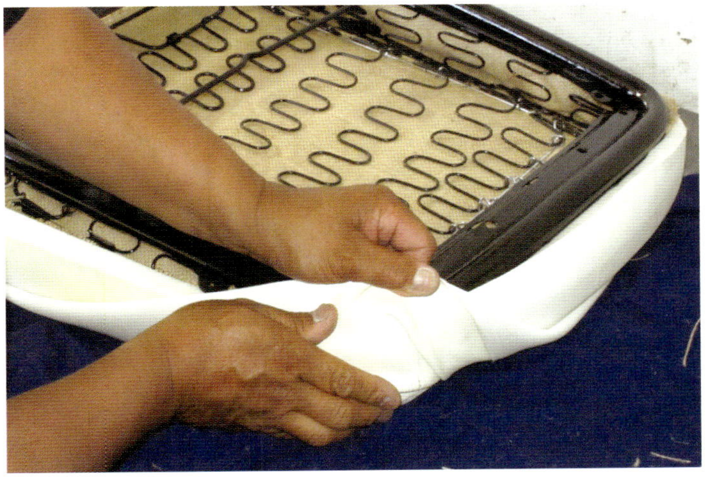

8a.72 Genau wie schon bei der Sitzfläche wird das Vinylmaterial vorsichtig über den Rahmen der Rückenlehne gezogen und befestigt.

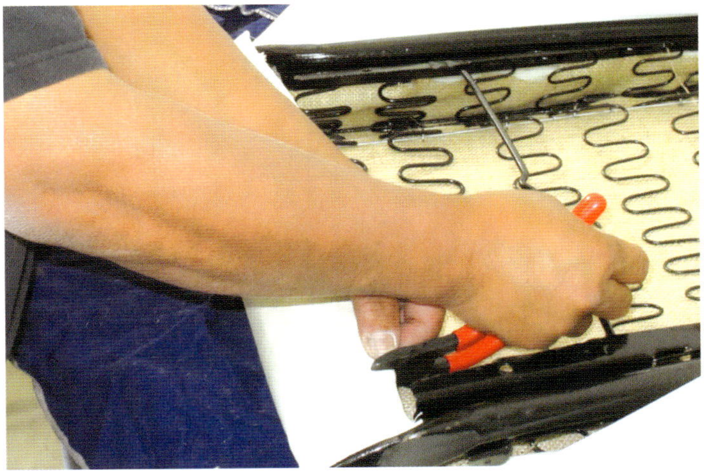

8a.73 Wenn Sie damit oben beginnen, fahren Sie danach unten fort, erst dann sind die Seiten dran. Achten Sie immer auf Falten und Quetschungen im Schaummaterial.

8a.74 Der Rahmen ist bei Rückenlehne und Sitzfläche unterschiedlich. Hier gibt es eine Vielzahl von Löchern, die nicht zum Halten des Sitzbezuges sondern der Rückenabdeckung dienen. Diese besteht aus einem bereits fertig bezogenen Kunststoffteil.

8a.75 Diese speziellen Clips gehören in die rechteckigen Löcher der Rückenplatte. Dort haben sie genug Spielraum, um auf die Löcher im Sitzrahmen ausgerichtet zu werden.

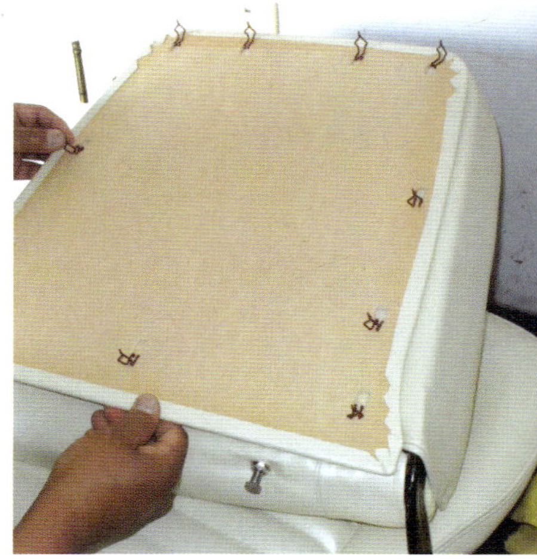

8a.76 Vergleichen Sie die Position der Clips mit den Löchern im Rahmen. Alle müssen richtig ausgerichtet sein.

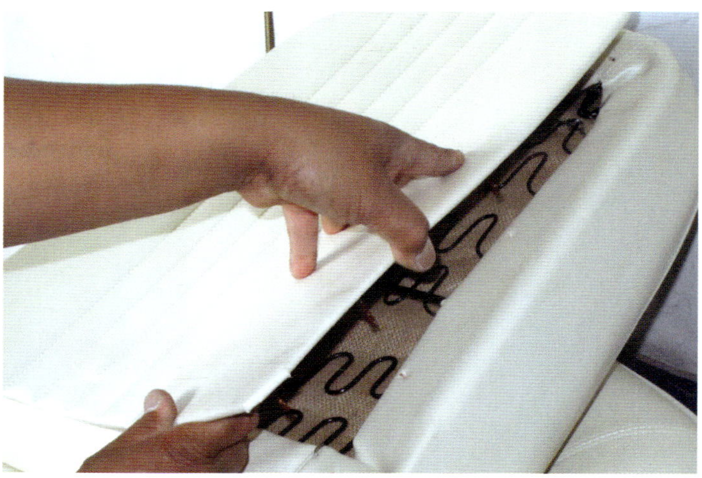

8a.77 Fangen Sie auf einer Seite an, die Klammern in die Löcher zu drücken. Danach geht es oben und unten weiter. Zum Schluss wird die zweite Seite in Position gedrückt.

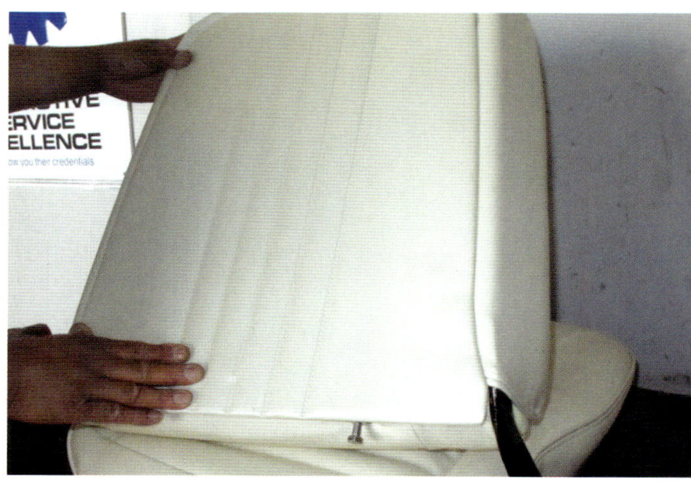

8a.78 Unsere Rückenlehne wirkt wie frisch aus dem Fachbetrieb, und Ihre wird das sicherlich auch. Vergessen Sie nicht, den Sitzlehnenanschlag auf der Sitzfläche und die Anschlagsschraube unten in der Rückenlehne anzubringen.

Armaturenbrettabdeckung

8a.79 Säubern Sie die Unterseite der Armaturenbrettabdeckung mit Verdünnung, wischen Sie sie trocken und sprühen Sie eine dünne Schicht Kleber auf. Am besten machen Sie das draußen, vorausgesetzt, es herrscht Flaute.

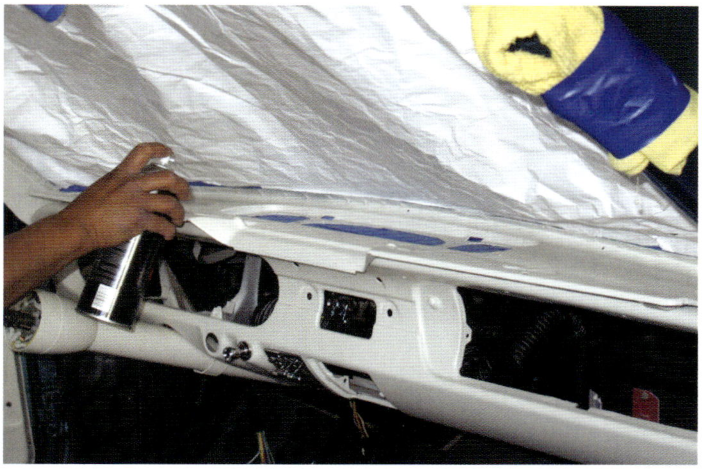

8a.80 Kleben Sie die Windschutzscheibe und die Vorderseite des Armaturenbretts ab und sprühen Sie etwas Kleber auf die Oberseite. Wenn Sie drinnen arbeiten, sollten Sie eine Atemmaske tragen.

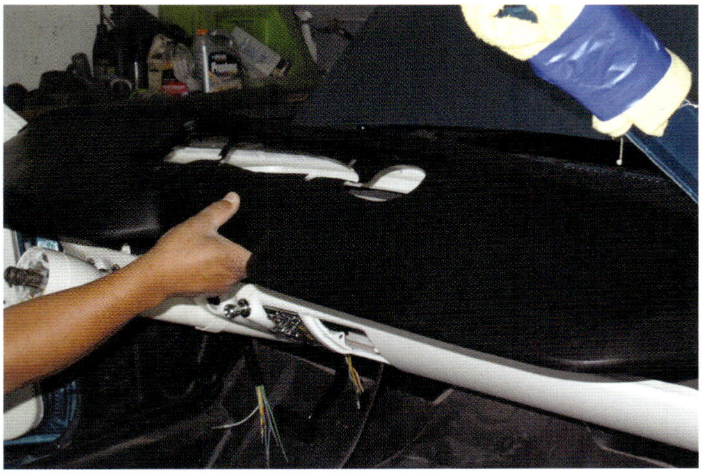

8a.81 Schieben Sie die Abdeckung auf das Armaturenbrett, beginnen Sie mit den Schrauben hinter dem Radio und fahren Sie mit den Zierleisten über dem Instrumententräger und dem Handschuhfach fort. Es folgen Schrauben an Lautsprecher und Lüftungsdüsen sowie die Lautsprecherabdeckung. Zum Schluss werden die Abschlussleisten vor der Windschutzscheibe montiert.

Cabrioverdeck

Möglicherweise haben Sie durch die Arbeiten aus den vorherigen Kapiteln bisher unbekannte Fähigkeiten an sich entdecken können. Eine Aufgabe, vor der Sie zuvor vielleicht zurückgeschreckt sind, mag die Restaurierung der Innenausstattung gewesen sein. Wenn Sie dort mit Teppich und Türverkleidungen begonnen haben, konnten Sie bereits etwas Selbstvertrauen tanken.

Der nächste Schritt war die Überholung der Sitze, und auch den haben Sie sicherlich hervorragend gemeistert. Nun widmen wir uns der Restaurierung der Verdeckmechanik und der Montage neuen Verdeckstoffs. Wir hatten uns vorher entschieden, das Gestänge komplett zu zerlegen, es mit Pulver zu beschichten und beim Zusammenbau alle beweglichen Punkten zu schmieren.

Das originale Ford Shop Manual, das bei den einschlägigen Teilehändlern als Nachdruck erhältlich ist, zeigt einige hilfreiche Zeichnungen zum Verdeckaufbau. Achtung: Machen Sie sich vor dem Verdeckeinbau schlau und stellen Sie sicher, dass Sie alle nötigen Teile zur Hand haben. Abgesehen vom Kleber und den Heftklammern finden Sie in den angebotenen Komplettkits meist alle Teile. Selbst wenn Sie sich bei einer der Klemmleisten vertun, können Sie diese wie auch viele andere Teile nachkaufen.

Sie haben sich wahrscheinlich mittlerweile einen ruhigen und ausgeglichenen Arbeitsrhythmus angeeignet und überstürzen nichts. Das Cabrioverdeck stellt eine Arbeit dar, die frustrierend und langwierig sein kann. Man kann das Verdeck leider nicht einfach an den Mustang anschrauben. Möglicherweise müssen Sie die Heckscheibe mehrfach wieder ein- und ausbauen, bevor sie richtig sitzt. Wenn Sie Geduld zeigen und unseren Abbildungen und Beschreibungen folgen, können Sie diesen Job selbst erledigen. Nachdem Ihr Mustang nun jahrelang ein altes, heruntergekommenes Verdeck besaß, wird er mit einem neuen wie ein komplett anderes Fahrzeug wirken.

8b.1 In einer perfekten Welt sähe man das Verdeck nie, weil es stets unter der Persenning verstaut bliebe. Aber bei weniger angenehmem Wetter ist es nett, sich auf ein funktionierendes Verdeck verlassen zu können.

8b.2 Es empfiehlt sich, für die reibungslose Funktion des Verdeck-Mechanismus an allen Drehpunkten neue Lagerbuchsen einzubauen. Setzen Sie die erste Lagerbuchse für den Hydraulikzylinder auf den Zapfen des Verdeckgestänges.

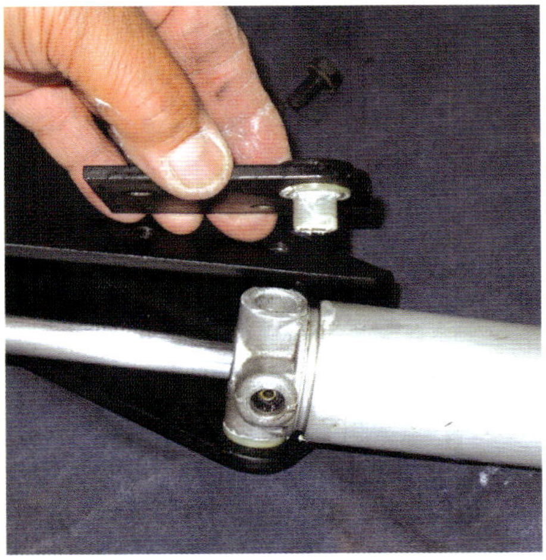

8b.3 An den Seitenwänden findet sich je ein Hydraulikzylinder. Reinigen und schmieren Sie die Lagerbuchsen, die den Rahmen mit den Zylindern verbinden, und schmieren Sie alle anderen beweglichen Komponenten. Setzen Sie den Hydraulikzylinder auf die Lagerbuchse. Versehen Sie die Halteplatte mit der zweiten Lagerbuchse und setzen Sie die von oben in den Verdeckzylinder ein.

8b.4 Mit den zwei Schrauben der Halteplatte befestigen Sie nun den Hydraulikzylinder am Verdeckgestänge.

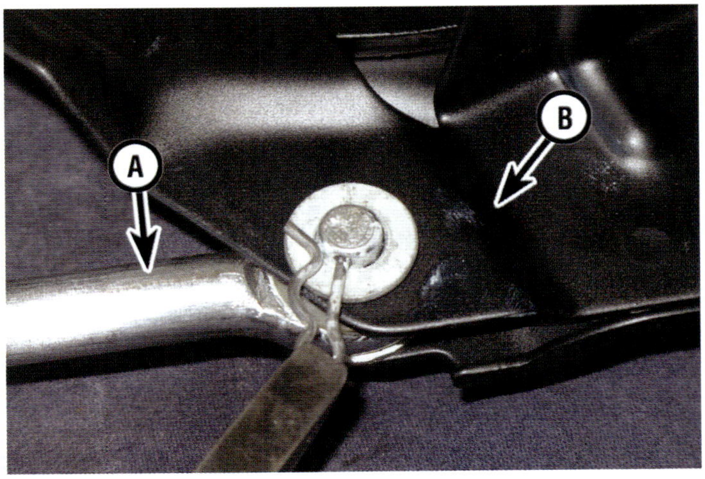

8b.5 Bewegen Sie das Verdeckgestänge, bis das Auge der Kolbenstange (A) mit dem Montageloch fluchtet. Bei Autos mit manuellem Verdeck sitzt dort eine Ausgleichsstange. Setzen Sie die geschmierte Buchse und den Bolzen durch den Verdeckarm (B) ein. Vergessen Sie nicht den Federsplint.

8b.6 Führen Sie Zylinder und Gestänge in die Seitenwand ein. Befestigen Sie das Gestänge zuerst nur lose. Erst wenn alle Schrauben richtig sitzen, ziehen Sie sie fest.

8b.7 Bauen Sie den Rest des Verdeck-Mechanismus zusammen und verwenden Sie neue Lagerbuchsen. Alle beweglichen Punkte gehören gründlich geschmiert. Heben Sie den Mechanismus an und ziehen Sie ihn Richtung Windschutzscheibe.

8b.8 Bewegen Sie das Verdeckgestänge vor und zurück. Erscheint Ihnen alles stabil und gängig, kontrollieren Sie noch einmal, ob alle beweglichen Punkte ausreichend geschmiert sind.

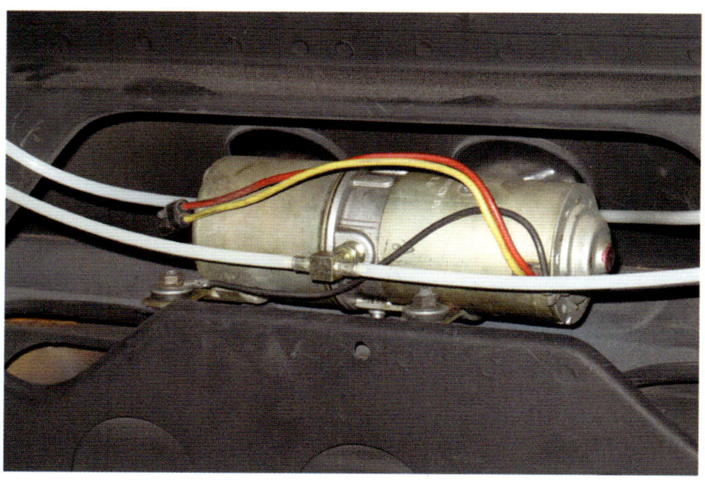

8b.9 Die Hydraulikpumpe befindet sich im Verdeckkasten an der Kofferraumtrennwand. Sie kann nun befestigt und angeschlossen werden.

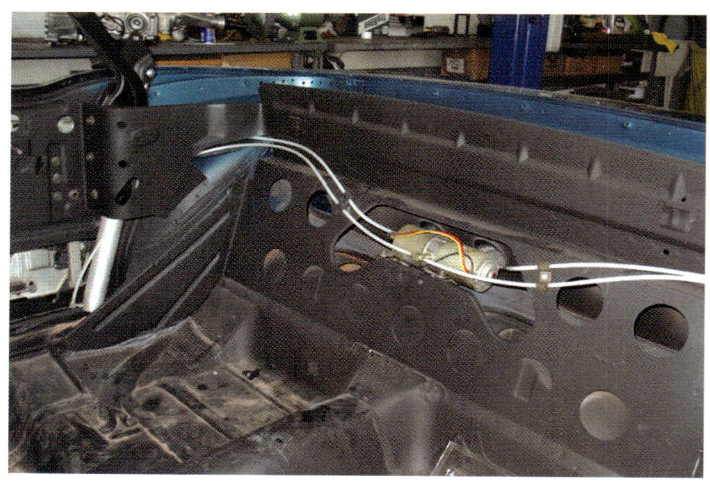

8b.10 Von der Pumpe laufen die Hydraulikleitungen zu den Verdeckzylindern. Achten Sie darauf, dass die Leitungen nicht am Karosserieblech aufgescheuert werden können. Falls nötig, lassen sie sich mit einem Gummischlauch schützen, der längs aufgeschnitten und über die Leitungen gestülpt wird. Austretendes Hydrauliköl wäre eine Katastrophe für den neuen Innenraum.

8b.11 Beide Zylinder werden über den gleichen Anschluss an der Pumpe versorgt. Ziehen Sie die Mutter nicht zu fest an.

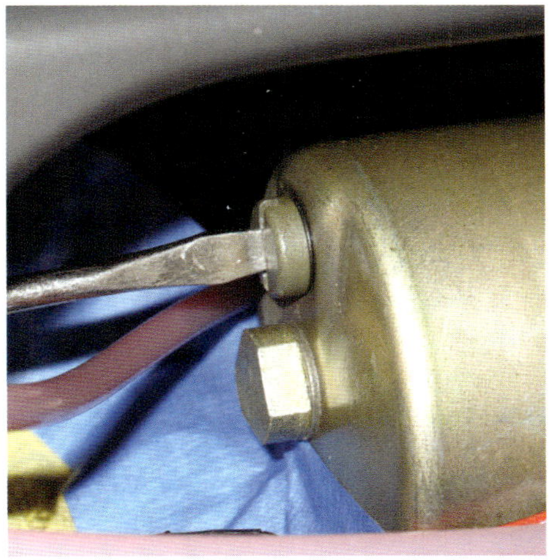

8b.12 Legen Sie bei aufgestelltem Verdeckgestänge Zeitungspapier oder Lumpen unter den Kompressor. Entfernen Sie die Einfüllschraube und kontrollieren Sie den Flüssigkeitsstand. Er sollte etwa einen halben Zentimeter unter dem Einfüllloch liegen. Füllen Sie bei Bedarf Flüssigkeit auf.

8b.13 Montieren Sie den vorderen Spriegel am Verdeckgestänge. Beginnen Sie auf beiden Seiten mit diesen T-Schrauben.

8b.14 Installieren Sie auf jeder Seite einen der Zentrierdorne.

8b.15 Befestigen Sie die Montageplatten für die Verdeckverriegelung. Wenn Sie aufgrund der Pulverbeschichtung Probleme mit dem Eindrehen der Schrauben haben, müssen Sie die Gewinde eventuell nachschneiden.

8b.16 Montieren Sie nun die Verdeckverriegelung mit einer geschmierten Unterlegscheibe und der Linsenkopfschraube. Ziehen Sie die Schrauben fest, die Verriegelung ist jetzt gesichert.

8b.17 Montieren Sie die Feder, die den Riegel nach dem Öffnen wieder zurückzieht, mit Hilfe einer Zange.

8b.18 Bohren Sie die Nieten am vorderen Verdeckspriegel aus. Verbleibende Reste von Nietenköpfen können mit einem Hammer und einem kleinen Meißel entfernt werden.

8b.19 Falls Sie es noch nicht getan haben: Entfernen Sie die Rückstände der alten Tackerleisten aus sämtlichen Spriegeln.

8b.20 Fertigen Sie sich Schablonen aus Sperrholz oder OSB an. Mit deren Hilfe lassen sich die Spriegel sauber positionieren. Die Maße können Sie dem originalen Shop Manual entnehmen. Manche Hersteller legen sie gleich den Verdeck-Kits bei.

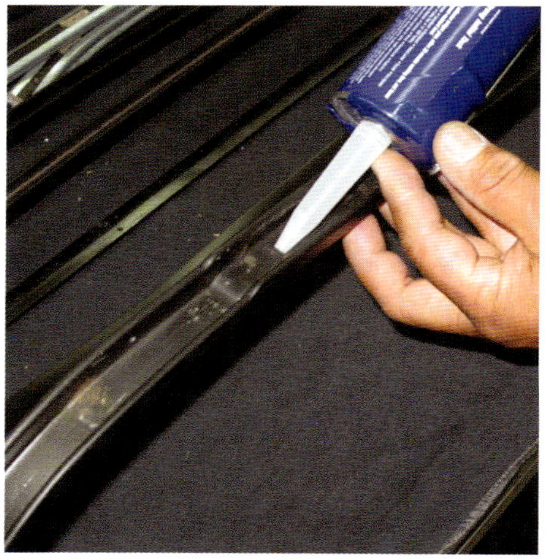

8b.21 Tragen Sie Kleber in die Vertiefung des vorderen Spriegels auf. Pressen Sie die Tackerleiste in die Vertiefung und sichern Sie das ganze mit Klebeband. Das soll verhindern, dass Kleber auf die saubere Oberseite des Spriegels gelangt und gleichzeitig soll es die Leiste niederdrücken.

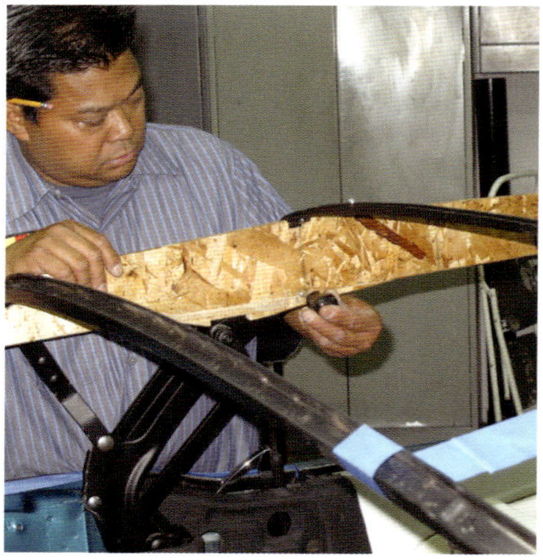

8b.22 Jetzt lassen sich die beiden weiteren Spriegel montieren. Für jede Seite wird eine Schablone benötigt. Fixieren Sie die Schablonen mit Klammern oder Klebeband an den Spriegeln, damit diese während der gesamten Verdeckmontage den richtigen Abstand behalten.

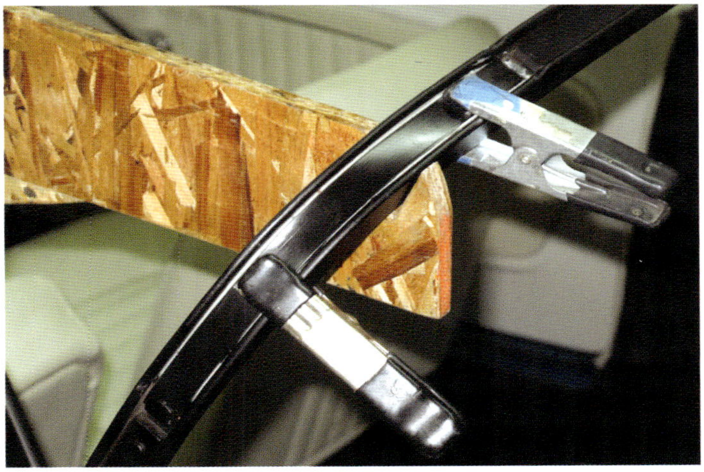

8b.23 Kleben Sie eine doppelte Schicht Tackerleiste in die beiden Spriegel und sichern Sie diese mit Klammern. Lassen Sie das Ganze über Nacht trocknen, bevor Sie irgendetwas daran befestigen.

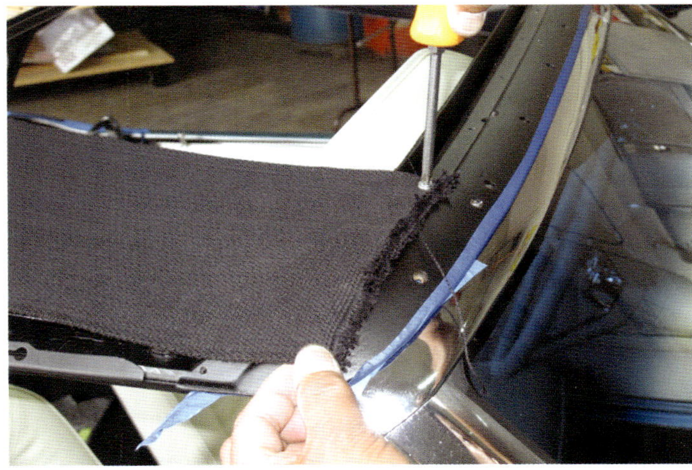

8b.24 Die seitlichen Verdeckpolster werden am vorderen Spriegel mit Schrauben befestigt. Nehmen Sie dafür die hintersten Löcher des Spriegels. Lokalisieren Sie die Schraublöcher mit einer Ahle.

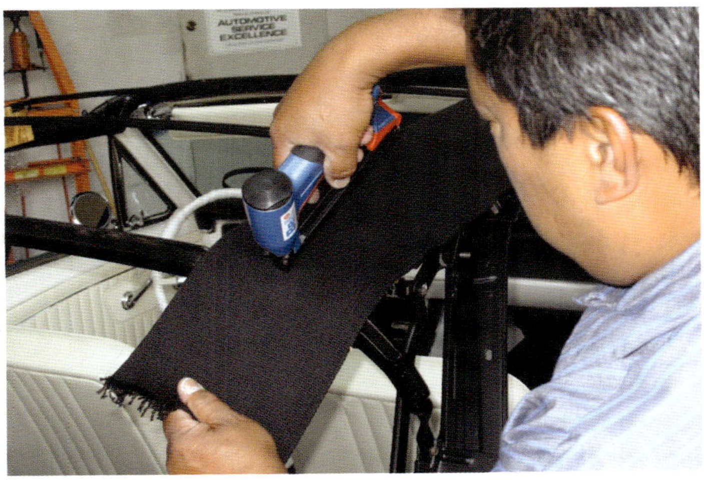

8b.25 Die Verdeckpolster werden mit Heftklammern an den Tackerleisten der übrigen Spriegel befestigt.

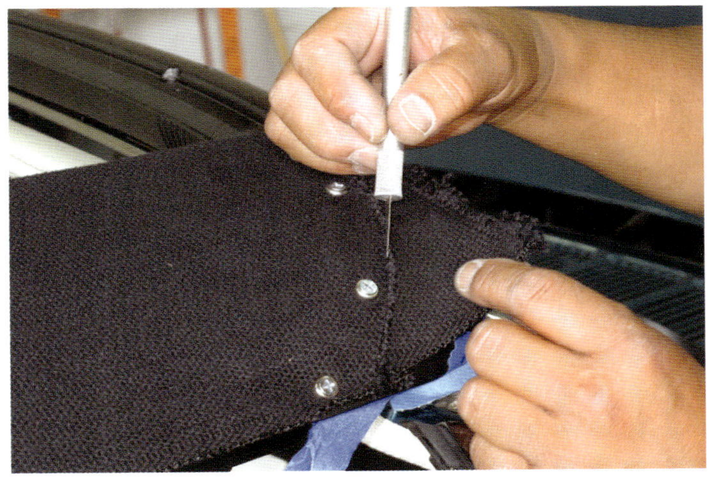

8b.26 Schneiden Sie das überstehende Material vor den Schrauben des vorderen Spriegels mit einem Skalpell oder mit einem scharfen Teppichmesser ab.

8b.27 Die Schraubenköpfe werden mit stabilem Klebeband kaschiert, damit sie später nicht unter dem Verdeckbezug hervorstehen.

8b.28 Auf den seitlichen Verdeckpolstern wird eine dünne Schicht Schaumstoff festgetackert. Schneiden Sie rundherum das überstehende Material ab.

8b.29 Falls die Rückbank bereits eingebaut ist, müssen Sie diese jetzt für die Montage der Innenverkleidung des Verdeckkastens wieder ausbauen.

8b.30 Sind Sitzfläche und Rückenlehne entfernt, lässt sich das Material anbringen. Aber nicht nur die schönen neuen Sitze müssen vor Beschädigungen geschützt werden, auch die hintere Seitenverkleidung sollte ausgebaut oder wenigstens abgeklebt werden.

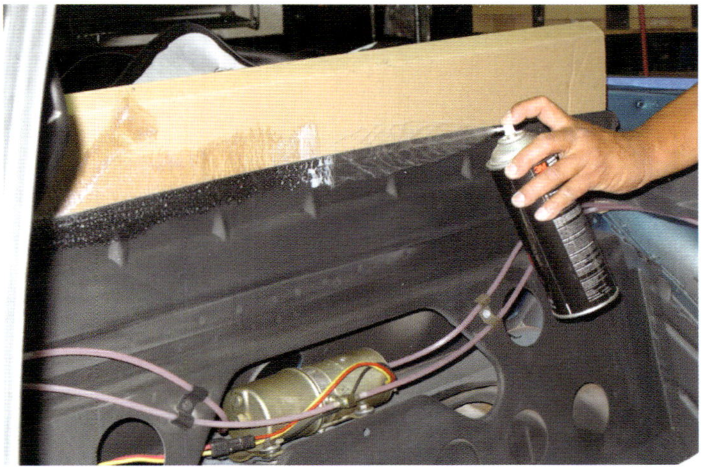

8b.31 Sprühen Sie Kleber auf die Vorderseite der Trennwand. Schützen Sie die umliegenden Teile vor Sprühnebel.

8b.32 Das Material über dem vorderen Blech wird auf der hier sichtbaren weißen Fläche mit Kleber eingesprüht, auf der Sitzseite angepresst und danach auf der Rückseite verklebt.

8b.33 Messen Sie die Breite des hinteren Spriegels und markieren Sie seine Mitte. Kontrollieren Sie Ihre Messung, indem Sie noch einmal von der Seite bis zu Ihrer Markierung messen. Ist das Maß auf beiden Seiten gleich, haben Sie die Mitte getroffen.

8b.34 Legen Sie die Plastikheckscheibe aus. Wenn Sie bei kühlen Temperaturen arbeiten, heizen Sie Ihre Garage, damit sich das Material glättet. Markieren Sie oben und unten die Mitte des Fensters.

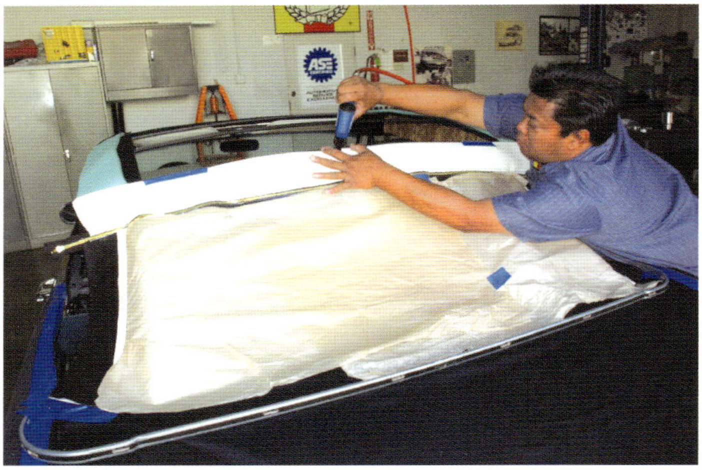

8b.35 Legen Sie das Heckfenster auf den hinteren Spriegel und richten Sie deren beiden Mittenmarkierungen aus. Fixieren Sie das Fenster mit einer oder zwei Heftklammern. Nehmen Sie nicht mehr, Sie werden das Fenster mehrfach neu ausrichten müssen und eine hohe Anzahl von Klammern könnte das Material und die Tackerleiste beschädigen.

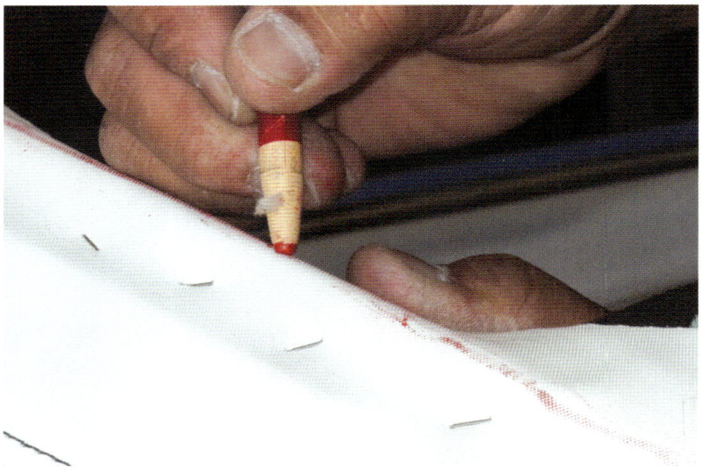

8b.36 Ziehen Sie das Material stramm und befestigen Sie es, wenn alles passt und keine Falten mehr zu sehen sind, mit weiteren Klammern. Markieren Sie das überstehende Material mit einem Fettstift.

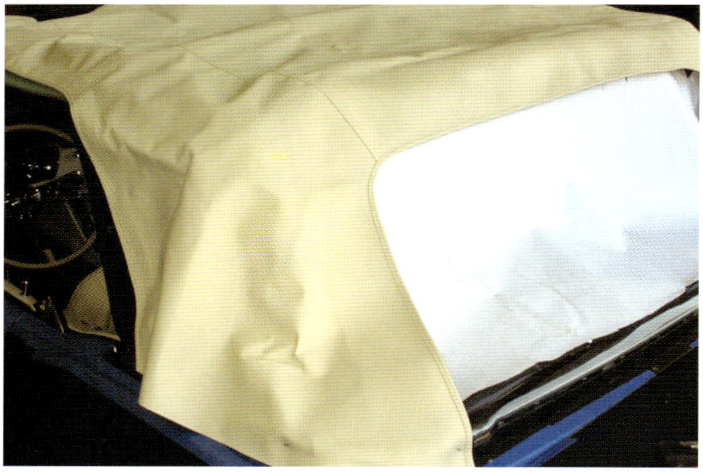

8b.37 Jetzt können Sie den Verdeckstoff auf die Spriegel legen. Ziehen Sie die Ecken auf beiden Seiten ein wenig herunter und setzen Sie ein paar vorläufige Heftklammern. Wenn Sie für alle vier Ecken, die Sie festtackern, Helfer zum Festhalten hätten, ginge es schneller. Aber Sie müssten trotzdem unzählige Male Klammern anbringen und wieder lösen, bis alles passt.

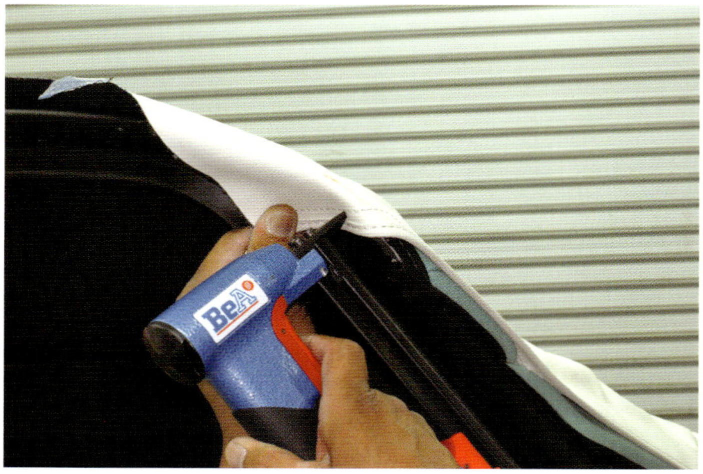

8b.38 Ziehen Sie die Ecken des Verdeckstoffs am vorderen Spriegel stramm und setzen Sie ein paar vorläufige Klammern. Setzen Sie noch keinen Kleber ein. Man sollte die grobe Dachform nun bereits erkennen, auch wenn es noch viel weiterer Arbeit bedarf.

8b.39 Um die Verdeckzüge einzubauen, nehmen Sie einen Kleiderbügeldraht mit einem Haken am Ende zuhilfe. Sie können so den Zug durch die Schlaufe des Verdeckstoffs führen. Kleben Sie die Spitze des Drahtes sowie die Verbindung von Haken und Verdeckzug mit Isolierband ab, um ein Aufreißen des Stoffes zu verhindern.

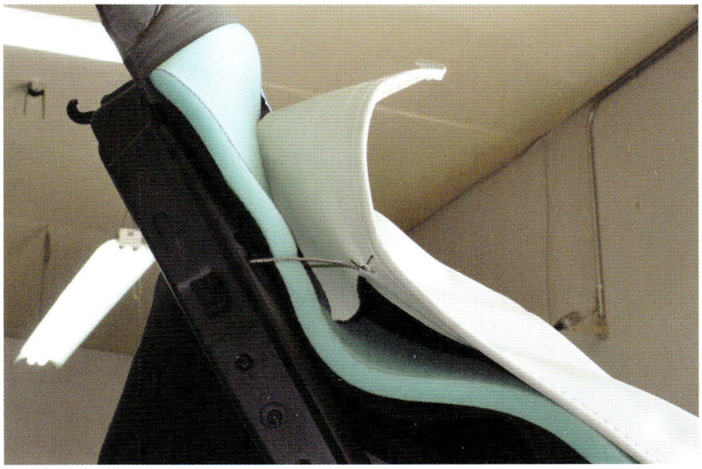

8b.40 Heben Sie das Verdeck etwa 50 cm an, um an das Ende des Verdeckzuges zu gelangen.

8b.41 Setzen Sie das Ende des Zuges mit der Kugel in den Schlitz im Verdeckrahmen. 1964er und frühe 1965er Modelle besitzen Verdeckzüge, die mit einer Öse an einem Stift am vorderen Ende des Verdeckgestells befestigt werden. Am anderen Ende der Züge sitzen Gewindebolzen, an denen man die Spannung einstellen kann.

8b.42 Heben Sie die Polsterung hinten am Verdeck etwas an und montieren Sie die Feder des Verdeckzugs an der Öse am Verdeckgestänge. Wenn Sie das auf beiden Seiten gemacht haben, können Sie das Verdeck wieder herunterlassen.

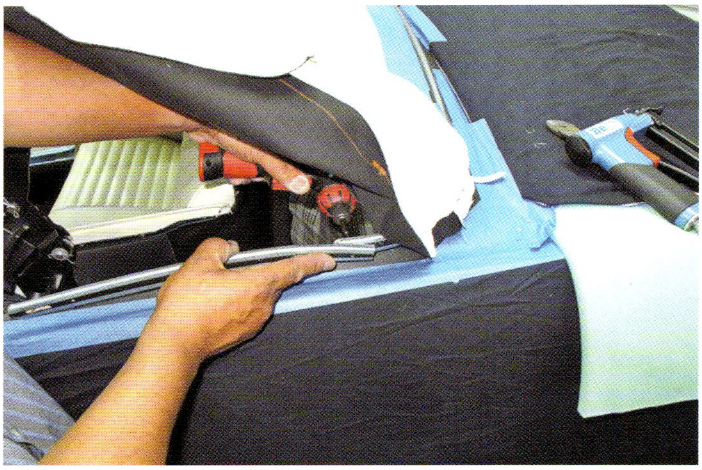

8b.43 Nun geht die Arbeit am Heckfenster mit dem Befestigen des restlichen Materials an den hinteren Ecken weiter. Verbinden Sie die seitlichen Tackerleisten mit den hinteren, indem Sie durch beide hindurchbohren und sie dann verschrauben.

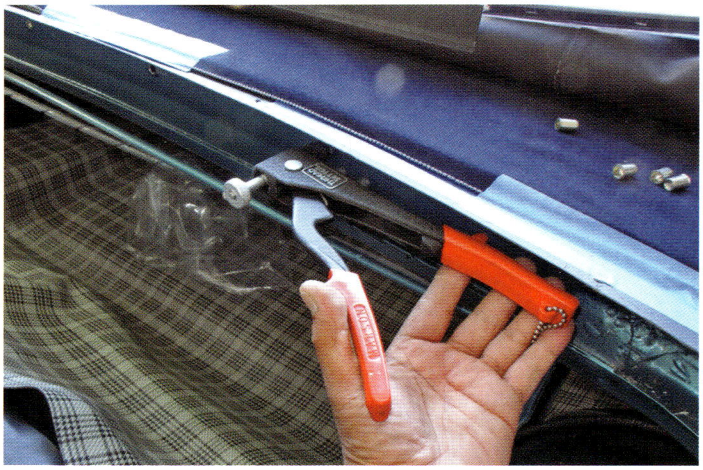

8b.44 Die originalen Tackerleisten sind mit Schrauben an der Karosserie befestigt. Da die Gewindelöcher durch vorhergegangene Heckfensterreparaturen bereits unbrauchbar sind, müssen wir sie ausbohren und mit Gewindeeinsätzen versehen.

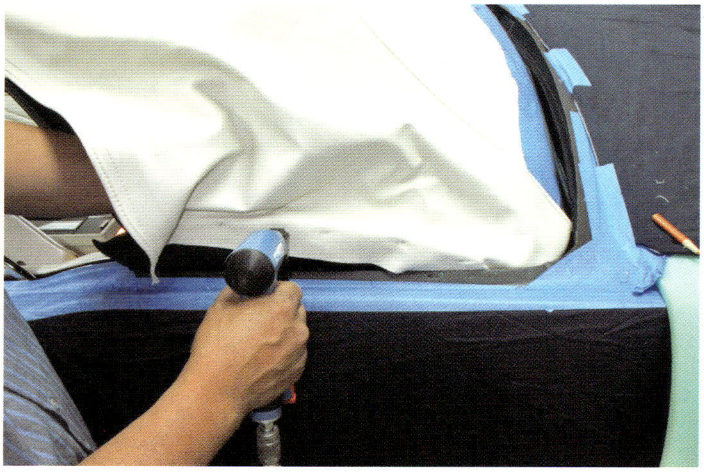

8b.45 Nieten Sie die seitlichen Tackerleisten an die hintere Hauptleiste und befestigen Sie diese mit ein paar Schrauben. Die hinteren Ecken des Verdecks können nun hinuntergezogen und fixiert werden. Dabei wird der Stoff zur Seite hin glattgezogen und dann festgetackert.

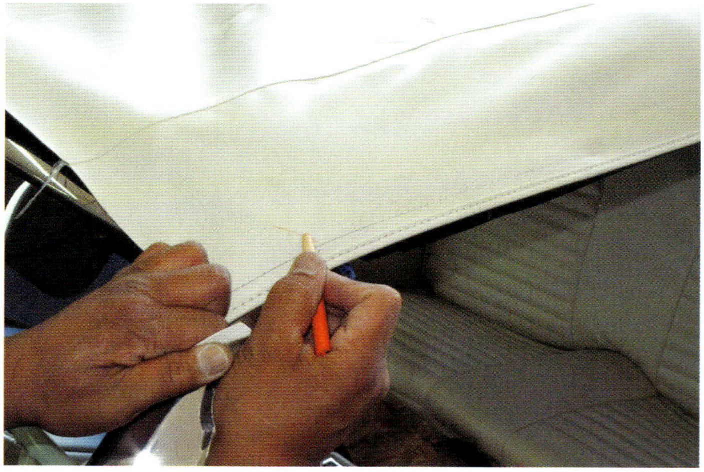

8b.46 Schließen Sie das Verdeck und bringen Sie die vorderen Ecken gemäß Ihrer Markierungen wieder mit Heftklammern an.

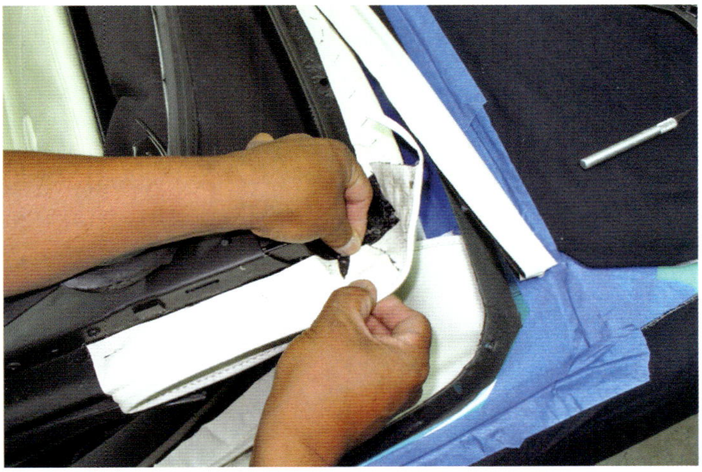

8b.47 Wenn Sie den Verdeckstoff am vorderen Spiegel festkleben, müssen Sie kleine dreieckige Schnitte ausführen, damit sich das überschüssige Material in den Rundungen nicht überlappt. Schneiden Sie dabei nicht zu weit, sonst könnte das Material beim Öffnen und Schließen des Verdecks aufreißen.

8b.48 Über die ganzen Heftklammern und das Verdeckmaterial am vorderen Spriegel wird noch die gepolsterte Abschlussleiste angebracht. Sie verhindert das Eindringen von Wind und Wasser zwischen Windschutzscheibenrahmen und Verdeck.

8b.49 Kleben Sie die Dichtungen in die Vertiefungen des Verdeckgestänges. Die Dichtungen für das hintere Seitenfenster werden mit kleinen Schrauben am Verdeckrahmen befestigt.

8b.50 Hinten wird quer über den Rücken des Verdecks ein Spriegel über der Naht angebracht. Das Material wird auseinandergebogen, festgetackert und wieder zusammengedrückt. Die Heftklammern sind nun nicht mehr sichtbar.

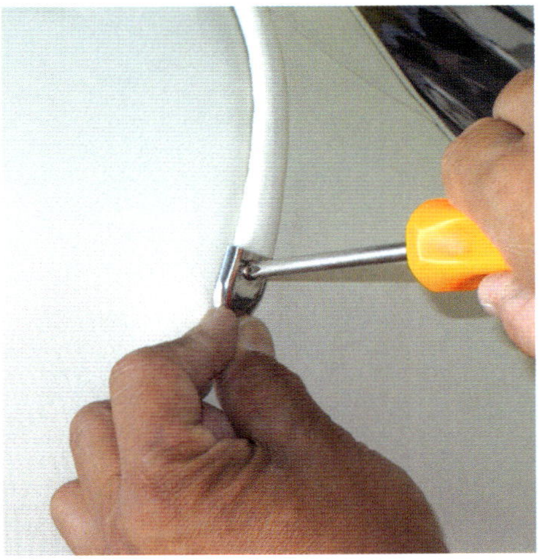

8b.51 Die Enden werden mit diesen Chromkappen versehen. Sie werden auf die Enden des Spriegels geschoben. Mit einer Ahle wird ein Schraubloch gebohrt.

8b.52 Die Innenverkleidung für den Verdeckkasten wird an der hinteren Tackerleiste befestigt. Bohren Sie kleine Löcher für die speziellen Befestigungsschrauben mit großem Kopf und Innensechskant (Inbus).

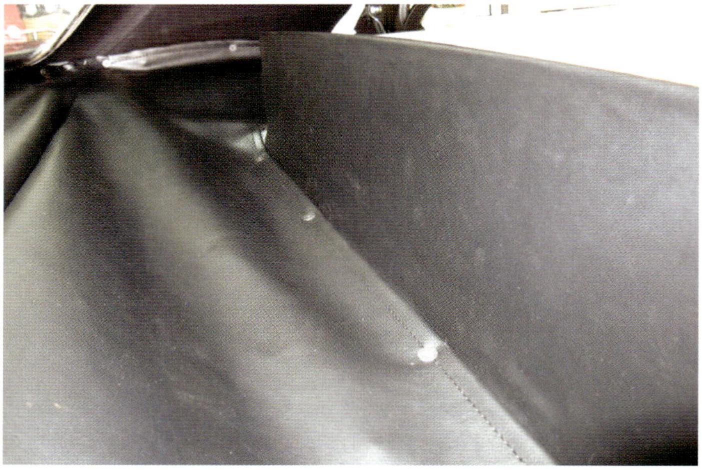

8b.53 Die Innenverkleidung ist fertig eingebaut und wartet nun auf das zurückgeklappte Verdeck.

8b.54 Der letzte Schritt bei der Verdeckmontage ist der Anbau der hinteren Chromzierleiste. Wir empfehlen, im Bereich der Leiste abzukleben, um den neuen Lack vor eventuellen Beschädigungen zu schützen.

8b.55 Häufig muss man die verbliebenen Falten mit einem Fön glätten, manchmal reicht es auch, das Auto eine Weile in die Sonne zu stellen. Wie bereits vorher gesagt sind meist mehrere Versuche nötig, bis das Ergebnis zufriedenstellt. Aber zweifellos ist das weiße Verdeck das Tüpfelchen auf dem I des in Twilight Turquoise lackierten Cabrios. Wer darf zuerst fahren?

Dachhimmel

Der Austausch des Dachhimmels ist für den Neuling ein durchaus gewagtes Unterfangen. Der Job ist arbeitsintensiv und verlangt ein Auge für die Details. Da kommt es nicht so sehr auf Erfahrung, sondern vielmehr auf Geduld an. Sie müssen methodisch vorgehen und sich Zeit lassen. Benötigt werden ein guter Verdeck- oder Sattlerkleber, eine Rasierklinge und eine Rolle Karosseriekantenschutzband, das den Himmel hält, bis Front- und Heckscheibe eingebaut sind. Sie brauchen weiterhin einen Heißluftfön, um die Falten herauszubekommen sowie einen Mundschutz und eine Schutzbrille.

Der Austausch des Dachhimmels muss bei ausgebauter Front- und Heckscheibe geschehen. Die Auflageflächen sollten frei von Dichtmasse und Dichtungen sein. Bei Ford wurden in der Produktion auch zuerst der Innenraum und dann die Scheiben montiert. Das Stoffmaterial wurde an die oberen Ränder der Fensteröffnungen geklebt und dann durch den Einbau von Fensterdichtungen und Scheiben sicher fixiert.

Es gibt immer wieder amateurhafte Versuche, diesen Prozess abzukürzen, indem man etwa vorne und hinten einen Rest des alten Himmels stehen lässt, den neuen Himmel daran klebt und das überschüssige Material hinter die Fensterdichtungen stopft. Es dauert dann meist nicht lange, bis das Material wieder herunterkommt. Wenn Sie einen neuen Dachhimmel bestellen, vergessen Sie nicht den Kantenschutz sowie neue Fensterdichtungen für Front- und Heckscheibe.

Am besten lassen Sie die Scheiben vom Profi ausbauen und schonend lagern. Entfernen Sie den Kantenschutz an den Türöffnungen, Kleiderhaken, Sonnenblenden, Hutablage und Innenbeleuchtung. Lagern Sie diese Teile sicher. Lösen Sie Dichtungsreste um die Windschutzscheibe mit Verdünner. Wenn Sie den alten Himmel abnehmen, achten Sie auf Position und Farbcodierung jeder einzelnen Haltestrebe. Versehen Sie die Streben mit Aufklebern, auf denen Sie die Lage notieren. Auch die Links-Rechts-Ausrichtung der einzelnen Enden ist wichtig. Alle Streben müssen später wieder an ihre ursprüngliche Position zurück, auch wenn es eine Vielzahl an Montagelöchern gibt, die Ihnen beim Spannen und Ausrichten helfen sollen.

Starten Sie mit dem Einbau guten Dämmmaterials gegen Schall und Wärme. Es gibt ausgezeichnete Sets zum Aufkleben und Sie werden später keine Gelegenheit mehr haben, das Fahrzeugdach zu dämmen. Wenn Sie auf der Unterseite des Dachs Rost entdecken, streichen Sie es mit Rostschutzfarbe, bevor Sie die Dämmmatten anbringen.

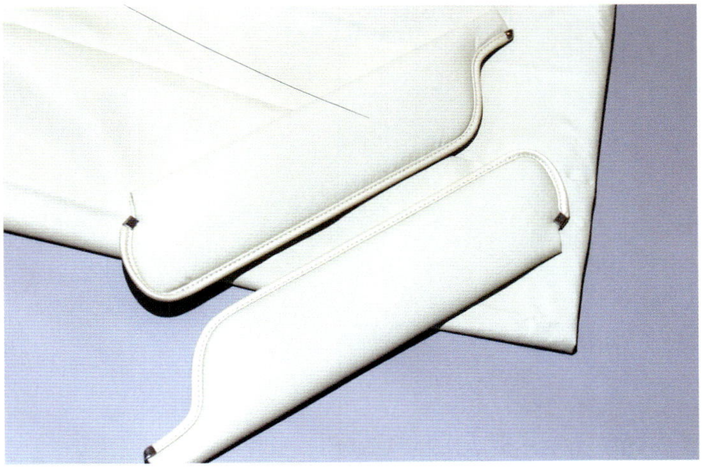

8c.1 Die meisten Mustang-Teilelieferanten führen komplette Dachhimmel-Sets in den Originalfarben. Sonnenblenden und Kantenschutz kosten zwar extra, sind es aber meist wert. Ist der Dachhimmel fällig, sind es die Sonnenblenden meist auch.

Der Einbau des Himmels beginnt mit der Ausrichtung von Vorder- und Hinterseite. Dann werden vorn und hinten die Mitten markiert und die Haltestreben in die Stoffschlaufen eingeführt. Sie müssen die Enden der Schlaufen vorsichtig aufschneiden (wie schon die der Sitzbezüge in Kapitel 8A), aber schneiden Sie nicht zu weit – Sie würden den Dachhimmel ruinieren.

Das Wichtigste ist, den Himmel unter Spannung zu halten, während Sie sich von hinten nach vorne und von Seite zu Seite vorarbeiten. Diese Dachhimmelsets sind nicht besonders kostspielig. Wenn Sie also mit Ihrer ersten Dachhimmelinstallation nicht zufrieden sind, beißen Sie in den sauren Apfel und kaufen Sie, solange die Scheiben noch ausgebaut sind, ein zweites für den Einbau durch einen Profi.

8c.2 Die Haltestreben sind je nach Position farblich gekennzeichnet. Achten Sie schon beim Ausbau auf diese Markierungen. Hier wurde bereits neues Dämmmaterial an der Dachunterseite verklebt.

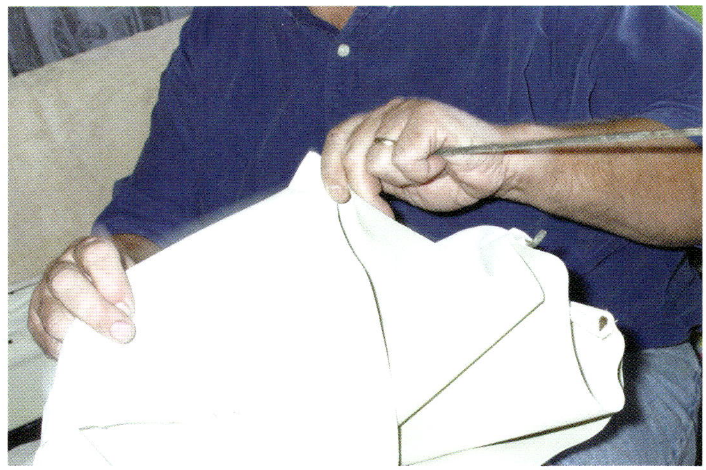

8c.3 Die Haltestreben werden vorsichtig in den neuen Himmelstoff eingeführt. Arbeiten Sie von vorne nach hinten und richten Sie den Himmel aus.

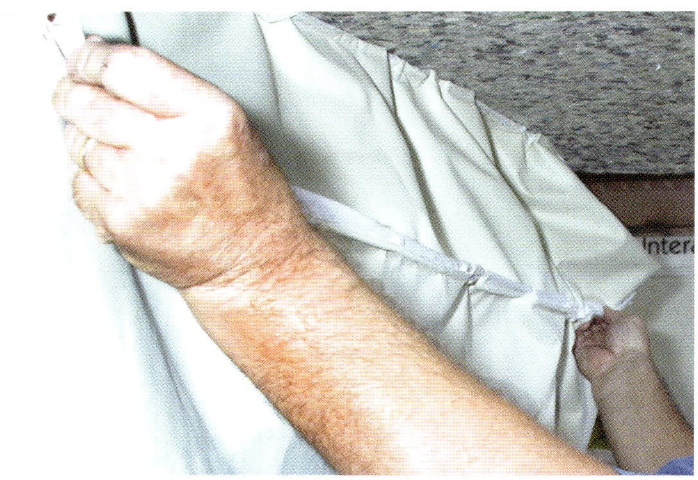

8c.4 Man beginnt den Einbau mit der vordersten Strebe und arbeitet dann nach hinten. Das kann etwas nervig sein, da das Material im Sichtfeld hängen wird. Montieren Sie alle Streben und arbeiten Sie dann von hinten nach vorne, um den Himmel mit den Zughaken zu spannen.

8c.5 Mit einem solchen Zughaken wird die hintere Strebe gesichert, um den Innenhimmel zu spannen.

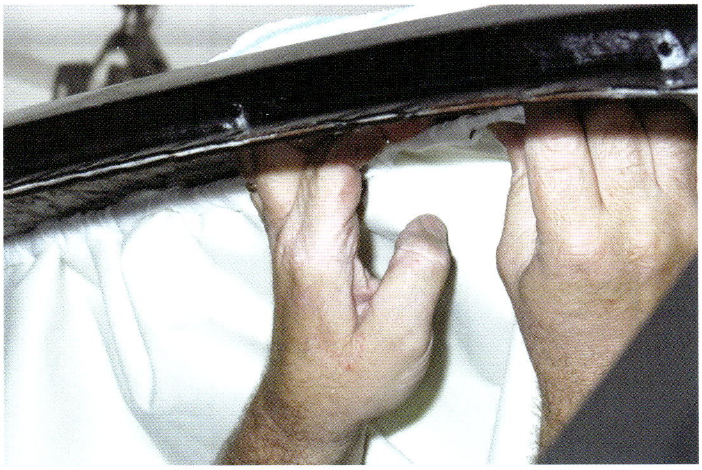

8c.6 So wird die hintere Strebe mit dem Zughaken verbunden.

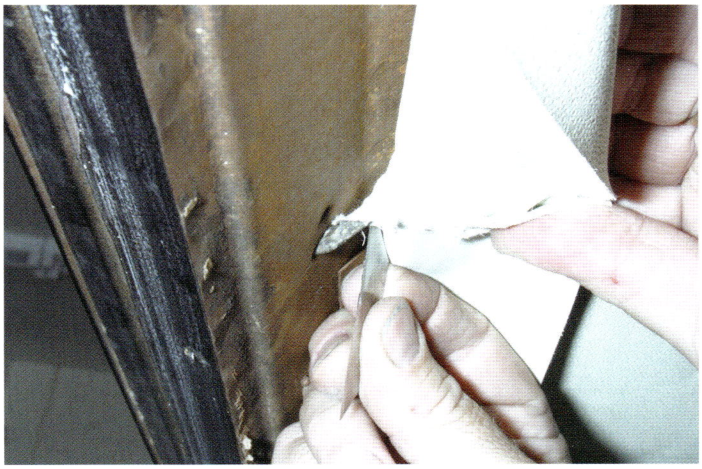

8c.7 Hier müssen Sie besonders vorsichtig schneiden. Beide Seiten des Innenhimmels werden strammgezogen, um dem Material Spannung zu geben. Dazu müssen Sie die Schlaufen vorsichtig einschneiden, bis alle Falten verschwunden sind. Schneiden Sie zu weit, können Sie ihren Himmel abschreiben. Schneiden Sie immer nur ein kleines Stück, bevor Sie den Himmel ruinieren.

8c.8 Sprühen Sie auf beide Oberflächen Kleber und lassen Sie ihn rund fünf Minuten antrocknen. Arbeiten Sie dabei mit sauberen Händen oder tragen Sie Latexhandschuhe.

8c.9 Der Sprühkleber braucht etwas Zeit zum Antrocknen, bevor er klebt. Stellen Sie sicher, dass alle lackierten Flächen im Umfeld abgeklebt sind, bevor Sie den Kleber versprühen.

8c.10 Sobald der Kleber angetrocknet ist, können Sie loslegen. Ziehen Sie den Himmel fest an, bis die Falten verschwunden sind und er gut gespannt ist. Sichern Sie den Himmel mit einem kurzen Stück Kantenschutz. Belassen Sie ihn dort, bis Sie die Scheiben einbauen.

8c.11 Sitzt der Dachhimmel korrekt, schneiden Sie das überstehende Material mit einer Rasierklinge ab.

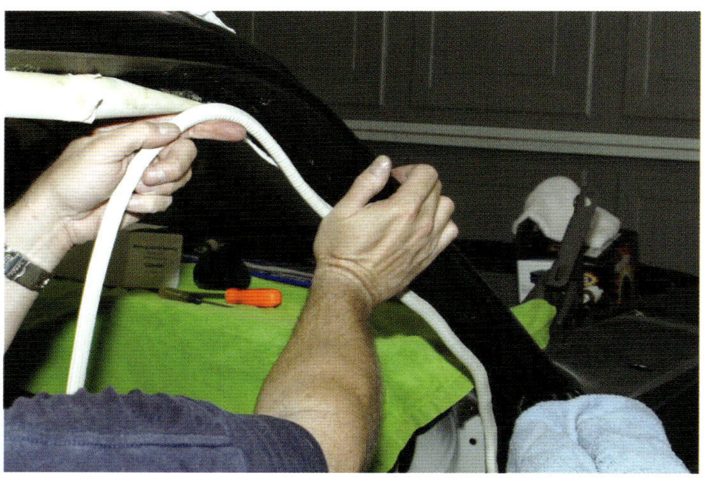

8c.12 Am Ende werden die Seiten glattgezogen und mit dem Kantenschutz fixiert.

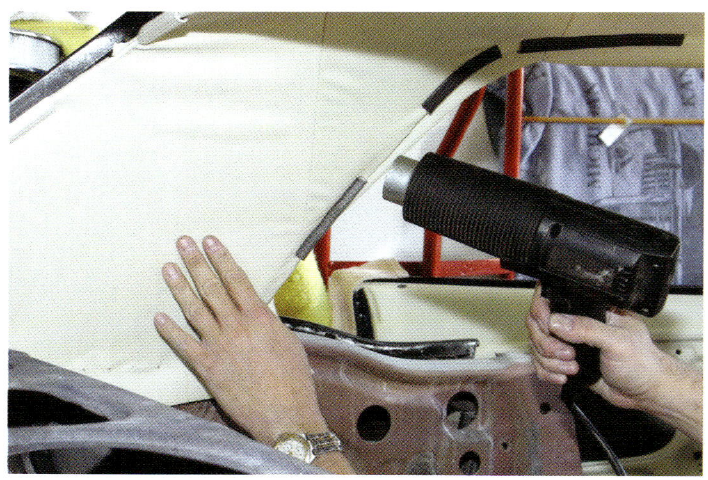

8c.13 Vorsichtiger Einsatz eines Heißluftföns beseitigt die Falten. Biegen Sie die Blechzungen an der Hutablage auf und rollen Sie das überstehende Himmelmaterial um die Pappstreifen. Schieben Sie diese wieder hinter die Blechzungen und biegen Sie diese wieder herunter, wenn alles faltenfrei ist. Bauen Sie die Hutablage wieder ein.

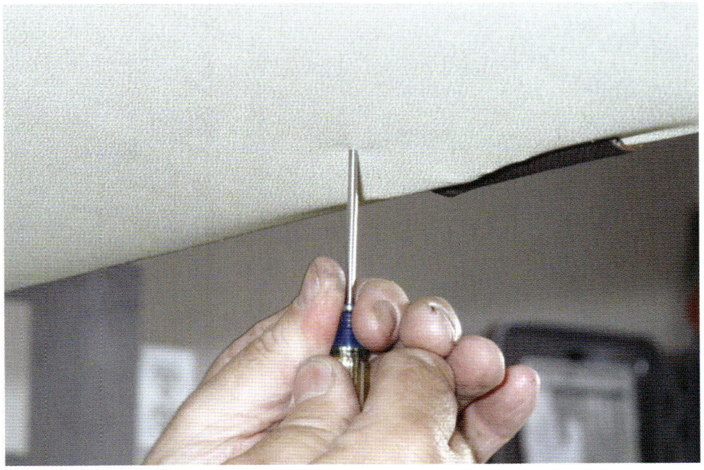

8c.14 Benutzen Sie vorsichtig eine Ahle für die Schraublöcher für Sonnenblenden und Innenspiegel.

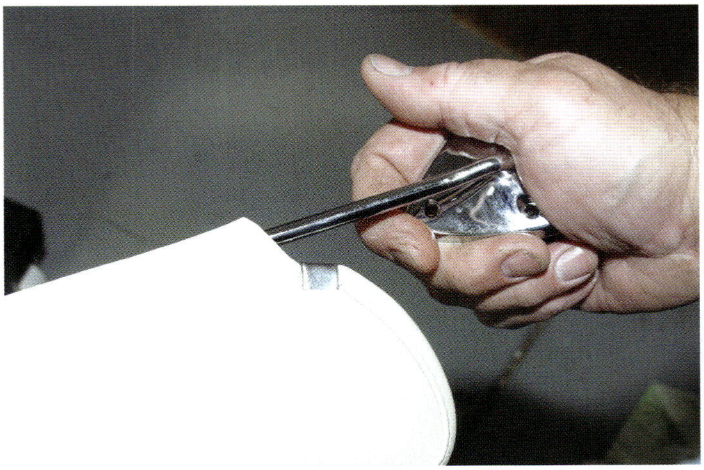

8c.15 Schieben Sie die Halter in die Sonnenblenden. Das kann etwas mühselig sein, da diese sehr stramm sitzen. Helfen Sie sich, indem Sie etwas Polsterreiniger auf das Gestänge auftragen.

8c.16 Polieren Sie den Innenspiegel und montieren Sie ihn mit den Originalschrauben.

8c.17 Der Dachhimmel wird am Sockel der Innenleuchte ausgeschnitten, Glas und Zierrahmen werden montiert. Jetzt können Front- und Heckscheibe wieder eingebaut werden.

Armaturenbrett

Die meisten Mustang-Restaurierer folgen einer persönlichen To-Do-Liste, wenn es darum geht, wann und wie eine bestimmte Baugruppe am Fahrzeug angegangen werden soll. Manche beginnen mit dem Motor, andere mit dem Fahrwerk oder der Karosserie.

Es steht jedoch fest, dass, wie auch immer Ihre eigene Vorgehensweise ist, Besucher Ihrer Werkstatt ihr Augenmerk auf das Armaturenbrett und den Innenraum legen werden. Bei jeder Autoschau ist zu sehen, wie sich die Besucher nach einem ersten Blick auf Lack und Chrom sogleich tief verbeugen, um einen Blick in den Innenraum zu werfen. Das zeigt die Bedeutung des Interieurs und der Instrumente für Besitzer und Betrachter gleichermaßen.

Da Sie überdies hoffentlich noch viele Jahre auf das Armaturenbrett schauen werden, sollten Sie dort einen hohen Qualitätsanspruch haben. Jedes vernachlässigte Detail wird Sie beinahe zwangsläufig irgendwann ärgern. Weil so ein Restaurierungsprojekt lange dauert, ist man leicht geneigt, Feinheiten zu vernachlässigen und zum nächsten Arbeitsschritt zu springen. Arbeitsintensiven Baugruppen wie dem Fahrwerk sieht man den Aufwand von außen nicht an. Beim Armaturenbrett ist das anders, und man wird es zu schätzen wissen.

Wir sind sicher, dass das folgende Kapitel mit seinen Fotos und Anweisungen genauso hilfreich sein wird wie die vorherigen. Das Endergebnis wird Ihnen mit Sicherheit bei jeder Fahrt ein Lächeln ins Gesicht zaubern.

Außerdem finden Sie in diesem Kapitel zwei Abschnitte zum Thema Bremse. Das Bremspedal ist mit seinem Halter zwischen Armaturenbrett und Spritzwand montiert. Ebenfalls unter dem Armaturenbrett findet sich der Handbremshebel. Alte Hebel brechen gern mal ab, und dann haben Sie keine Möglichkeit mehr, die Handbremse zu betätigen.

Erneuern Sie den Griff, bevor es zu spät ist. Sowohl die Bremspedalerie als auch der Handbremsmechanismus sind einfacher bei ausgebautem Instrumententräger zu montieren. Das ist der Grund, warum sich beide Themen in diesem Kapitel befinden und nicht bei den anderen brems-relevanten Teilen des Buchs.

8d.1 Wir können es kaum erwarten, die Instrumente bei einer Probefahrt zu testen.

Handschuhfach

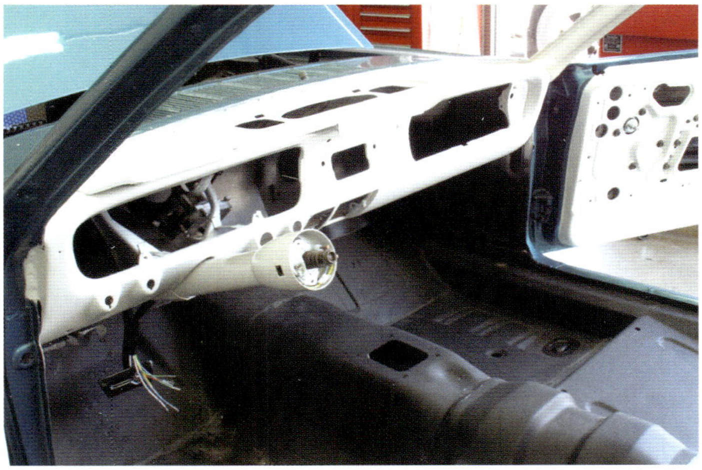

8d.2 Stellen Sie sich unser frisch lackiertes Armaturenbrett als eine weiße Leinwand vor, auf der wir die restaurierten Bauteile präsentieren.

8d.3 So sah das Armaturenbrett vor der Restaurierung aus. Das Handschuhfach haben wir bereits zu Beginn ausgebaut, um besseren Zugang zu den dahinterliegenden Komponenten zu bekommen.

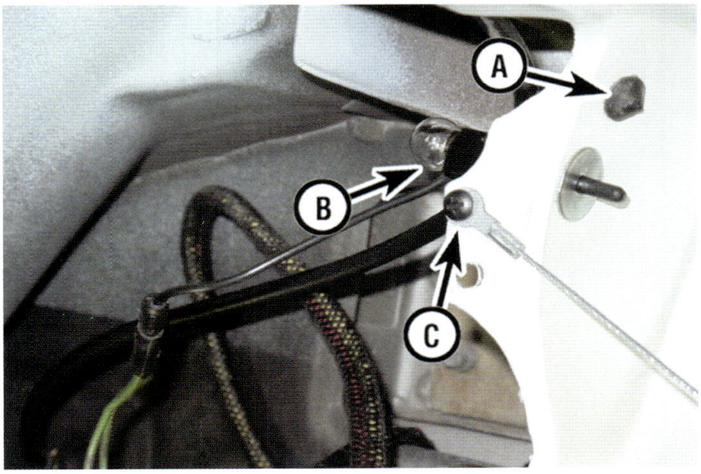

8d.4 Um Heizung und Lüftung unter dem Armaturenbrett einfacher demontieren zu können, muss der Handschuhfacheinsatz ebenfalls einfach auszubauen sein. Bevor der Einsatz wieder eingebaut wird, müssen folgende Teile montiert werden: die Anschlaggummis (A), die Handschuhfachbeleuchtung (B) und das Halteseil für den Handschuhfachdeckel (C).

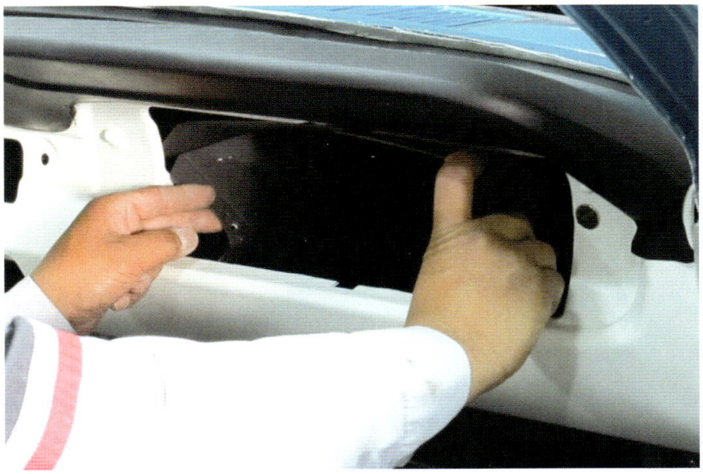

8d.5 Schieben Sie den Handschuhfacheinsatz von vorne in die Öffnung und achten Sie darauf, ihn nicht zu verknicken.

8d.6 Drücken Sie die beiden Seitenwände nach außen, bis sie einrasten. Schrauben Sie den Einsatz dann mit den originalen Befestigungsschrauben des Altteils fest.

8d.7 Nur bei Unfallschäden braucht der Handschuhfachdeckel mehr Zuwendung als eine gründliche Säuberung und Lackierung. Polieren Sie den Chromrand und das Mustang-Emblem, kleben Sie beides ab und lackieren Sie den Deckel mit seidenmattem Schwarz. Es gibt je nach Baujahr und Ausstattung unterschiedliche Handschuhfachdeckel, manche tragen auch Holzimitatfolie.

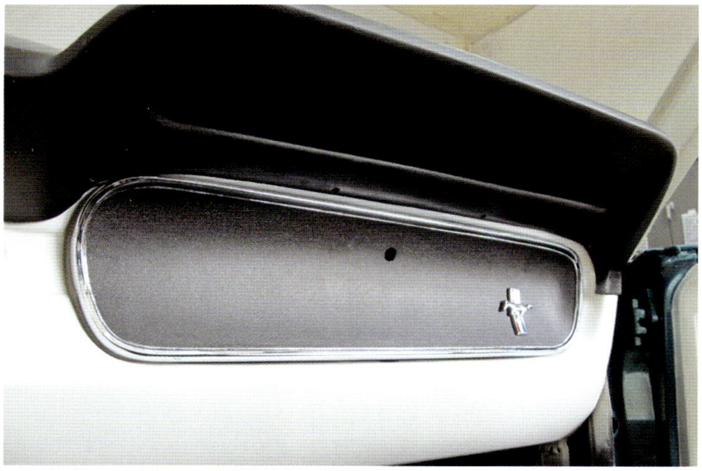

8d.8 Nun sieht er wieder so gut aus wie 1965. Lediglich das Schloss muss noch montiert werden.

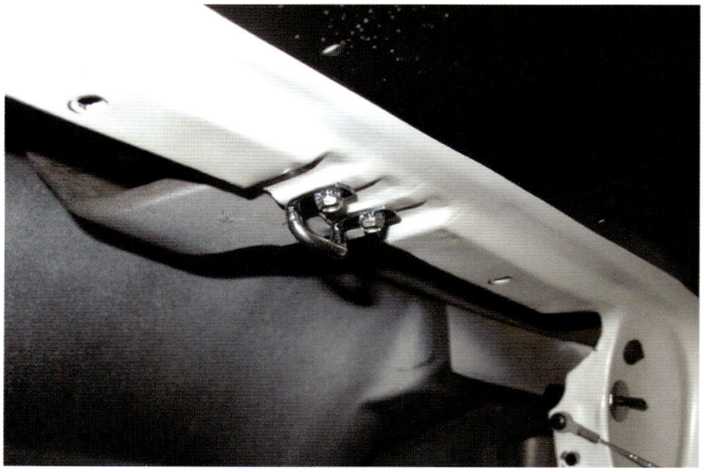

8d.9 Natürlich funktioniert das Schloss nicht ohne den Haltebügel oben in der Handschuhfachöffnung. Ziehen Sie die Schrauben noch nicht fest. So können Sie den Bügel noch vor und zurückschieben, bis der Deckel sauber schließt.

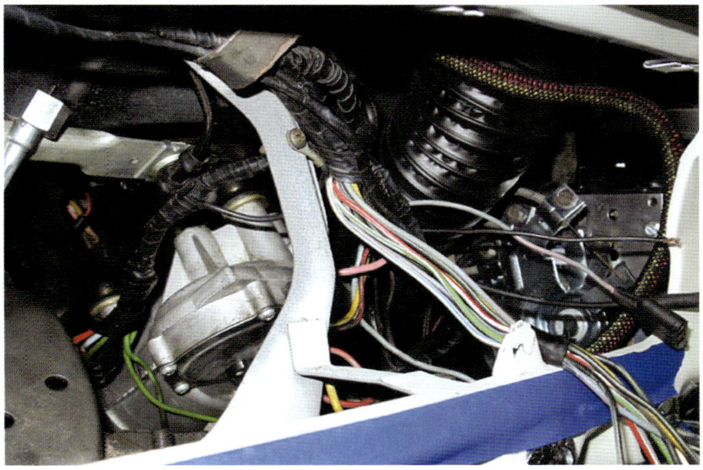

8d.10 Bevor man den Instrumententräger einbaut, kann man sich an dieser Stelle noch gut um ein paar Details kümmern. Ordnen Sie die Verkabelung hinter dem Instrumententräger und kleben Sie die untere Kante der Öffnung ab, damit der neue Lack bei der Installation der Instrumente nicht beschädigt wird.

8d.11 Die Öffnung im Armaturenbrett erlaubt einen bequemeren Zugang zu den Lüftungsschläuchen. Man kann sie nun einfacher an den Defrosterdüsen in der Mitte anbringen.

Instrumententräger

8d.12 Wir haben einige Teile zur Renovierung unseres Instrumententrägers besorgt. Oben sehen Sie das neue Instrumentenglas. Beim alten hatten wir nach 50 Jahren keinen Durchblick mehr. Die neue Fassung wird frischen Glanz ins Armaturenbrett zaubern.

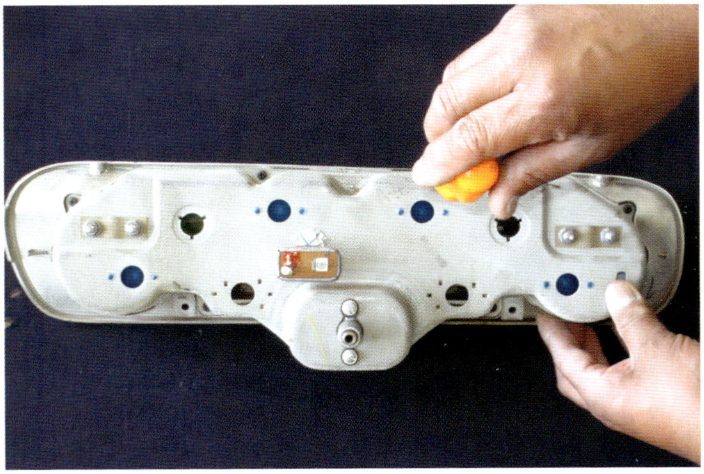

8d.13 Entfernen Sie die Schrauben auf der Rückseite, um die einzelnen Ebenen des Trägers voneinander abzuheben.

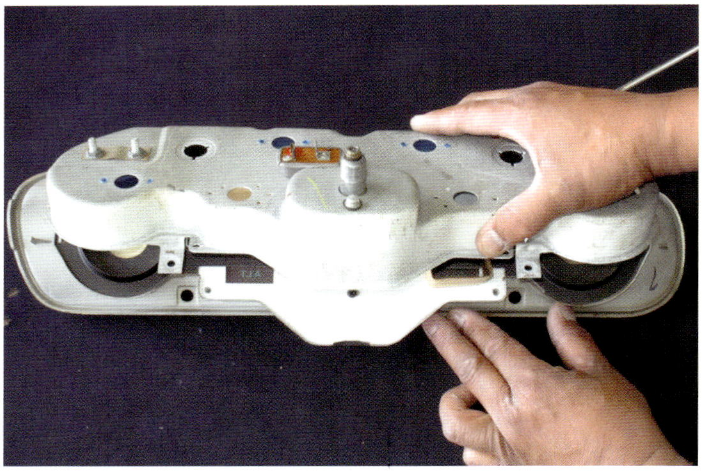

8d.14 Trennen Sie vorsichtig das Gehäuse von den vorderen Komponenten.

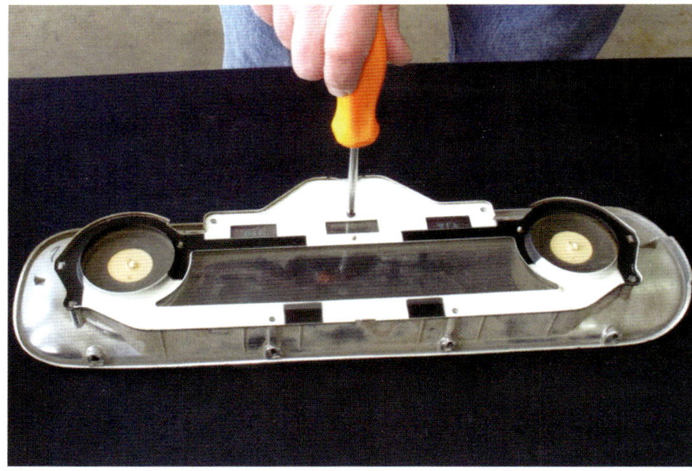

8d.15 Nachdem diese Schraube herausgedreht ist, lassen sich die Instrumente vom metallenen Träger und dem Glas abheben.

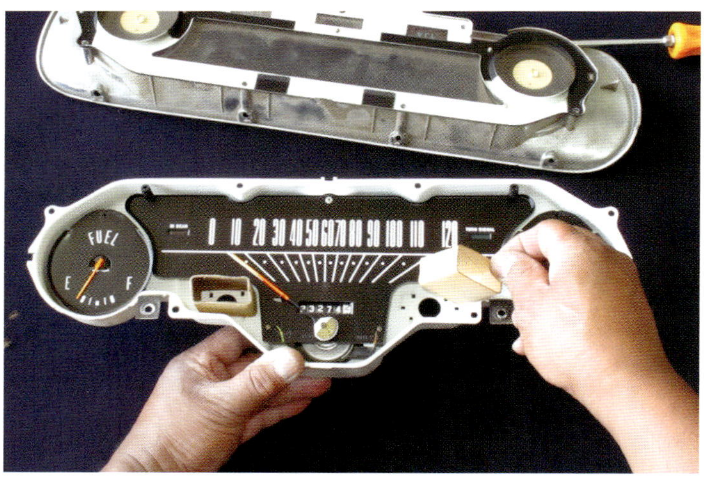

8d.16 Ist das Glas erst einmal entfernt, heißt es vorsichtig zu arbeiten. Die Anzeigen sind zerbrechlich. Wenn Sie eine der Nadeln abbrechen, müssen Sie die ganze Einheit zur Reparatur in einen Fachbetreib senden oder einen anderen guten Instrumententräger zum Restaurieren finden.

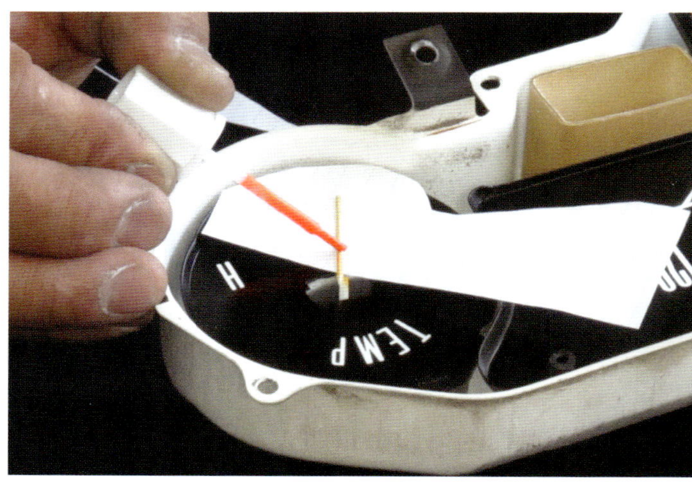

8d.17 An den Anzeigen kann man wenig selbst machen; sind sie defekt, muss man sie instandsetzen lassen oder austauschen. Aber man kann die Anzeigenadeln in leuchtendem Orange lackieren. Nehmen Sie dazu einen kleinen Pinsel und schützen Sie die Skalen mit Papier.

8d.18 Die Nadel der Geschwindigkeitsanzeige ist länger, wird aber genauso lackiert. Lassen Sie die Farbe lange genug trocknen, bevor Sie den Instrumententräger wieder komplettieren. Sie können zu diesem Zeitpunkt die Meilen-Tachoscheibe mit einer Folie mit km/h-Skala überkleben. Eine solche Folie gibt es preiswert bei den einschlägigen Händlern. Km/h-Tachoscheiben gab es bei einigen Exportmodellen bereits in der Originalauslieferung.

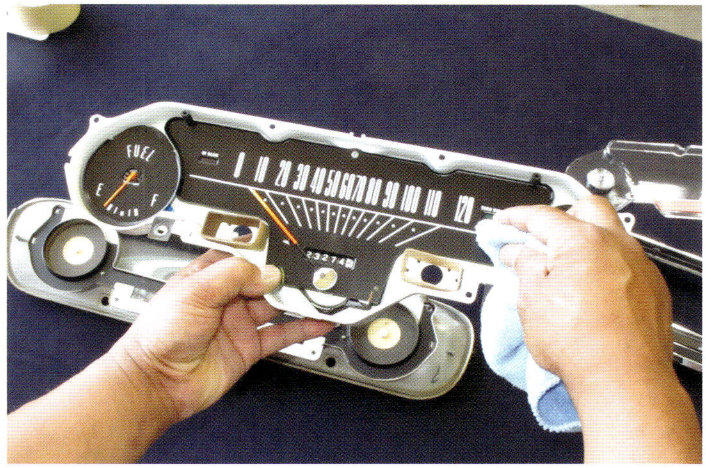

8d.19 Bevor Sie den Träger wieder mit dem Glas versehen, säubern Sie das Innenleben gründlich. Nehmen Sie ein fusselfreies Mikrofasertuch, um sämtliche Verschmutzung zu eliminieren.

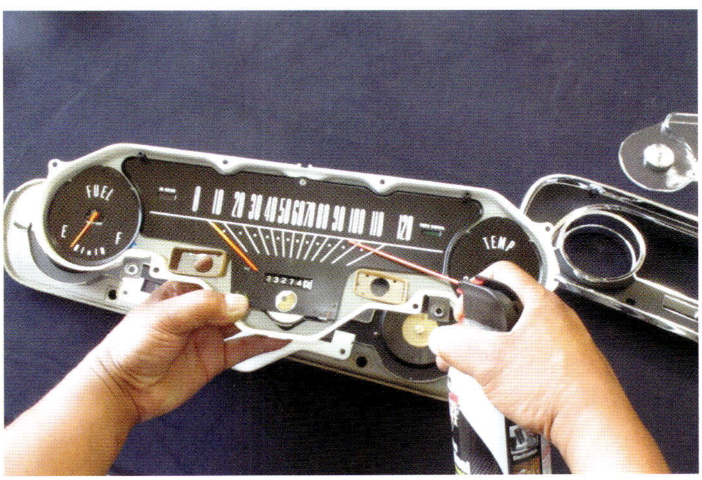

8d.20 Fassen Sie jetzt nichts mehr innerhalb des Trägers an, besonders nicht die schwarzen Flächen der Anzeigen. Fettige Finger hinterlassen dort allzu leicht Spuren. Hier wird das Gehäuse mit Druckluft ausgeblasen.

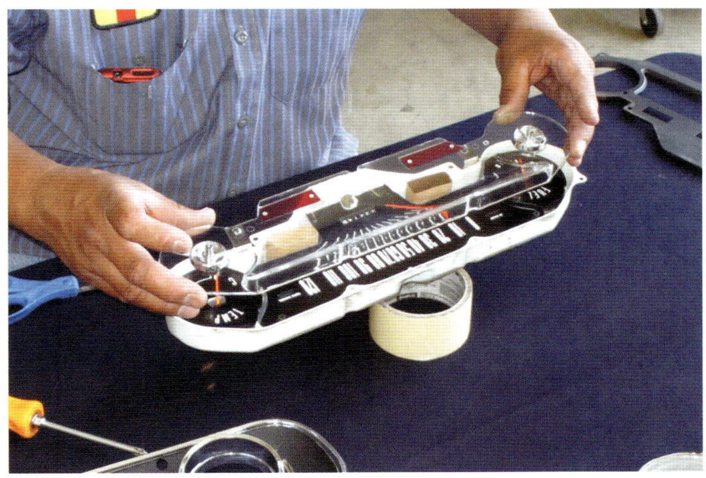

8d.21 Ist das Innenleben so sauber wie möglich, lässt sich das neue Instrumentenglas montieren. Stellen Sie sicher, dass die beiden rechteckigen Umrahmungen der Lampen an der richtigen Stelle sitzen. Sie leiten das Licht zu den ALT- und TEMP-Anzeigen.

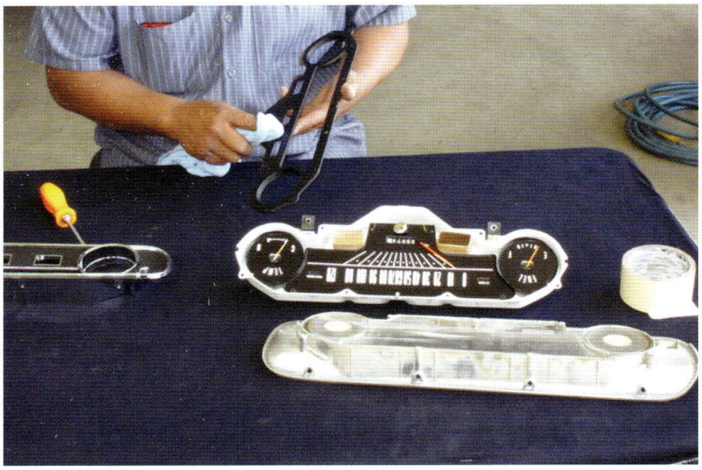

8d.22 Benutzen Sie beim Zusammenbau von Metallplatte und Plastikgehäuse die alten Schrauben.

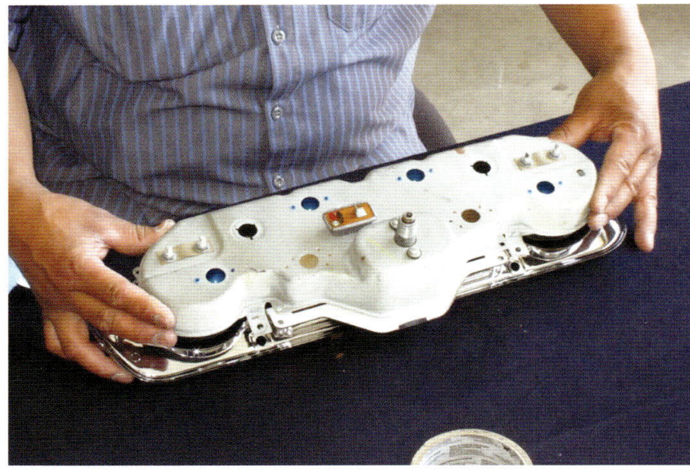

8d.23 Setzen Sie das Gehäuse vorsichtig auf die Vorderseite des Instrumententrägers und verschrauben Sie beides miteinander.

8d.24 Jetzt ist gute Gelegenheit, die neuen Schalter mit ihren Chromrahmen zu montieren.

8d.25 Sie müssen nun unter das Armaturenbrett tauchen, um alle Kabel am Instrumententräger anzuschließen. Geben Sie etwas Schmiermittel ins Tachowellenrohr und bringen Sie die Welle wieder an.

8d.26 Das Befestigen des Instrumententrägers mit den letzten vier Schrauben stellt den krönenden Abschluss der Armaturenbrettrenovierung dar. Wenn Sie bis hierhin alles selbst gemacht haben, können Sie stolz auf sich sein.

Brems- und Kupplungspedal

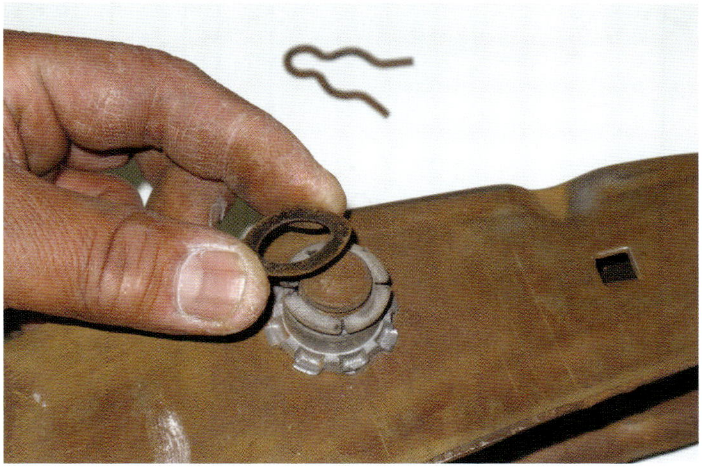

8d.27 Schrauben Sie die Pedalerie von Spritzwand und Armaturenbrett ab. Unsere Komponenten waren so rostig wie der Rest des Fahrzeugs, und wir haben sie bereits vor dem Strahlen und Lackieren der Karosserie ausgebaut. Ziehen Sie den Clip heraus und nehmen Sie die Unterlegscheibe ab. Unser Mustang besitzt nur ein Bremspedal, aber wenn Sie ein Fahrzeug mit Schaltgetriebe haben, nehmen Sie jetzt auch das Kupplungspedal ab.

8d.28 Entfernen Sie die Welle des Pedals und die Plastikbuchse aus der Halterung. Rost oder Schmutz können bei dieser Baugruppe zu Schwergängigkeit der Pedale und sogar zu schlechter Bremsleistung führen.

8d.29 Mit einem Drahtbürstenaufsatz wird der gröbste Rost abgeschrubbt. Achtung: Seien Sie beim Einsatz von Drahtbürstenaufsätzen vorsichtig. Die Bürste kann sich festfressen und Ihnen die Bohrmaschine aus den Händen schlagen.

8d.30 Für den Pedalhalter kommt nun wieder der Rostlöser zum Einsatz. Für jeweils eine halbe Stunde haben wir den Pedalhalter zur Hälfte in die Flüssigkeit eingetaucht. Sie können den Unterschied zwischen dem unbehandelten oberen Teil und dem frischen Metall unten deutlich erkennen. Danach wird das Teil umgedreht und wieder eingetaucht.

8d.31 Manche Bauteile passen einfach nicht in eine Wanne, also wurde das Bremspedal aufgehängt und mit Rostumwandler aus der Sprühflasche bedeckt.

8d.32 Noch ein wenig Nachbearbeitung mit Stahlwolle, und das Bremspedal sieht wie neu aus. Denken Sie auch daran, die Welle zu säubern.

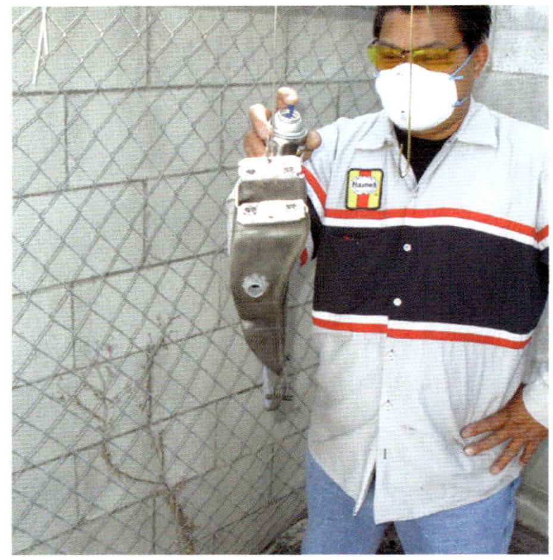

8d.33 Unsere Bremspedalteile werden mit Verdünnung abgewischt und dann mit der Sprühdose lackiert. Ist die Farbe trocken, werden neue Buchsen geschmiert und eingesetzt, das Pedal an seine Halterung montiert sowie Unterlegscheibe und Clip eingebaut.

Handbremsmechanismus

8d.34 Das Gestänge wird an der Spritzwand von zwei Muttern und unter dem Armaturenbrett von zwei Schrauben gehalten. Lassen Sie den Mechanismus ab und lösen Sie die Kugel am Ende des Handbremsseils aus dem Gestänge.

8d.35 Der Handbremsmechanismus ist komplett demontiert, um ihn auf Rost prüfen und schmieren zu können. Der Stift muss ausgetrieben werden, damit sich das Gestänge aus dem Gehäuse ziehen lässt.

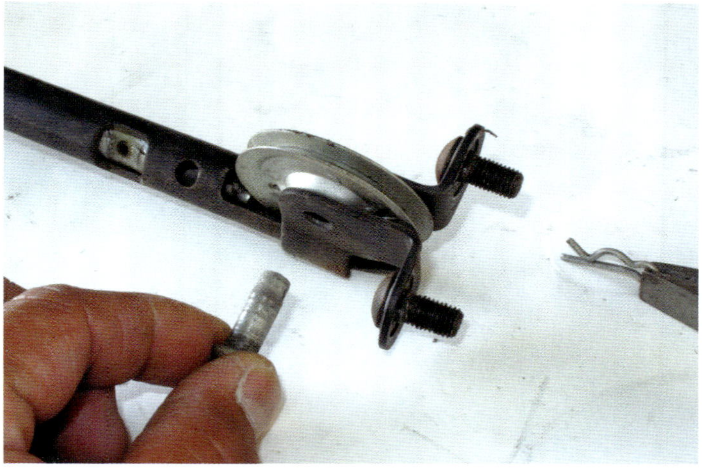

8d.36 Entfernen Sie Clip und Gabelbolzen, um die Rolle für das Handbremsseil abnehmen zu können.

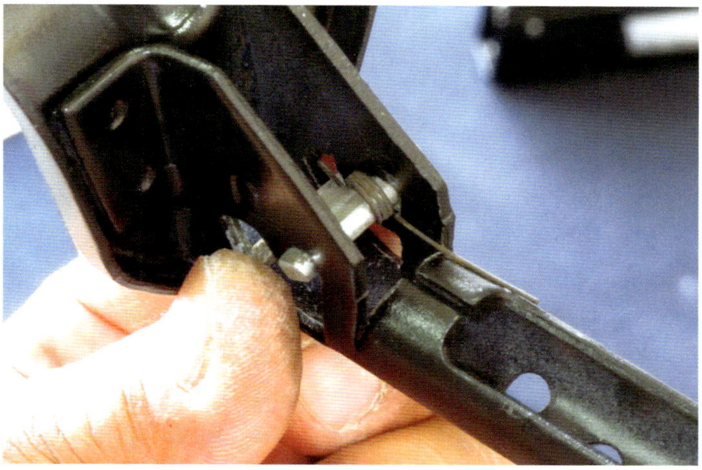

8d.37 Nachdem das äußere Gehäuse schwarz beschichtet wurde, wird das Gestänge geschmiert und dort eingebaut. Die Kugel des Handbremsseils wird wieder in das Ende des Gestänges eingelegt und ein neuer Stift zur Sicherung verbaut.

8d.38 Der Handbremshebel wird mit einem gezahnten Stift am Gestänge befestigt. Wenn Sie den alten Griff ersetzen, treiben Sie den Stift aus und ziehen den Griff ab. Verwenden Sie beim Aufschieben des neuen Griffs nur wenig Kraft und leichte Hammerschläge, bis der Stift in die Bohrung rutscht.

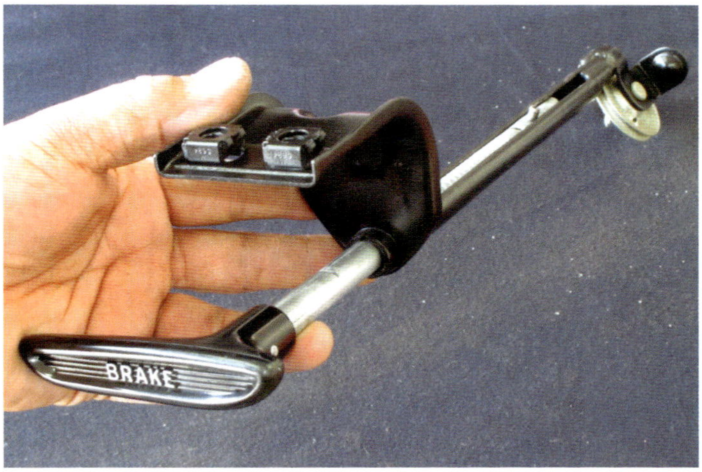

8d.37 Das Ergebnis ist nicht spektakulär, aber es handelt sich hier um ein weiteres Bauteil, um das wir uns keine Sorgen mehr machen müssen. Und die Gefahr von Handverletzungen aufgrund von abgebrochenen Handbremshebeln ist ebenfalls gebannt.

9. Fahrzeugpflege

Warum gibt es in diesem Buch ein Kapitel über Fahrzeugpflege? Sie haben doch gerade erst die Restaurierung abgeschlossen und bekommen allerorten Anerkennung für Ihren schönen Mustang? Der Glanz könnte jedoch ohne ordentliche Pflege bald dahin sein, es sei denn, Sie verzichteten gänzlich aufs Fahren und ließen Ihr Fahrzeug abgedeckt in der Garage stehen.

Schon bei einem neuen Auto bedarf es zum Erhalt des Originalzustands etwas Mühe, und bei einem Jahreswagen kann der Aufwand bereits erheblich werden. Sie sollten versuchen, so etwas wie einen Basis-Pflegezustand zu erreichen. Ist der erreicht, genügt zum Erhalt einfache regelmäßige Pflege. Der Lack sollte also sauber, unbeschädigt und glänzend sowie mit einem guten Wachs versiegelt worden sein. Wenn Sie dieses Niveau erreicht haben, wird der Rest wesentlich einfacher. Wie hoch der Aufwand zum Erreichen dieses Zustands ist, hängt einzig von der Beschaffenheit Ihrer Lackierung ab.

Die Grundlagen der Fahrzeugwäsche

Jeder professionelle Fahrzeugaufbereiter wird Ihnen sagen, dass der häufigste Fehler bei der Fahrzeugwäsche die Benutzung falscher Reiniger ist. Nehmen Sie keine gewöhnlichen Haushaltsreiniger wie Geschirrspüler oder Handseife. Es gibt Platz für einige Haushaltsprodukte bei der Fahrzeugpflege, aber die Wagenwäsche gehört nicht dazu. Haushaltsreiniger sind viel zu aggressiv für Lack, Chrom und Gummis. Sie können die Lackierung angreifen und Streifen hinterlassen. Benutzen Sie für die sanfte Außenreinigung unbedingt spezielles Autoshampoo aus dem Zubehörhandel oder aus dem Supermarkt.

Der zweithäufigste Fehler ist das Waschen des Fahrzeugs in der prallen Sonne. Selbst in Gegenden, wo das Leitungswasser nicht besonders hart ist, werden unschöne und nur schwer entfernbare Wasserflecken auf Lack, Chrom oder Glas zurückbleiben, wenn das Wasser auf der heißen Oberfläche trocknet. Bei besonders hartem Wasser bilden sich sogar Rückstände, die Sie nur noch mit Hilfe von Lackreiniger wieder loswerden. Und das wollen Sie Ihrem frischen Lack bestimmt nicht antun.

Beginnen Sie mit Dach, Motor- und Kofferraumhaube. Arbeiten Sie sich dann zu den Seiten vor und schließen Sie die Wagenwäsche an Front und Heck ab. Drücken Sie den Schwamm nicht zu fest auf. Wenn Sie noch stumpfe Stellen oder Flecken vorfinden, können Sie die mit den passenden Mitteln auch später noch angehen. Beim Waschen sollten Sie den Schwamm also nicht wie zum Polieren benutzen, er würde den Lack nur mit dem aufgenommenen Dreck zerkratzen.

Ist das Auto sauber, wird es mit klarem Wasser abgespült. Alle Shampooreste sollten so schnell wie möglich entfernt sein. Selbst spezielle Fahrzeug-Reinigungsmittel können beim Antrocknen matte Stellen hinterlassen. Außerdem bleiben vom Reiniger unter Umständen klebrige Stellen auf der Karosserie zurück, die sich schnell zu einem Dreckmagneten entwickeln können. Die Stellen, die am schwierigsten zu reinigen sind, sind auch jene, an denen sich Dreck und Feuchtigkeit zuerst sammeln und Probleme bis hin zu Rost verursachen können. Also, seien Sie beim Nachspülen gründlich!

Ein satter Strahl aus dem Gartenschlauch mag zu Beginn der Fahrzeugwäsche hilfreich sein, wenn es darum geht, den gröbsten Dreck zu beseitigen. Zum Nachspülen soll es eher ein sanftes Plätschern sein. Fahrzeugaufbereiter raten, vor der Trocknen größere Mengen Wassers mit geringem Druck über die Karosserie laufen zu lassen. Probieren Sie es aus: Das Wasser wird in großen Flächen ablaufen und weniger Rückstände hinterlassen. Arbeiten Sie mit hartem Strahl, verteilt sich überall der Sprühnebel in feinen und feinsten Tropfen, und das Trocknen wird viel mühsamer.

Ein weiterer Profitipp zum Trocknen ist die Verwendung eines Abziehers. Das sollte aber keiner mit einer Gummilippe wie ein Scheibenwischer sein – er wäre zu hart für den Lack. Es gibt Modelle mit ganz weichem Gummi, die für die großen Glas- und Lackflächen taugen.

Der nächste Schritt ist das Abledern. Leder wird schon seit einer Ewigkeit zum Trocknen von Fahrzeugen verwendet. Neu sind Autoleder weich wie Babyhaut. Nach der ersten Benutzung werden sie nach dem Trocknen jedoch hart wie Pappe, erneutes Einweichen macht sie wieder geschmeidig. Sie funktionieren wie ein feiner Schwamm, nehmen Feuchtigkeit von Glas, Chrom und Lack auf, ohne wie ein Schwamm zu kratzen und Streifen zu hinterlassen. Letzteres macht das Autoleder auch perfekt zum Trocknen der Scheiben.

Man kann ein Fahrzeug komplett mit Autoleder abtrocknen. Aber das bedeutet ständiges gründliches (und kräftezehrendes) Auswringen. Die meisten Profis benutzen zum endgültigen Abtrocknen Frotteetücher. Diese sollten aus reiner Baumwolle bestehen und ausschließlich zum Abtrocknen benutzt werden. Nehmen Sie diese Handtücher niemals für andere Arbeiten wie Wachsen, Polieren oder Felgenreinigung. Auch die Wäsche danach macht sie nicht wieder tauglich zum Lacktrocknen.

Lackreinigung

Ist das Auto lange nicht gründlich gepflegt worden, kann es sein, dass der Lack nicht bloß gewaschen, sondern wirklich gereinigt gehört. Es geht hier um einen wichtigen Aspekt bei der Fahrzeugpflege: Sollen Lack, Glas, Chrom und Felgen richtig glänzen, muss die Oberfläche möglichst glatt sein.

Sie werden vielleicht beim Abspülen den Glanz der glatten Wasserschicht auf Ihrem Fahrzeug bemerkt haben und sich gewünscht haben, Ihr Wagen könnte immer so aussehen. Er kann, denn bei der Fahrzeugpflege geht es darum, das Beste aus dem Vorhandenen rauszuholen. Das Wasser füllt vorübergehend die kleinen Kratzer im Lack aus. Die Pflegehinweise in diesem Kapitel zeigen Ihnen, wie man einen solchen Wet-Look-Glanz erreicht und erhält.

Das Auto wird dazu so gut wie möglich gewaschen, die Lackoberfläche bestmöglich geglättet und der erzielte Glanz schließlich mit klarem, langlebigem Wachs konserviert. Dieses Wachs wird den Glanz vertiefen und den Lack vor Verschmutzungen und anderen kleinen Katastrophen schützen. Ist die Lackoberfläche erst einmal sauber und glatt und sorgen Sie regelmäßig für den Erhalt der Wachsschicht, wird Sie die Wagenpflege künftig nur noch wenig Arbeit kosten. Später geht es noch um die Bearbeitung von verwitterten oder beschädigten Lacken, jetzt aber geht es weiter mit dem Umgang mit durchschnittlich gutem Lackzustand.

Produkte zur Lackreinigung sind genau wie Sandpapier in verschiedenen Stärken erhältlich. Da gibt es grobe Mittel zum maschinellen Polieren von neuen, nassgeschliffenen Zwei-Schicht-Lacken, Mittel zum Aufpolieren von stumpfen und verwitterten Lacken und schließlich ganz feine Polituren und Lackreiniger. Letztere sind nur sehr fein schleifend und häufig mit Wachs vermischt, um gleich zwei Arbeitsschritte miteinander zu kombinieren.

Letztendlich entscheidet der Lackzustand über die Wahl des Schleifgrades, der zur Schaffung einer glatten Oberfläche benötigt wird. Je härter der Schleifgrad, desto mehr Lack wird abgetragen. Sie wollen natürlich so wenig Material wie möglich entfernen und müssen daher bei einer sehr alten und verwitterten Lackierung darauf achten, nicht durch die Farbe auf die Grundierung oder aufs blanke Metall hinunter zu polieren.

Die meisten Autos, die regelmäßig gepflegt, in Garagen geparkt oder relativ neu sind, sollten eine ausreichende Lackdicke für den hier beschriebenen Schliff haben. Es gibt aber eine Ausnahme: Viele jüngere Fahrzeuge haben eine Zwei-Schicht-Lackierung aus farbgebendem Untergrund und schützendem Klarlack für den Glanz. Diese Lackierungen sind zwar in vielerlei Hinsicht einfacher zu pflegen und behalten ihren Glanz wesentlich länger als ältere Lacksysteme, jedoch wollen Sie beim Polieren mit Vorsicht behandelt sein.

Ganz wichtig beim Polieren von Klarlacken ist, dass keine Farbpartikel im Poliertuch sichtbar werden, wie es bei farbigem Lack der Fall wäre. Um festzustellen, wann man mit dem Polieren aufhören sollte, schadet es nicht, den Fortschritt beim Entfernen von kleinen Kratzern und Unreinheiten bei gutem Licht mit einer Lupe zu prüfen. Poliert man zu stark, entfernt man mitunter die schützende Klarlackschicht.

Sie werden erstaunt sein, wie viele zuvor unbemerkte Kratzer Sie unter dem Vergrößerungsglas entdecken. Bei herkömmlichen Lackierungen ohne Klarlack ist die Lackdicke gewöhnlich stark genug zum Auspolieren der meisten Kratzer. Bei Klarlacken liegen die Dinge anders, und damit kommen hier neue Produkte für Versiegelung und Glanz ins Spiel. Jedes dieser Produkte hat seinen eigenen Verwendungszweck, aber im Grunde dienen alle dazu, die kleinen Vertiefungen in Ihrem Lack aufzufüllen, genau wie es die Wasserschicht beim Abspülen Ihres Fahrzeugs getan hat.

Lackreinigung

Versiegelungen und Beschichtungen werden poliert, damit sie den gewünschten Effekt zu erzielen. Ihre Verarbeitung erfordert zwar Körpereinsatz, aber sie sind die erste Wahl der Aufbereitungsprofis und

Show-Car-Besitzer. Es gibt eine verwirrend große Auswahl einschließlich Kombi-Produkten auf dem Markt. Viele Fahrzeugaufbereiter haben ihre Lieblingsmarke, die sie ausschließlich benutzen. Für den Durchschnittsanwender tut es meist ein handelsübliches Produkt, zumal, wenn es von Hand verarbeitet wird.

Wie bei allen Lackpflegeprodukten ist es auch bei Versiegelungen angezeigt, direkte Sonneneinstrahlung und heiße Oberflächen zu vermeiden. Egal ob Sie von Hand oder mit einer Maschine arbeiten, nehmen Sie sich nicht mehr als die Fläche einer halben Motorhaube auf einmal vor. Professionelle Fahrzeugaufbereiter benutzen aus Effizienzgründen Poliermaschinen, aber einige der von ihnen verwendeten Produkte können gemäß Anleitung auch von Hand aufgetragen werden.

Bei der Politur von Hand, besonders auf den empfindlichen Klarlacken, sollten nur sauberste, weichste und nicht schleifende Baumwolltücher verwendet werden. Sie sind im Autozubehör erhältlich und dürfen nicht mit den Trockentüchern vermischt werden.

Manche Profis schwören übrigens auf Windeln aus Stoff. Um die Politur bestmöglich aufzunehmen, ist das grobmaschige Gewebe hilfreich. Bei einem engmaschigen Gewebe kann es vorkommen, dass Politur und abgetragene Farbe miteinander verklumpen und man neue Kratzer erzeugt, anstatt alte zu entfernen.

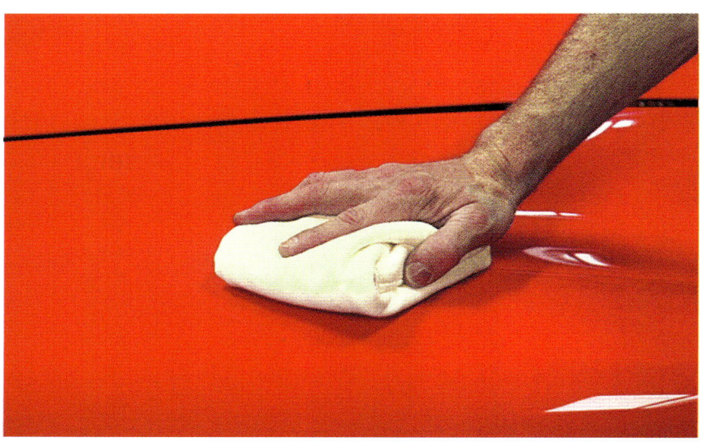

Amateure machen meist den Fehler, viel zu aggressiv drauflos zu polieren. Lieblingsfehler Nummer zwei ist die Verwendung von bereits mit Farb- und Politurrückständen verschmutzten Tüchern. Es ist unbedingt darauf zu achten, dass zum Polieren in möglichst kurzen Abständen frische Stellen des Tuchs verwendet werden. Lassen Sie nicht zu, dass getrocknete Rückstände oder Dreck Ihre Bemühungen um eine glatte Lackoberfläche vereiteln. Sollten die Poliertücher nach dem Waschen in der Waschmaschine nicht mehr sauber werden, können Sie diese immer noch zum Säubern von Felgen oder Motorraum benutzen.

Bei der Verwendung von Versiegelungen sollte man unbedingt die Anweisungen des Herstellers beachten. Zwar sollten Sie direktes Sonnenlicht vermeiden, bei der Arbeit muss trotzdem ordentliche Beleuchtung herrschen, damit sich Kratzer ebenso leicht erkennen lassen wie der Fortschritt der Arbeit.

Die meisten Versiegelungen müssen poliert werden, bevor sie vollständig antrocknen. Viele der Mittel enthalten Harze, die Kratzer und Schleifspuren auffüllen sollen. Tragen Sie die Beschichtung gleichmäßig auf, lassen Sie sie antrocknen und polieren Sie dann solange mit derselben Bewegung, bis ein tiefer Glanz entsteht. Einige der Mittel sind nur sehr schwer zu polieren, wenn Sie bereits vollständig getrocknet sind. Arbeiten Sie also im Schatten und stellen Sie sicher, dass Sie nicht unterbrochen werden. Sie werden den Effekt der Versiegelung zu schätzen wissen, vielleicht wird der Lack das glänzendste am gesamten Fahrzeug.

Wachsen

Wachsen stellt den letzten Schritt zum Erzielen von Hochglanz sowie Langzeitschutz für die Lackierung dar. Der Nutzen lässt sich kaum unterschätzen, denn alle bisherigen Maßnahmen für eine glatte Lackoberfläche waren umsonst, wenn Sie Ihr Fahrzeug nicht unmittelbar danach gründlich mit Wachs behandeln.

Wachsprodukte sind die prominentesten Vertreter der Autopflegeprodukte. Die Mittel diverser Hersteller finden sich in den Regalen der Autozubehörhändler und der Supermärkte. Das Zauberwort hieß schon immer „Carnauba“. Diese Substanz stammt von südamerikanischen Pflanzen, ist also natürlich und kann hohen Temperaturen, etwa auf heißen Lackflächen, ausgesetzt werden. Carnauba selbst ist recht kostspielig und daher orientiert sich der Preis eines Wachses meist am Gehalt dieser Substanz.

Sein Ruf ist so legendär, das sich sein Name zum Marketingbegriff für viele Autopflegeprodukte entwickelt hat. Daher wird man den Begriff „Carnauba“ auch auf Produkten finden, die nur einen geringen Wachsanteil haben. Prüfen Sie also stets die Liste der Inhaltstoffe auf den genauen Gehalt.

Die Produkte mit dem höchsten Wachsanteil liefern den besten Glanz und einen Langzeitschutz von drei bis sechs Monaten. Auf den Gebrauchsanweisungen wird darauf hingewiesen, das Wachs nur auf sauberen und polierten Lacken zu verwenden ist. Es wäre Zeit- und Geldverschwendung, diese Mittel auf eine schmutzige oder stumpfe Lackierung aufzutragen.

Wer nun also das Waschen und das Polieren geschafft hat, sollte sich vor weiterem Körpereinsatz beim Auftragen des Hartwachses nicht scheuen. Es gibt zwar Sprüh- und Flüssigwachse, die schneller und einfacher anzuwenden sind, aber aufgrund ihres Verdünnungsgrades nicht den Langzeitschutz und den Tiefenglanz von Hartwachs bieten. Tragen Sie das Produkt Ihrer Wahl also – genau nach den Herstelleranweisungen – nach alter Väter Sitte per Hand auf.

Einige Profis benutzen Stoffwindeln oder auch Käsetuch, das eigentlich beim Käsen zur Trennung von Molke und Käsebruch verwendet wird und eine große Menge Wachs aufnehmen kann. Bei manchen Wachsen werden Applikationsschwämme mitgeliefert oder man kauft sie gesondert. Diese Schwämme sollten auch nur zum Auftragen des

Wachses dienen, nicht zum Auspolieren. Dafür sind immer noch Stofftücher die beste Wahl.

Die meisten Hersteller von Wachsen empfehlen, lieber zwei dünne Schichten Wachs als eine dicke aufzutragen. Eine einzige dicke Schicht Wachs wäre zu schwierig auszupolieren, besonders, wenn es sich um Carnauba handelt. Nach einer gründlichen Versiegelung reicht vielleicht auch eine einzelne Schicht Wachs. Versiegelung und Wachs enthalten Harze sowie Öle als Weichmacher und zum Schutz gegen Austrocknen. Betrachten Sie die Fahrzeugpflege einfach als Hautschutz für Ihr Auto.

Wo Chromschmuck oder Markenembleme angebracht sind, sollte nicht zu viel Wachs in die Spalten zwischen Lack und Emblem oder Leiste geraten. Es lässt sich nach dem Trocknen nur schwer entfernen und zieht Schmutz an.

Manche Autobesitzer nehmen sich den Lack nur schrittweise vor und kümmern sich nach und nach um Teile der Karosserie – etwa die Oberseiten am einen Wochenende und Seiten sowie Front- und Heckpartie erst am nächsten. Folgen Sie Ihrem eigenen Zeitplan, aber denken Sie daran, dass eine gewaschene, lackgereinigte und versiegelte Oberfläche auch unverzügliches Wachsen erfordert. Innerhalb einer Woche können Umwelteinflüsse den Lack bereits wieder angegriffen haben, und

Sie müssen eventuell wieder von vorne beginnen. Nur Sie können entscheiden, welcher Aufwand sich für Sie lohnt. Wir haben hier das Prozedere für hochklassigen Tiefenglanz und dauerhaften Lackschutz beschrieben. Sollten Sie den Zeitaufwand scheuen oder mit weniger zufrieden sein, können Sie das Auto auch einfach waschen und danach wachsen. Es gibt dafür eine Vielzahl von Pflegeprodukten, die Ihnen Lackreinigung, Polieren und Versiegeln ersparen, aber trotzdem Lackschutz und Glanz liefern. Die einfachsten Mittel sind flüssige Reiniger/Wachse, die bequem aufzutragen und auszupolieren sind. Das Ergebnis sieht gut aus, auch wenn der Glanz nicht allzu tief sein wird. Die meisten Kratzer und Lackfehler werden noch vorhanden sein, und der Wachsschutz wird nicht allzu lange halten.

Beim Waschen lässt sich leicht feststellen, wie viel Wachs sich auf der Lackoberfläche befindet. Die Art, wie das Wasser beim Nachspülen abläuft, sagt eine Menge über die Wachsschicht aus. Wenn das Wasser auf der gesamten Oberfläche abperlt, ist der Schutz gegen die Elemente noch gegeben. Fließt das Wasser jedoch flächig ab, ist der Schutz nicht mehr ausreichend, und Sie müssen das Fahrzeug nachwachsen.

Wie lange eine Wachsschicht hält, hängt von der Witterung sowie von Aufwand und Art der Pflege aus, speziell natürlich vom letzten Arbeitsschritt des Wachsens. Befindet sich das Auto in einem guten Basis-Pflegezustand, muss man nur wenig Aufwand treiben, um den gelegentlich gefahrenen Mustang für sechs oder mehr Monate zu präparieren.

Glänzender Lack ist nur ein Aspekt eines gelungenen Auftritts. Für alle anderen Bereiche und Materialien steht ebenfalls eine große Auswahl an Produkten zum Reinigen und Schützen zur Verfügung. Zu beachten wären da Innenraummaterialien, Felgen und Reifen sowie Chrom innen und außen. Wenn Sie alles gut pflegen, wird ein simples Abstauben reichen, um auf einem Autotreffen eine gute Figur zu machen.

9.1 Sie benötigen keinen Kofferraum voller chemischer Präparate zur Wagenpflege. Zur Basisausstattung gehören ein gutes Autoshampoo, Politur, Wachs und Kunststoffpflege. Sie können verschiedene Hersteller durchprobieren und so das passende Produkt für sich finden. Die meisten Oldtimerbesitzer und Fahrzeug-Aufbereiter bleiben jedoch bei einer bestimmten Produktlinie, da die Mittel untereinander verträglich sind.

9.2 Sie können Ihren Wagen mit einem großen Schwamm oder wie einige Profis mit einem Waschhandschuh aus Schafswolle waschen. Die Handschuhe sind weich, haben eine Ober- und eine Unterseite zum Arbeiten und nehmen eine große Menge Shampoo auf.

9.3 Der häufigste Fehler bei der Wagenpflege ist die Verwendung eines falschen Shampoos. Jedes Produkt hat seine Stärken, aber der Sinn liegt hauptsächlich in der Entfernung von Verunreinigungen und Dreck auf dem Lack. Benutzen Sie statt Haushaltsreinigern unbedingt spezielle Produkte für die Wagenpflege aus dem reichhaltigen Angebot von Autozubehör oder Supermarkt.

9.4 Teerflecken lassen sich einfach und sicher mit Lampenöl entfernen. Es handelt sich dabei eigentlich nur um parfümiertes Petroleum, aber es lässt Ihre Hände und Lappen nicht so übel riechen wie reines Petroleum.

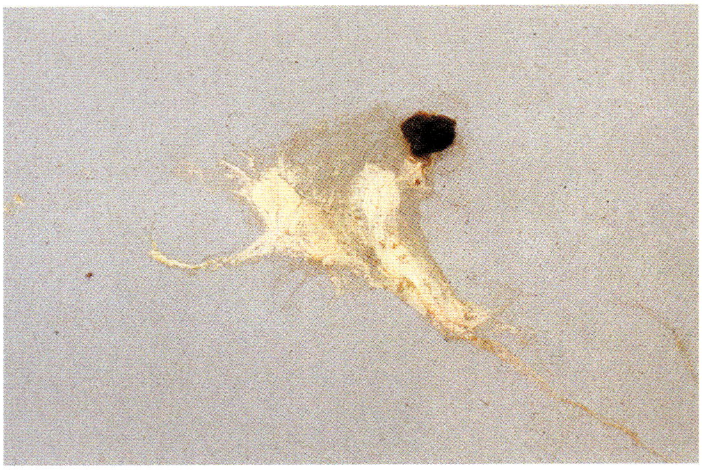

9.5 Warten Sie mit der Entfernung von Vogeldreck nicht bis zur nächsten Wäsche. Der Kot frisst sich in den Lack. Weichen Sie den Fleck zuerst ein. Gute Dienste tut ein Blatt gut durchnässtes Zeitungspapier, das eine Weile auf den Kotfleck gelegt wird. Dann wird der Fleck ganz behutsam mit Hilfe weiteren Wassers abgewischt. Ist die Stelle wieder trocken, sollte sie mit Lackpflegemittel gereinigt werden.

9.6 Viele professionelle Fahrzeugaufbereiter spülen das Auto mit dem Schlauch ohne Spritzdüse ab. Das verhindert Wasserspritzer auf den übrigen Lackflächen und die Lackoberfläche trocknet schneller sowie mit weniger Wasserflecken.

9.7 Echtes Autoleder wird nach dem Trocknen hart und muss vor dem erneuten Gebrauch in klarem Wasser eingeweicht werden. Künstliches Autoleder schimmelt nicht und kann noch leicht feucht in die Verpackung zurückgepackt werden. So ist es stets zum Trocknen großer Flächen einsatzbereit.

9.8 Zum Trocknen von Winkeln und Spalten benutzen viele Fahrzeugaufbereiter lieber saubere Baumwolltücher als Autoleder. Das erspart ihnen das ständige Auswringen. Sie nehmen kleine Lappen und davon eine ganze Menge – sehr zur Freude der nächsten Wäscherei.

9.9 Mit einem derart kompletten Pflegeprogramm, hier das in den USA beliebte von „One Grand“, ist man für alle Fälle gerüstet.

9.10 Benutzen Sie beim Auspolieren des Wachses zwei Tücher. Das eine schützt den Lack unter Ihrer Hand vor Hautfetten, und mit dem anderen polieren Sie den Wachs aus.

9.11 Profis und Show-Car-Besitzer nehmen gern Stoffwindeln zum Polieren und Wachsen teurer Lackierungen. Wenn man den Stoff auf etwa einen Zentimeter Dicke faltet, verteilt sich der Druck von Hand und Fingern beim Polieren gleichmäßiger.

9.12 Nur auf der rechten Seite hat der Lack eine ausreichende Schutzschicht Carnauba-Wachs erhalten. Man erkennt es am abperlenden Wasser. Echte Carnauba-Wachse sind zwar etwas schwerer zu verarbeiten, bieten aber den besten Langzeitschutz.

9.13 Rechts sehen Sie eine Polierscheibe aus Schafswolle, die beiden anderen sind aus Schaummaterial. Verschiedene Härtegrade des Schaums geben den Scheiben unterschiedliche Eigenschaften: Harte werden zum Aufarbeiten benutzt, weichere für Feinpolitur und Wachsen.

9.14 Werden Produkte mit Schleifmittel verwendet, können selbst beim Gebrauch von Poliermaschinen Schleifspuren durch zu harten Anpressdruck entstehen. Die Hersteller empfehlen, lediglich das Eigengewicht der Maschine zum Andruck auf die Lackoberfläche zu nutzen. Man kann solche Schleifspuren aber meist beim Versiegeln oder beim finalen Wachsen wieder herausbekommen.

9.15 Poliermaschinen werden häufig mit Frotteeaufsätzen verwendet. Es gibt solche zum Auftragen von Pflegeprodukten mit geschlossenen Rückseiten und weichere ohne festen Rücken zum Auspolieren der trockenen Mittel. Die Aufsätze sind waschbar.

9.16 Wattestäbchen gehören in jedes Pflegeset. Man kann mit ihnen prima kleine Ecken säubern oder geringe Mengen Pflegemittel auf Gummidichtungen an Chromleisten auftragen.

9.17 Dichtungen benötigen, um nicht auszutrocknen, von Zeit zu Zeit Auffrischung durch Gummipflegemittel.

9.18 Auf Autoshows sind eine Menge Zahnstocher im Einsatz. Sie sind hilfreich, um kleine Dreckpartikel oder Wachsreste wie an diesem Antennenfuß zu entfernen.

9.19 Die alte Methode mit Zeitungspapier und Essiglösung taugt noch immer zum streifenfreien Reinigen von Fenstern. Achten Sie aber darauf, dass die Essiglösung nicht auf den Lack gelangt.

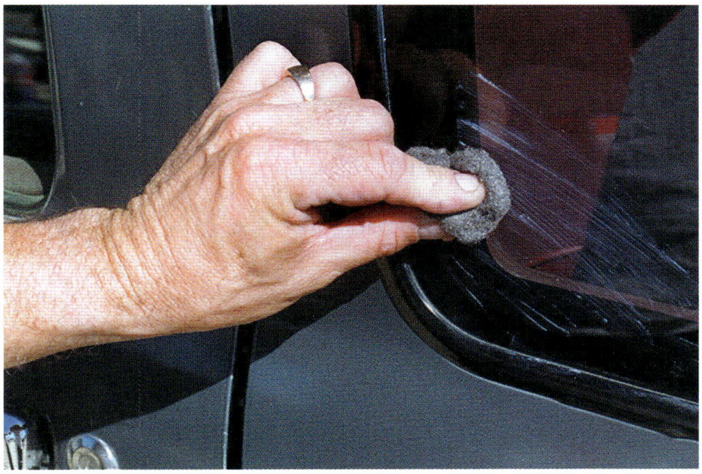

9.20 Stumpfe Wasserflecken auf Glas können mit in Glasreiniger getränkter feiner Stahlwolle entfernt werden.

9.21 Das geschlossene Stoffverdeck sollte bei der Fahrzeugwäsche mit einem geeigneten Shampoo gereinigt werden. Dazu taugen ein weicher Schwamm oder ein Reinigungshandschuh. Bei dieser Gelegenheit wird auch das Kunststoffheckfenster sanft abgewischt. Verdecke aus Vinyl sind einfacher zu reinigen.

9.22 Es gibt nur wenige Teile am Fahrzeug, die empfindlicher als die Kunststoffscheibe im Cabrioverdeck sind. Es empfiehlt sich die regelmäßige Behandlung mit einer speziellen Plastikpolitur. Meist müssen diese milchigen Mittel vor dem Auftragen geschüttelt werden, damit sich das leichte Schleifmittel gleichmäßig in der Lösung verteilt.

9.23 Lackdickenmesser sind vor der Lackpolitur oder -reparatur sehr hilfreich. Ist die Lackschicht zu dünn, riskieren Sie ein Durchschleifen bis auf die Grundierung und müssen nachlackieren. Aber schon beim Kauf leisten diese Geräte gute Dienste. Sie können damit unter dem Lack verborgene Spachtelmasse aufspüren.

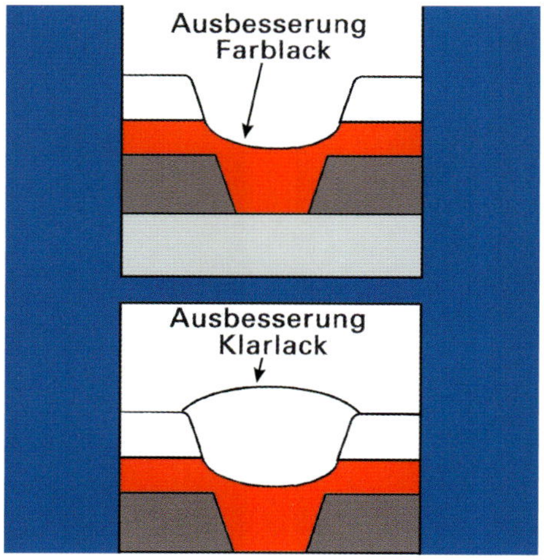

9.24 Bei starker Vergrößerung wirkt eine Beschädigung im Lack wie ein Krater oder eine Schlucht. Die unauffälligste Reparatur ist daher das Auffüllen der Vertiefung mit farbigem und klarem Lack gefolgt vom Glattschleifen der entstandenen Erhöhung auf das restliche Lackniveau.

9.25 Benutzte Aschenbecher hinterlassen selbst dann einen unangenehmen Geruch, wenn der neue Fahrzeugbesitzer Nichtraucher ist. Eine gründliche Reinigung mit Seifenlauge und Bürste beseitigt aber die meisten Rückstände.

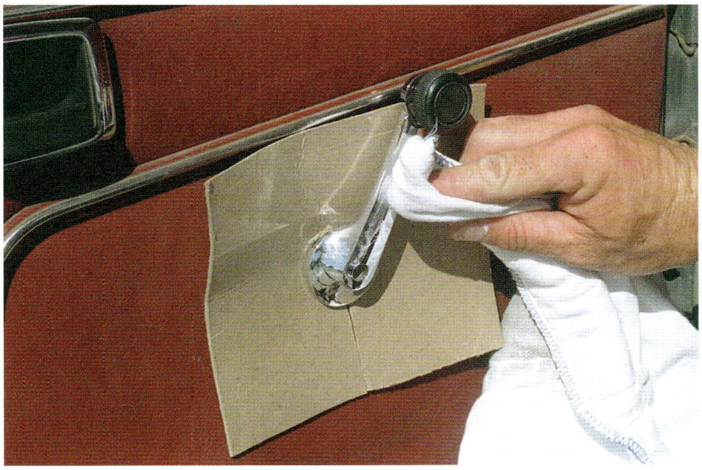

9.26 Eine Abdeckung aus Pappe ist hilfreich, wenn Sie die Chromteile an stoffbezogenen Türen säubern oder polieren wollen. Die Maske schützt den Stoff vor Verunreinigungen durch Pflegemitteln. Legen Sie sich so eine Maske beiseite, dann müssen Sie nicht jedesmal eine neue anfertigen.

9.27 Schützen Sie für die Grundreinigung des Motors Zündverteiler, Zündspule und Vergaser mit Aluminiumfolie, Plastiktüten oder Plastikfolie. Sprühen Sie Motorreiniger in den Motorraum und lassen Sie ihn einwirken. An engen Stellen haben sich alte Zahnbürsten zum Lösen der Verschmutzungen bewährt. Hartnäckige Stellen benötigen eventuell eine zweite Behandlung. Achtung: Motorwäsche ist nur in Waschboxen mit Ölabscheider erlaubt!

9.28 Der Motor darf auf keinen Fall mit vollem Strahl abgespritzt werden. Der hohe Wasserdruck schadet unter anderem den Dichtungen. Der Reiniger soll eine Zeitlang einwirken und sich dann am besten eher abduschen als abspritzen lassen. Lackierte und Aluminiumteile werden besonders gründlich abgespült.

9.29 Beginnen Sie die Aufarbeitung der Reifen mit einer gründlichen Reinigung mit Seifenlauge und einer Bürste. Entfernen Sie damit alte Gummirückstände, speziell um die Beschriftung herum. Benutzen Sie die Bürste nicht für die Felgen.

9.30 Ein Trick bei der weiteren Pflege der Reifen ist die Anfertigung einer Felgenabdeckung. So werden Räder und Bremsen vor der Verschmutzung durch Gummipflegeprodukte geschützt.

Beseitig
Lacks
Felgens
Interieur
Tel.:
D V8 H

10. Pflicht und Kür: Was kommt jetzt?

Pflicht: die Formalitäten

Bevor Sie endlich die Früchte Ihrer Arbeit genießen können, stehen für die Zulassung in Deutschland noch einige Formalitäten an.

Änderungen für TÜV-Zulassung

Der TÜV verlangt an klassischen Mustangs folgende Änderungen:

- Umrüstung der Sealed-Beam-Scheinwerfer auf H4
- Umrüstung Standlicht: Blinker vorne dürfen nicht die Standlichtfunktion haben. Das Standlicht vorne muss entweder als separate Lampe oder in der H4-Lampe integriert werden und weiß leuchten.
- Montage von Reflektoren hinten. Sie müssen mit der Wellenlinie bzw. dem E-Zeichen gekennzeichnet und jeweils mindestens 10 cm^2 groß sein, also etwa 2 x 5 cm.
- Einbau einer Warnblinkanlage, falls nicht vorhanden
- Typenschild: Bis Erstzulassung 1. Oktober 1969 kann die VIN elektrisch eingraviert oder auf einem separaten aufgenieteten Blechschild im Motorraum angebracht sein. In seltenen Fällen verlangt ein Prüfer das zusätzliche Einschlagen der VIN vorne rechts im Rahmen vor der Stoßstangenhalterung. Dies ist jedoch nicht Vorschrift.

Generell ist es hilfreich, sich vor dem Prüfungstermin mit den Prüfern zu besprechen. Sie bekommen dadurch wertvolle Hinweise und können sich entsprechend vorbereiten. So kann der Prüfer abweichend von den Vorschriften zusätzliche Anforderungen stellen, siehe das Beispiel Einschlagen der VIN. Manchmal wird auch die Montage einer Abschleppöse an der Vorderachse verlangt.

Hauptuntersuchung (§ 21 StVZO)

Beim TÜV-Termin kommt es häufiger zu Diskussionen mit den Prüfern. Hier einige typische Punkte:

Häufig werden die roten Blinker in den hinteren Einkammerleuchten kritisiert. Diese sind aber bis Baujahr vor dem 1. Januar 1970 zugelassen. Manche Prüfer verlangen Markierungen auf dem Meilentacho bei 50/80/100 km/h. Eine Umrüstung auf Kilometer-Tachoscheibe ist jedoch nicht nötig.

Im Internet finden sich Details zu den sogenannten Übergangsvorschriften für Pkw, die solche Ausnahmen für alte Fahrzeuge regeln.

Für einzeln importierte Fahrzeuge aus dem Nicht-EG-Raum (z. B. USA/Kanada) ist immer eine Vollabnahme erforderlich.

In den alten Bundesländern darf nur der TÜV, in den neuen Bundesländern nur die DEKRA Fahrzeuge zur Erstzulassung begutachten.

Seit 2008 dürfen Sie ein vorübergehend stillgelegtes Fahrzeug 84 Monate, also 7 Jahre lang abgemeldet haben. Es genügt dann, mit den Fahrzeugpapieren und einer Versicherungsbestätigung bei der Zulassungsstelle zu erscheinen und das Auto anzumelden.

Falls die Plakette abgelaufen sein sollte, müssen Sie eine normale Hauptuntersuchung vornehmen lassen.

Sie dürfen mit dem abgemeldeten Fahrzeug weder zur Hauptuntersuchung noch zur Zulassungsstelle fahren. Das Auto muss also auf dem Anhänger transportiert werden oder mit Kurzzeitkennzeichen versehen werden.

H-Kennzeichen

Ist ein Auto älter als 30 Jahre und entspricht es den H-Zulassungskriterien, kann es in Deutschland mit einem H-Kennzeichen als „kraftfahrzeugtechnisches Kulturgut“ angemeldet werden. Das H nimmt Umweltzonen den Schrecken. Die grüne Feinstaubplakette wird nicht benötigt. Der Steuersatz für Fahrzeuge mit H-Zulassung beträgt zur Zeit rund 192 Euro. Die meisten Versicherungen bieten günstige Tarife an, da sie davon ausgehen, dass Oldtimer nicht im Alltag bewegt werden.

Größte Hürde bei der Zulassung eines Fahrzeugs mit H-Kennzeichen ist der Zustand. Zum Beantragen eines H-Kennzeichens muss ein Oldtimer-Gutachten vorliegen, das ein anerkannter Sachverständiger erstellt haben muss. Diese Fachleute finden sich unter anderem in den Prüforganisationen. Seit 2007 darf aber auch jeder zertifizierte Prüfingenieur die Eignung für das historische Nummernschild ausstellen. Die Voraussetzungen für die H-Zulassung sind in §23 der StVZO geregelt. Detaillierte Informationen finden sich im Internet.

Es hängt leider häufig vom Prüfer ab, ob das vorgeführte Fahrzeug das historische Kennzeichen erhält. Vieles liegt in seinem Ermessen. Allerdings ist da in den vergangenen Jahren nachjustiert worden. Die Prüfer müssen einer Checkliste folgen und sehr viel mehr dokumentieren und begründen, wieso etwas geht oder nicht geht. Die Vorschriften werden seitdem sehr viel enger ausgelegt.

Zeitgenössische Umbauten sind erlaubt. Der Nachweis ist vom Halter zu erbringen. Anbauteile sind gestattet, wenn sie in den ersten zehn Jahren nach der Erstzulassung üblich waren. Für größere Umbaumaßnahmen am Fahrzeug gilt, dass sie älter sein müssen als 30 Jahre. So bleibt sichergestellt, dass der Oldtimer den Geist seiner Zeit korrekt widerspiegelt.

Das Fahrzeug muss in einem guten Zustand sein. Es dürfen keine größeren Mängel oder übermäßige Gebrauchsspuren vorhanden sein. Die Faustregel lautet: Je älter das Fahrzeug, desto mehr optische Mängel sind akzeptabel.

Alte Fahrzeuge mit Tuning dürften den Vorgaben eher selten genügen. Bei klassischen Mustangs sind etwa Veränderungen am Fahrwerk wie modernere Vorderachsen oder Scheibenbremsen hinten in der Regel nicht erlaubt.

Generell sind Veränderungen, die die Fahrsicherheit erhöhen, erlaubt. Beim Mustang ist das der Einbau von Scheibenbremsen vorne und die damit verbundene Umrüstung auf eine Zweikreis-Bremsanlage.

Für andere Umbauten sind passende Gutachten beizubringen, die beim TÜV eingetragen werden müssen. Für viele Ersatzteile und Umbau-Kits, die auf dem freien Markt angeboten werden, existieren in der EU leider keine Gutachten und sie sind damit nicht zulässig!

Gleiches gilt für Motoren, die ursprünglich nicht in der Baureihe eingebaut waren. Gelingt jedoch der Nachweis, dass der Umbau vor mehr als 30 Jahren schon einmal gemacht wurde, handelt es sich um einen zeitgenössischen und somit gestatteten.

Der Oldtimer benötigt für die Zulassung mit H-Kennzeichen schließlich noch eine gültige Hauptuntersuchung (HU).

Zulassung

Das Oldtimer-Kennzeichen lässt sich in der Zulassungsbehörde beantragen. Folgende Unterlagen werden benötigt:

- gültiger Personalausweis oder Reisepass mit aktueller Meldebestätigung
- elektronische Versicherungsbestätigungsnummer (eVB-Nummer)
- Fahrzeugschein und Fahrzeugbrief/Zulassungsbescheinigung Teil I und Teil II
- Oldtimer-Gutachten
- Nachweis über die Hauptuntersuchung (HU)
- bisheriges Kennzeichen (falls Fahrzeug gegenwärtig zugelassen)

Unterlagen für Erstzulassung nach USA-Import:

- Kaufvertrag als Eigentumsnachweis
- Title (US-Fahrzeugbrief) als Eigentumsnachweis
- Die Unbedenklichkeitsbescheinigung vom KBA Flensburg wird seit einiger Zeit direkt bei der Zulassung im Straßenverkehrsamt elektronisch übermittelt.
- Zollpapiere

Seit 2005 gibt es neue Zulassungspapiere. Fahrzeugschein und Fahrzeugbrief wurden ersetzt durch die Zulassungsbescheinigung Teil I und Teil II. In der Regel werden die alten Dokumente von der Zulassungsstelle eingezogen und vernichtet. Doch gerade bei Oldtimern haben die alten Dokumente einen historischen Wert. Falls Sie Fahrzeugschein und Fahrzeugbrief behalten wollen, können Sie bei Ihrer Zulassungsstelle nachfragen, ob dies möglich ist. Ansonsten fertigen Sie vorher Kopien an und lassen Sie die gegebenenfalls zusätzlich amtlich beglaubigen.

Die Vorschriften zur Zulassung sowie zur Erteilung der erlaubten Kennzeichen variieren nach Bundesland, Kreis und Stadt. Jede Zulassungsstelle ist frei in der Auslegung der mehr oder weniger groben Vorschriften. Das alte Nummernschild im US-Format, das prima in die entsprechende Einbuchtung in Front- und Heckschürze passt, wird leider nicht mehr zugeteilt.

Erteilt werden kann ein Kleinkraftradkennzeichen in Engschrift, das dem alten US-Format ähnlich ist. Häufig wird dies jedoch verweigert oder kostet einen satten Aufschlag. Manche Zulassungsstellen erlauben die kleinen Kennzeichen vorne und hinten, andere kombinieren kleine und große Nummernschilder.

Versicherung

Viele Versicherungen bieten sehr günstige Tarife an, da sie davon ausgehen, dass Oldtimer nur behutsam und wenig bewegt werden. Einige Anbieter limitieren die Kilometerzahl pro Jahr. Vorsicht: Viele Versicherer setzen einen Erstwagen voraus.

Neu sind so genannte Stilllegungsversicherungen für abgemeldete Fahrzeuge. Sie werden dann interessant, wenn das Fahrzeug über einen längeren Zeitraum hinweg restauriert wird.

Wertgutachten

Klassische Automobile werden immer beliebter, leider auch bei Langfingern. Oldies sind meist einfach zu knacken und bringen Dieben auch in Einzelteile zerlegt viel Geld ein. Das Wertgutachten stellt eine Absicherung der Restaurierungsleistung und Investitionen in Ihren Mustang dar. Es würdigt Ihre Mühen und dient als Argumentationshilfe gegenüber der Versicherung bei Unfall, Beschädigung und Diebstahl. Auch die Wertsteigerung im Laufe der Jahre wird dokumentiert. Anerkannte Organisationen sind Classic Data, Dekra oder DAT. Hilfreich ist wie bei der TÜV-Zulassung eine Fotodokumentation der Restaurierung.

Kür: Jetzt geht's endlich los

Was werden Sie jetzt mit Ihrem fertig restaurierten und zugelassenen Mustang unternehmen? Eine kleine Tour ans Meer oder in die Berge? Eine gemütliche Ausfahrt am Sonntagmorgen? Es finden sich genügend Gelegenheiten und Anlässe, aufs Alltagsfahrzeug zu verzichten und in den Mustang zu springen. Setzen Sie sich vom Heer der eintönigen SUVs und MPVs ab und genießen Sie den Auftritt in Ihrem Klassiker.

Viele genießen so etwas am liebsten in Gesellschaft. So mancher Hobby-Restaurierer wird schon im Verlauf der Wiederherstellung seines Mustang mit dem einen oder anderen Kenner und weiteren Enthusiasten zu tun bekommen haben. Und am Ende macht es ja auch Spaß, die Leidenschaft mit anderen zu teilen.

Autoclubs

Sie müssen nicht erst warten, bis Ihr Mustang fertig und fahrbar ist, bevor Sie sich einem Mustang-Club anschließen. Sie werden dort eine Menge netter Menschen treffen, die Ihr Interesse teilen. Das hat eine Menge Vorteile: Sie werden die fertigen und unfertigen Fahrzeuge anderer Mustang-Fans kennenlernen, und diese Fachleute werden Ihnen auch bei Ihrer Restaurierung mit Rat und Tat zur Seite stehen, etwa mit Tipps und guten Adressen für Metallarbeiten wie Verchromen, Sandstrahlen, Karosseriebau sowie Lackierung. Allein die Warnung vor nicht seriösen Betrieben kann etliche Euros sparen. Es gibt einige Clubs, davon auch welche mit regionalen Ablegern in Ihrer Gegend.

Die meisten Clubs veranstalten regelmäßig Treffen, von Stammtischen über kleine, ungezwungene Treffen am Sonntagmorgen bis hin zu mehrtägigen Veranstaltungen mit internationalem Publikum. Dabei hängt es natürlich nicht nur vom Wetter ab, ob alle mit Ihren klassischen Mustangs vorfahren, sondern auch davon, ob am entsprechenden Fahrzeug nicht gerade Restaurierungs- oder Reparaturbedarf herrscht.

10.1 Jetzt ist Showtime!

10.2 Ihr erster Trip auf ein Mustangtreffen wird lehr- und abwechslungsreich sein. Sie werden schon bald die einzelnen Baujahre unterscheiden und besondere Modelle erkennen können. Wenn Sie die Fahrzeugbesitzer höflich fragen, wird man Sie bestimmt hinter dem Steuer probesitzen lassen.

10.3 Vielleicht finden Sie auf einem solchen Treffen sogar Ihr Traumfahrzeug. Ein fast fertiggestellter und hochbegehrter Mustang wie dieser 1970er Boss 302 kann aber ganz schnell auch ganz viel Geld kosten.

Auch Ford-Markentreffen können interessant sein. Dort finden sich Mustangs aus allen Baujahren sowie weitere Fahrzeuge aus der vielfältigen europäischen und amerikanischen Ford-Modellpalette. Die Bandbreite reicht von Sportwagen über Limousinen und Vans bis hin zu Pick-ups. Manche dieser Meetings finden auf Veranstaltungsgeländen statt, andere auf Rennstrecken. Informieren Sie sich im Internet über die Termine.

10.4 Dieses rot/rote 1965er Cabrio hat es uns angetan.

Noch mehr Abenteuer

Apropos Rennstrecken: Auch bei den Pisten handelt es sich um natürlichen Lebensraum für den Mustang. Viele Mustangs sind zudem mehr oder weniger klassisch präpariert. Die Tuningmaßnahmen reichen von Fächerkrümmern und Vierfachvergasern über Stroker-Motoren bis hin zu Kompressoren. Besitzer solcher Autos sind eindeutig an Leistungsoptimierung interessiert und messen einander auch gerne auf Drag-Strips. Meist bedarf es zur Teilnahme an den Viertel- oder Achtelmeilenrennen nur eines Minimums an Sicherheitsausstattung: Sicherheitsgurte und einen Helm. Wir empfehlen natürlich die höchstmöglichen Sicherheitsvorkehrungen wie einen Überrollkäfig und einen Sicherungsring gegen das Abscheren der Kardanwelle.

Eine andere Gruppe Mustangbesitzer trifft man auf Rundstrecken. Dort zählt neben der Motorleistung auch die Straßenlage. Es gibt eine große Auswahl an Fahrwerkskomponenten, die das Handling bis hin zur Rennabstimmung verbessern. Getestet werden diese Modifikationen bei Clubrennen auf

10.5 Shelby-Mustangs ziehen immer große Aufmerksamkeit auf sich. Sie verkörpern noch heute die Blütezeit der Muscle-Cars. Zudem haben sie sich längst zu veritablen Anlageobjekten entwickelt.

10.6 Egal ob noch auf der Fahrzeugsuche oder bereits Mustang-Besitzer: Alle haben bei diesen Veranstaltungen Spaß.

Rennstrecken oder bei Slalom-Veranstaltungen, wo es eher um fahrerisches Können als um Motorleistung geht.

Wesentlich entspannter geht es da bei Ausfahrten zu. Häufig werden dazu Wochenendtouren zu reizvollen Ausflugszielen geplant und dabei viel Zeit mit Gleichgesinnten verbracht.

Eine nette Idee aus den USA ist der sogenannte Poker Run. Man fährt gemeinsam mit anderen Fahrern eine Route, wobei an verschiedenen Stopps je eine Spielkarte gezogen wird. Die gezogene Karte wird notiert und wer am Ende das beste Blatt hat, gewinnt die Hälfte des Pots aus den Teilnahmegebühren. Die andere Hälfte geht an den Club.

10.7 Vielleicht suchen Sie mehr Action? Bei einem Viertelmeilenrennen fahren zwei Kontrahenten nebeneinander und lassen so den Geist der Sechziger wieder aufleben.

10.8 Vielleicht sind eine Ausfahrt oder ein Poker Run mehr nach Ihrem Geschmack? Aber wohin auch immer Sie fahren, es wird therapeutische Wirkung haben.

10.9 So mancher Mustangbesitzer zeigt auch gern und stolz in Form einer Fotodokumentation, wie aufwändig er sein Pony restauriert hat.

10.10 Häufig stehen auf Treffen Fachhändler Ihren Kunden bei Technikfragen mit Rat zur Seite.

Zeigt her eure Mustangs

Manche Veranstaltungen sind mit Tombola und einigen wenigen Pokalen legerer als andere, auf denen Preisrichter die Fahrzeuge unter die Lupe nehmen. Auf den meisten Treffen kann man mit Mustangs aller Zustandsnoten erscheinen, egal, ob zum ersten Mal auf der Straße oder nach abgeschlossener Restaurierung. Häufig gibt es Einteilungen nach Baujahren oder Modellreihen. Nochmals unterteilt werden die Fahrzeuge nach „Originalzustand" und „Modifiziert".

Sie werden nicht nur Spaß auf diesen Veranstaltungen haben, Sie werden dort auch viel lernen. Im Verlauf einer Restaurierung kann der genaue Blick auf andere Mustangs sehr hilfreich sein. Jeder Teilnehmer verfügt über Spezialwissen und kann so manche Frage beantworten. Mit der Kamera lassen sich die Details festhalten. Manchmal werden Sie auch auf ein und dieselbe Frage verschiedene Antworten erhalten. Fragen Sie im Zweifelsfall einen der Preisrichter, wenn Sie ihn zu fassen bekommen.

10.11 Ein Mustangbesitzer zeigt stolz, wie genau er die Restaurierung seines Fahrzeuges betrieben hat. Das Foto zeigt die Rohkarosserie auf einem Drehgestell.

10.12 Zulieferer wie Mustang Plus prüfen ihre Fahrwerksteile auf Rennstrecken und entwickeln sie stetig weiter.

10.13 Einen solch akkurat restaurierten Motorraum kann man stolz präsentieren.

10.14 Also, was sollen wir mit unserem Mustang anstellen?

289

COBRA
GENUINE
Ford
PARTS & SERVICE

11. Weitere Informationen

Adressen und Ansprechpartner

Die Liste an Enthusiasten und Firmen, die sich um klassische Mustangs kümmern, ist endlos. Diese Fachleute für Restauration und Tuning halten die amerikanische Ikone am Laufen. Hier haben wir einige von ihnen aufgeführt.

Clubs

Mustang Club of America (MCA)
www.mustang.org

Shelby American Automobile Club (SAAC)
www.saac.com

First Mustang Club of Germany
www.mustang-inside.de

Mustang Club of Austria
www.mustangs.at

Mustang Club of Switzerland
www.fordmustang.ch

Deutsche Anbieter

RSB Mustang Parts
www.rsb-parts.de

Velocity
www.velocity-group.de

Walters Auto Service
www.waltersautoservice.de

Coolcars
www.dr-mustang.com

KTS
shop3.kts.de/

Mike & Franks
www.mnf.de

Yankee Motors
www.yankeemotors.com

Red Line Motors
www.redlinemotors.de

All About Mustangs
www.aamshop.de

Classic Car Company
http://classicmustangparts.de

US Speed Shop
www.usspeed.de

California Cubic Inch
www.cci-shop.de

Anbieter in USA

ACP
www.acpdealer.com

Branda Shelby & Mustang Parts
www.cobranda.com

California Mustang Parts and Accessories
www.cal-mustang.com

California Pony Cars
www.calponycars.com

CJ Pony Parts
www.cjponyparts.com

Classic Auto Parts
www.classicautoparts.com

Cobra Automotive
www.cobraautomotive.com

Coker Tire
www.cokertire.com

Comp Cams
www.compcams.com

Crane Cams
www.cranecams.com

Currie Enterprises
www.currieenterprises.com

Dallas Mustang
www.dallasmustang.com

Dearborn Classics
www.dearbornclassics.com

Eastwood
www.eastwood.com

Factory Muscle Parts
www.factorymuscleparts.com

Federal-Mogul Corporation
www.federal-mogul.com

Flaming River
www.flamingriver.com

Ford Racing Performance Parts
www.fordracingparts.com

Ididit
www.ididitinc.com

Larry's Mustang & Thunderbird
www.larrystbird.com

Laurel Mountain Mustang
www.laurelmountainmustang.com

Lokar Performance Products
www.lokar.com

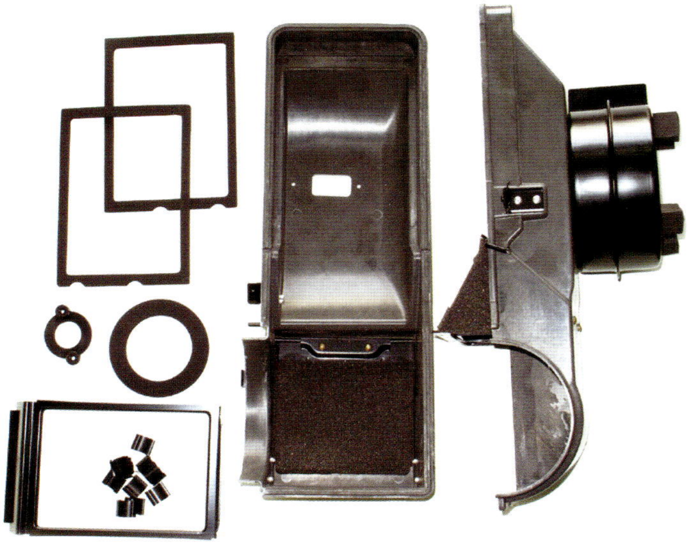

Marti Auto Works
www.martiauto.com

Mustang Depot
www.mustangdepot.com

Mustangs Plus
www.mustangsplus.com

Mustangs Unlimited
www.mustangsunlimited.com

National Parts Depot
www.npdlink.com/

Painless Performance Products
www.painlessperformance.com

Pony Carburetor
www.ponycarburetors.com

Sacramento Mustang
www.sacramento-mustang.com

Scott Drake Reproductions
www.scottdrake.net

Summit Racing Equipment
www.summitracing.com

Superior Mustang Parts
www.superiormustangparts.com

Total Control Products
www.totalcontrolproducts.com

Virginia Classic Mustang
www.virginiamustang.com

YearOne
www.yearone.com

Webseiten

www.vintage-mustang.com

concoursmustang.com

www.mustangtek.com

www.mustangdecoder.com

www.martiauto.com

fordsix.com

www.dr-mustang.com

www.mustangandfords.com

www.fordmuscle.com

VIN und Typenschild

Wollen Sie Ihren Mustang wieder in den originalen Auslieferungszustand zurückversetzen, müssen Sie jetzt etwas büffeln. Im Laufe der Jahre wurde Ihr Fahrzeug sicherlich mal überlackiert oder modifiziert. Vielleicht besitzt es auch einen nicht-originalen Motor oder zusätzliche Teile. Das ist weiter nicht schlimm, taugt aber leider nicht für eine Originalrestaurierung.

Sie müssen nun das Typenschild an der Hinterkante der Fahrertür entschlüsseln. Bis zum Baujahr 1969 sind die Daten in ein Aluminiumschild eingestanzt, danach finden sie sich auf einem Aufkleber mit Plastiküberzug. Die Buchstaben und Zahlen geben Auskunft über den originalen Auslieferungszustand Ihres Fahrzeugs wie Karosserieform, Lackfarbe, Innenraumfarbe, Produktionsdatum, Auslieferungsbezirk sowie Hinterachs- und Motorentyp.

Das Typenschild beinhaltet außerdem die VIN (Fahrzeugidentifikationsnummer), die mit der eingestanzten Nummer vorne links im Motorraum (bei Modellen bis 1967) übereinstimmen sollte. Bei späteren Fahrzeugen findet sich die VIN am Armaturenbrett auf der Fahrerseite und ist durch die Windschutzscheibe sichtbar. Stellen Sie sicher, dass beide VIN identisch sind. Ansonsten könnte das auf eine ausgetauschte Tür hinweisen, und damit wären die Angaben auf dem Typenschild für Ihr Fahrzeug hinfällig.

Es gibt viele praktische VIN-Decoder im Internet, etwa www.mustangdecoder.com. Geben Sie einfach die Typenschildinformationen ein, und schon wissen Sie mehr über Ihren Mustang. Falls das Typenschild fehlt, falsch oder beschädigt ist, lässt es sich nachkaufen und ersetzen.

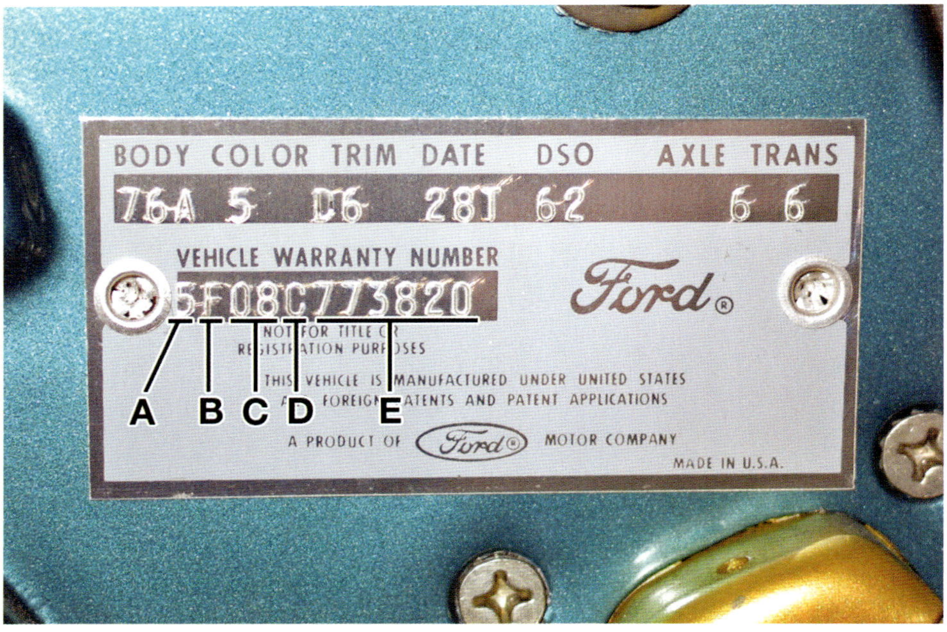

Das Typenschild verrät viel über den Mustang. Hier sehen Sie das von unserem 1965er Cabrio. Plaketten späterer Modelljahre sehen etwas anders aus. Die Buchstaben- und Zahlenkombination wird folgendermaßen gelesen:

A letzte Ziffer des Modelljahres
B Produktionsstätte
C Karosseriecode
D Motorcode
E Chassisnummer

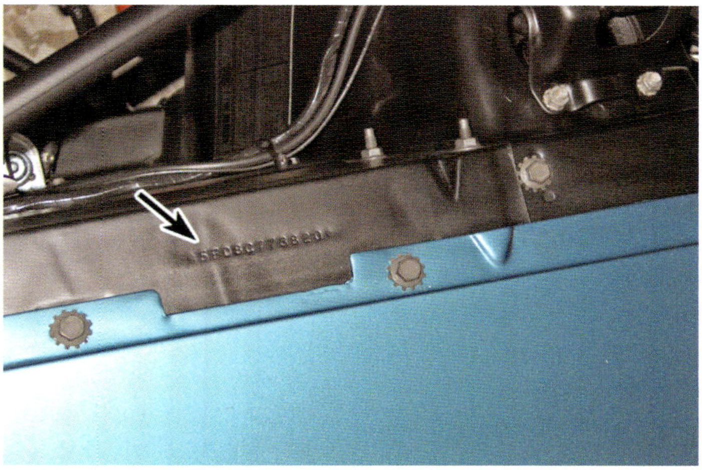

Die Fahrzeugidentifikationsnummer (VIN) befindet sich bis zum Modelljahr 1967 am linken Innenkotflügel.

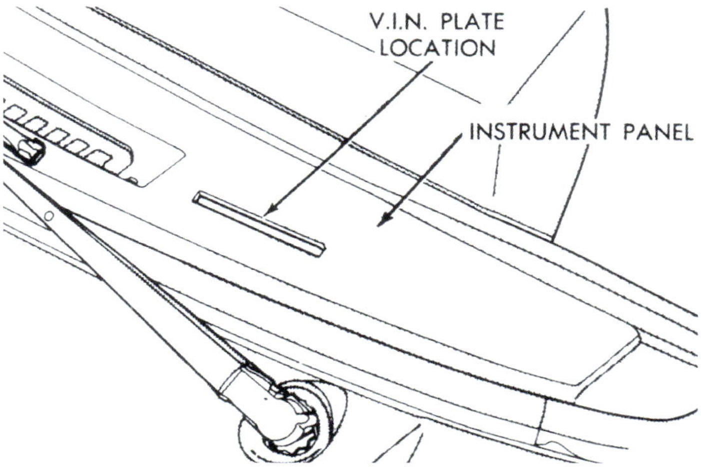

Bei späteren Baujahren (ab 1968) ist der Code durch die Windschutzscheibe links am Armaturenbrett zu sehen.

Die Motor-Fertigungsnummer findet sich auf der rechten Seite der Ansaugbrücke vor dem Vergaser.

Die Getriebe-Fertigungsnummer kann sich abhängig von Getriebetyp und Baujahr an verschiedenen Stellen befinden. Meist ist sie aber auf der linken Seite oder hinten am Getriebe montiert.

Die Fertigungsnummer der Hinterachse ist auf einer Blechmarke am Differenzialgehäuse vermerkt.

VIN-Decoder

Karosserietyp

	1965	1966	1967	1968	1969	1970
Fastback	63	63	63	63		
Coupé	65	65	65	65	65	65
Cabriolet	76	76	76	76	76	76
Sportsroof					63	63

Sitze

Den Ziffern für den Karosserietyp folgender Buchstabe (Beispiel: 76A entspricht einem Cabriolet mit Standard-Sitzen)

	1965	1966	1967	1968	1969	1970
Standard	A	A	A	A	A	A
Luxury	B	B	B	B	B	B
Special					E+	E+
Sitzbank	C	C	C	C/D*	C/D*	C/D*

* Deluxe

+ Grande

Außenlackfarbe

Code	1964¹/₂	1965	1966	1967	1968	1969	1970
A	Raven Black	Raven Black	Raven Black	Raven Black	Raven Black	Raven Black	Raven Black
B	Pagoda Green	Midnight Turquoise		Frost Turquoise	Royal Maroon	Royal Maroon	
C		Honey Gold				Black Jade	Dark Ivy Green Metallic
D	Dynasty Green	Dynasty Green		Acapulco Blue	Acapulco Blue	Acapulco Blue	Yellow
E						Aztec Aqua	
F	Guardsman Blue		Light Blue	Arcadian Blue	Gulfstream Aqua	Gulfstream Aqua	

Code	1964½	1965	1966	1967	1968	1969	1970
G							Medium Lime Metallic
H	Caspian Blue	Caspian Blue	Sahara Beige	Diamond Green			
I	Champagne Beige	Champagne Beige		Lime Gold	Lime Gold	Lime Gold	
J	Rangoon Red	Rangoon Red					Grabber Blue
K	Sliversmoke Gray	Sliversmoke Gray	Nightmist Blue	Nightmist Blue			Bright Gold Metallic
L							
M	Wimbledon White	Wimbledon White	Wimbledon White	Wimbledon White	Wimbledon White	Wimbledon White	Wimbledon White
N				Diamond Blue	Diamond Blue		Pastel Blue
O	Tropical Turquoise	Tropical Turquoise			Seafoam Green		
P	Prairie Bronze	Prairie Bronze	Antique Bronze			Winter Blue	
Q		Brittany Blue	Brittany Blue	Brittany Blue			Medium Blue Metallic
R	Ivy Green	Ivy Green	Dark Green Metallic		Highland Green		
S	Cascade Green			Dusk		Champagne	Medium Gold
T			Candy Apple Red	Candy Apple Red	Candy Apple Red	Candy Apple Red	Red
U			Tahoe Turquoise		Tahoe Turquoise		Grabber Orange
V	Sunlight Yellow	Sunlight Yellow	Emberglo	Burnt Umber			
W				Clearwater Aqua	Meadowlark Yellow	Meadowlark Yellow	
X	Vintage Burgundy	Vintage Burgundy	Vintage Burgundy	Vintage Burgundy	Pres. Blue		
Y	Skylight Blue	Silver Blue	Silver Blue	Dark Moss Green	Sunlit Gold	Indian Fire	

Außenlackfarbe (Fortsetzung)

Code	1964½	1965	1966	1967	1968	1969	1970
Z	Chantilly Beige		Med. Sage Metallic	Sauterne Gold			Grabber Green
1							Calypso Coral
2						Lime	Light Ivy Yellow
3	Poppy Red	Poppy Red				Calypso Coral	
4			Silver Frost	Silver Frost		Silver Jade	
5	Twilight Turquoise		Signal Flare Red				
6				Pebble Beige	Pebble Beige	Pastel Gray	Silver Blue Met.
7	Phoenician Yellow						
8		Springtime Yellow	Springtime Yellow	Springtime Yellow			
Special			Medium Palomino Metallic	Playboy Pink			
			Medium Silver Metallic	Anniversary Gold			
			Ivy Green Metallic	Columbine Blue			
			Tahoe Turquoise Metallic	Aspen Gold			
			Maroon Metallic	Blue Bonnet			
			Silverblue Metallic	Timberline Green			
			Sauterne Gold Metallic	Lavender			
			Light Beige	Bright Red			

Innenausstattung

1964 1/2	
42	White Vinyl with Blue Trim
45	White Vinyl with Red Trim
46	White Vinyl with Black Trim
48	White Vinyl with Ivy Gold Trim
49	White Vinyl with Palomino Trim
56	Black Vinyl and Cloth
82	Blue Vinyl with Blue Trim
85	Red Vinyl with Red Trim
86	Black Vinyl with Black Trim
89	Palomino Vinyl with Palomino Trim
D2	White with Blue Trim
D5	White with Red Trim
D6	White with Black Trim
D8	White with Ivy Gold Trim
D9	White with Palomino Trim
F2	White with Blue Trim (Luxury)
F5	White with Red Trim (Luxury)
F6	White with Black Trim (Luxury)
F7	White with Aqua Trim (Luxury)
F8	White with Ivy Gold Trim (Luxury)
F9	White with Palomino Trim (Luxury)

1965	
22	Blue Vinyl with Blue Trim
25	Red Vinyl with Red Trim
26	Black Vinyl with Black Trim
28	Ivy Gold Vinyl with Gold Trim
29	Palomino Vinyl with Palomino Trim
32	Blue Bench
35	Red Bench
36	Black Bench
39	Palomino Bench
62	Blue and White (Luxury)
65	Red and White (Luxury)
66	Black and White (Luxury)
67	Aqua and White (Luxury)
68	Ivy Gold and White (Luxury)
69	Palomino (Luxury)
76	Black Fabric and Vinyl
79	Palomino Fabric and Vinyl

1966	
22	Blue with Blue Trim
25	Red with Red Trim
26	Black with Black Trim
27	Aqua with Aqua Trim
32	Blue Bench
35	Red Bench
36	Black Bench
62	Blue and White (Luxury)
64	Emberglo and Parchment (Luxury)
65	Red (Luxury)
66	Black (Luxury)
67	Aqua and White (Luxury)
68	Ivy Gold and White (Luxury)
C2	Parchment with Blue Trim Bench
C3	Parchment with Burgundy Trim Bench
C4	Parchment with Emberglo Trim Bench
C6	Parchment with Black Trim Bench

Innenausstattung (Fortsetzung)

1966 (Fortsetzung)	
C7	Parchment with Aqua Trim Bench
C8	Parchment with Ivy Gold Trim Bench
C9	Parchment with Palomino Trim Bench
D2	Parchment with Blue Trim
D3	Parchment with Burgundy Trim
D4	Parchment with Emberglo Trim
D6	Parchment with Black Trim
D7	Parchment with Aqua Trim
D8	Parchment with Ivy Gold Trim
D9	Parchment with Palomino Trim
F2	Parchment with Blue Trim (Luxury)
F3	Parchment with Burgundy Trim (Luxury)
F4	Parchment with Emberglo Trim (Luxury)
F6	Parchment with Black Trim (Luxury)
F7	Parchment with Aqua Trim (Luxury)
F8	Parchment with Ivy Gold Trim (Luxury)
F9	Parchment with Palomino Trim (Luxury)

1967	
2A	Black Standard/Buckets
2B	Blue Standard/Buckets
2D	Red Standard/Buckets
2F	Saddle Standard/Buckets
2G	Ivy Gold Standard/Buckets
2K	Aqua Standard/Buckets
2V	Parchment Standard/Buckets
4A	Black Bench
4V	Parchment Bench
5A	Black Comfortweave (Luxury)
5V	Parchment Comfortweave (Luxury)
6A	Black Buckets (Luxury)
6B	Blue Buckets (Luxury)
6D	Red Buckets (Luxury)
6F	Saddle Buckets (Luxury)
6G	Ivy Gold Buckets (Luxury)
6K	Aqua Buckets (Luxury)
6O	Parchment Buckets (Luxury)
7A	Black Comfortweave Buckets
7V	Parchment Comfortweave Buckets

1968	
2A-6A*	Black Vinyl Buckets
2B-6B*	Blue Vinyl Buckets
2D-6D*	Red Vinyl Buckets
2F-6F*	Saddle Vinyl Buckets
2G-6G*	Ivy Gold Vinyl Buckets
2K-6K*	Aqua Vinyl Buckets
2V-6V*	Parchment Vinyl Buckets
2Y-6Y*	Nugget Gold Vinyl Buckets
7A-5A*	Black Comfortweave Buckets
7B-5B*	Blue Comfortweave Buckets
7D-5D*	Red Comfortweave Buckets
8A-9A*	Black Comfortweave Bench
8B-9B*	Blue Comfortweave Bench
8D-9D*	Red Comfortweave Bench
8V-9V*	Parchment Comfortweave Bench
50	Parchment Comfortweave Buckets

* In Kombination mit der „Special Decor Group"

1969	
1A	Black Cloth and Vinyl (Luxury)
1B	Blue Cloth and Vinyl (Luxury)
1G	Ivy Gold Cloth and Vinyl (Luxury)
1Y	Nugget Gold Cloth and Vinyl (Luxury)
2A	Black Vinyl Buckets
2B	Blue Vinyl Buckets
2D	Red Vinyl Buckets
2G	Ivy Gold Vinyl Buckets
2Y	Nugget Gold Vinyl Buckets
3A	Black Knitted Vinyl, Mach I
3D	Red Knitted Vinyl, Mach I
3W	White Knitted Vinyl, Mach I
4A-DA*	Black Comfortweave Hi Buckets
4D-DD*	Red Comfortweave Hi Buckets
DW	White Comfortweave Hi Buckets
5A	Black Comfortweave (Luxury)
5B	Blue Comfortweave (Luxury)
5D	Red Comfortweave (Luxury)
5G	Ivy Gold Comfortweave (Luxury)
5W	White Comfortweave (Luxury)
5Y	Nugget Gold Comfortweave (Luxury)
7A	Black Convertible Deluxe Buckets
7B	Blue Convertible Deluxe Buckets
7D	Red Convertible Deluxe Buckets
7G	Ivy Gold Convertible Deluxe Buckets
7W	White Convertible Deluxe Buckets
7Y	Nugget Gold Convertible Deluxe Buckets
8A-9A*	Black Comfortweave Bench
8B-9B*	Blue Comfortweave Bench
8D-9D*	Red Comfortweave Bench
8Y-9Y*	Nugget Gold Comfortweave Bench

* Special Interior Decor Group

1970	
3A	Black Knitted Vinyl Mach I
3B	Blue Knitted Vinyl Mach I
3E	Vermillion Knitted Vinyl Mach I
3F	Ginger Knitted Vinyl Mach I
3G	Ivy Knitted Vinyl Mach I
3W	White Knitted Vinyl Mach I
AA	Black Houndstooth Cloth and Vinyl
AB	Blue Houndstooth Cloth and Vinyl
AE	Vermillion Houndstooth Cloth and Vinyl
AF	Ginger Houndstooth Cloth and Vinyl
AG	Ivy Houndstooth Cloth and Vinyl
BA	Black Vinyl
BB	Blue Vinyl
BE	Vermillion Vinyl
BF	Ginger Vinyl
BG	Ivy Vinyl
BW	White Vinyl
CE	Vermillion Blazer Stripe Cloth
CF	Ginger Blazer Stripe Cloth
EA	Black Comfortweave Vinyl
EB	Blue Comfortweave Vinyl
EG	Ivy Comfortweave Vinyl
EW	White Comfortweave Vinyl
TA	Black Comfortweave Vinyl
TB	Blue Comfortweave Vinyl
TG	Ivy Comfortweave Vinyl
TW	White Comfortweave Vinyl
VE	Vermillion Blazer Stripe Cloth
VF	Ginger Blazer Stripe Cloth

Produktionsdatum

Modelljahr 1969 und früher: Die ersten beiden Ziffern zeigen den Tag des Produktionsmonats, der folgende Buchstabe den Monat selbst an.
Ab Modelljahr 1970: Das Produktionsdatum erscheint in der linken oberen Ecke des Typenschilds und nennt Monat und Jahr leichter verständlich (09/70 = September 1970).

Monat	Code 1. Jahr
Januar	A
Februar	B
März	C
April	D
Mai	E
Juni	F
Juli	G
August	H
September	J
Oktober	K
November	L
Dezember	M

Monat	Code 2. Jahr
Januar	N
Februar	P
März	Q
April	R
Mai	S
Juni	T
Juli	U
August	V
September	W
Oktober	X
November	Y
Dezember	Z

Auslieferungsbezirk (DSO)

11	Boston
12	Buffalo
13	New York
14	Pittsburgh
15	Newark
21	Atlanta
22	Charlotte
23	Philadelphia
24	Jacksonville
25	Richmond
26	Washington
31	Cincinnatti
32	Cleveland
33	Detroit

34	Indianapolis
35	Lansing
36	Louisville
41	Chicago
42	Fargo
43	Rockford
44	Twin Cities
45	Davenport
51	Denver
52	Des Moines
53	Kansas City
54	Omaha
55	St. Louis
61	Dallas

62	Houston
63	Memphis
64	New Orleans
65	Oklahoma City
71	Los Angeles
72	San Jose
73	Salt Lake City
74	Seattle
81	Ford of Canada
83	Government
84	Home Office Reserve
85	American Red Cross
89	Transportation Service
90-99	Export

Achsübersetzung

	1965	1966	1967	1968	1969	1970
1	3,00:1	3,00:1	3,00:1	2,75:1	2,50:1	
2		2,83:1	2,83:1	2,79:1	2,75:1	2,75:1
3	3,20:1	3,20:1	3,20:1		2,79:1	2,79:1
4	3,25:1	3,25:1	3,25:1	2,83:1	2,80:1	2,80:1
5	3,50:1	3,50:1	3,50:1	3,00:1	2,83:1	2,83:1
6	2,80:1	2,80:1	2,80:1	3,20:1	3,00:1	3,00:1
7	3,80:1			3,25:1	3,10:1	3,10:1
8	3,89:1	3,89:1		3,50:1	3,20:1	3,20:1
9	4,11:1			3,10:1	3,25:1	3,25:1
A	3,00:1*	3,00:1*	3,00:1*		3,50:1	3,50:1
B					3,07:1	3,07:1
C	3,20:1*	3,20:1*	3,20:1*		3,08:1	3,08:1
D	3,25:1*	3,25:1*	3,25:1*		3,91:1	
E	3,50:1*	3,50:1*	3,50:1*	3,00:1*	4,30:1	
F	2,80:1*	2,80:1*		3,20:1		2,33:1
G	3,80:1*			3,25:1*		
H	3,89:1*	3,89:1*		3,50:1*		
I	4,11:1*					
J					2,50:1*	
K					2,75:1*	2,75:1*
L		2,83:1*			2,79:1*	
M					2,80:1*	2,80:1*
N					2,83:1*	
O					3,00:1*	3,00:1*

* Sperrdifferenzial

Achsübersetzung (Fortsetzung)

	1965	1966	1967	1968	1969	1970
P					3,10:1*	
Q					3,20:1*	
R					3,25:1*	
S					3,50:1*	
T					3,07:1*	
U					3,08:1*	
V					3,91:1*	3,91:1*
W					4,30:1*	4,30:1*
X						2,33:1*

* Sperrdifferenzial

Getriebeart

	1965	1966	1967	1968	1969	1970
1	Dreigang-schaltgetriebe	Dreigang-schaltgetriebe	Dreigang-schaltgetriebe	Dreigang-schaltgetriebe	Dreigang-schaltgetriebe	Dreigang-schaltgetriebe
3			Dreigang-schaltgetriebe			
5	Viergang-schaltgetriebe	Viergang-schaltgetriebe	Viergang-schaltgetriebe	Viergang-schaltgetriebe	Viergang-schaltgetriebe	Viergang-schaltgetriebe
6	C-4 Automatik	C-4 Automatik			Viergang-schaltgetriebe*	Viergang-schaltgetriebe*
V			C-6 Automatik	C-6 Automatik	C-6 Automatik	C-6 Automatik
W			C-4 Automatik	C-4 Automatik	C-4 Automatik	C-4 Automatik
Y					FMX Automatik	FMX Automatik

* Eng abgestuftes Getriebe

Produktionsstätte

F	Dearborn, Michigan
R	San Jose, California
T	Metuchen, New Jersey

Motor-Code

	1965	1966	1967	1968	1969	1970
170 (I6)	V					
200 (I6)	T	T	T	T	T	T
250 (I6)					L	L
260 (V8)	F					
289 2V	C	C	C	C		
289 4V+	D					
289 4V	A	A	A			
289 HiPo	K	K	K			
302 2V					F	F
302 4V				J		
302 4V Boss					G	G
351 2V*					H	H
351 4V**					M	M
390 2V				Y		
390 4V			S	S	S	
427 4V				W		
428 4V				P		
428 4V CJ					O	O
428 4V SCJ					R	R
429 4V Boss					Z	Z

+ nur 1964½

* Cleveland oder Windsor

** Cleveland

Presenting the unexpected...
New Ford Mustang!
This is the car you never expected from Detroit. It is so distinctively beautiful it has received the Tiffany Award for Excellence in American Design, the first automobile ever to be so honored by Tiffany & Co. Mustang has the look, the fire, the flavor of one of the great European road cars. Yet it is as American as its name . . . and as practical as its price. Because Mustang is an amazingly versatile car and can be inexpensively tailored to the widest variety of individual tastes, many very different people will find it surprisingly easy to say: "This is the ideal car for me." Turn the page and you'll see why.

KIEL · EXPRESSVERSAND · PREETZER CHAUSSEE 33 · 24222 SCHWENTINENTAL · TEL. 0431-600 555 · FAX 600557
Querlenker/Achslenker
'65-'66
'67
'68-'73
Brems-
klötze
scheiben
sättel
Motortuning
Nockenwellenkit
Ansaugspinne
Vergaser
Edelbrock
Holley
Auspuff-
Fächerkrümmer
Töpfe
RAPTOR
SUPER 44 SERIES
DELTA FLOW MUFFLER
Anlagen
MAGNAFLOW
FLOWTECH
FLOWMASTER
Selbstbau
MIKE & FRANKS
US-EQUIPMENT
&MUCH MORE!
AUSPUFF SYSTEMBAU
Rohrmeterware, Rohrbogen,
X-,Y-Bogen, Reduzier- und
Verbindungsstücke, Flexrohr,
Endrohr, Halter / Schellen...
order online 24
info@mnf.de
BERLIN · Tel. 030-61410-02/-03 · ESSEN · Tel. 0201-285508 · FRANKFURT · Tel. 069-414571 · SALZBURG · Tel. +43(0)6215-20227
www.mnf.de

RED LINE MOTORS
high-performance-engineering · www.redlinemotors.de
LOCATION
ADOLF-KOLPING-STR. 43
67433 NEUSTADT/W.
PHONE +49 6321 16186
WWW.REDLINEMOTORS.DE
RED LINE MOTORS RESTAURIERT, OPTIMIERT UND WARTET US FAHRZEUGKLASSIKER.
SEIT 30 JAHREN SIND WIR DER MUSTANG + SHELBY SPEZIALIST IN DEUTSCHLAND!
REDLINE MOTORS
· Restauration klassischer Fahrzeuge
· Motorbau (Straße und Sport)
· Karosseriearbeiten
· US Teile und Fahrzeug Import
· TÜV und H-Kennzeichen Abwicklung
· Inspektion und Wartung von Klassikern
· Historische Rennwagen
· Drag Racing

CCI PARTS
CALIFORNIA CUBIC INCH
WWW.CCI-SHOP.DE
Von »A« wie Auspuff bis »Z« wie Zündkerze
Teile für Mustangs der Baujahre 1965 bis 1973
Wir haben über 50.000 Artikel im Angebot, davon 5.000 auf Lager. Wir können individuell auf Kundenwunsch jedes Ersatzteil besorgen. Testen Sie uns! Sie werden begeistert sein! Ihr Mustang auch!
info@californiacubicinch.de
Telefon: 0821 599647-81
Aichacher Straße 28
86316 Friedberg
FORD
MUSTANG

Classic Car
COMPANY EST. 2004
Hotline:
05221/1747944
Best Service
& Parts
Onlineshop
www.ClassicMustangParts.de

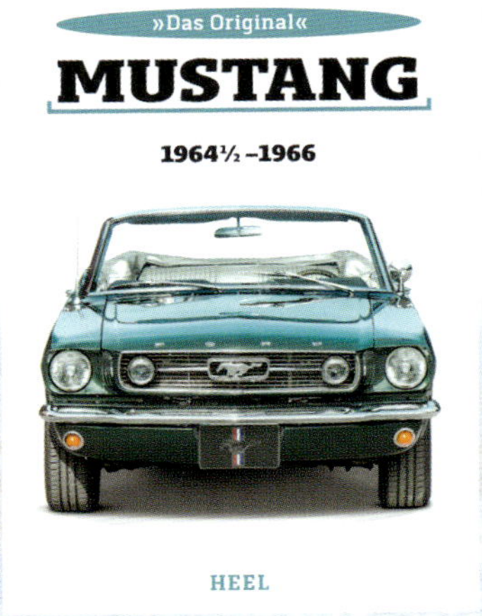

128 Seiten, viele farbige Abbildungen, 242 x 313 mm, geb. mit Schutzumschlag
ISBN: 978-3-95843-775-3
€ 39,95

176 Seiten, zahlreiche Abbildungen, 245 x 290 mm, Hardcover
ISBN: 978-3-95843-593-3
€ 29,95

632 Seiten, 1000 Abbildungen, Hardcover, 250 x 320 mm
ISBN: 978-3-95843-899-6
€ 24,99

64 Seiten, ca. 100 farbige Abbildungen, 148 x 210 mm, Paperback
ISBN: 978-3-86852-935-7
€ 12,–

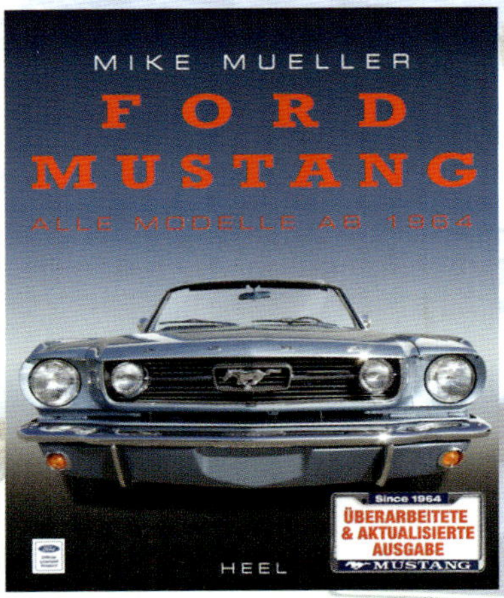

304 Seiten, gebunden mit Schutzumschlag, 252 x 310 mm
ISBN: 978-3-95843-358-8
€ 59,–

376 Seiten, ca. 500 Abbildungen, 250 x 250 mm, gebunden
ISBN: 978-3-86852-478-9
€ 29,95

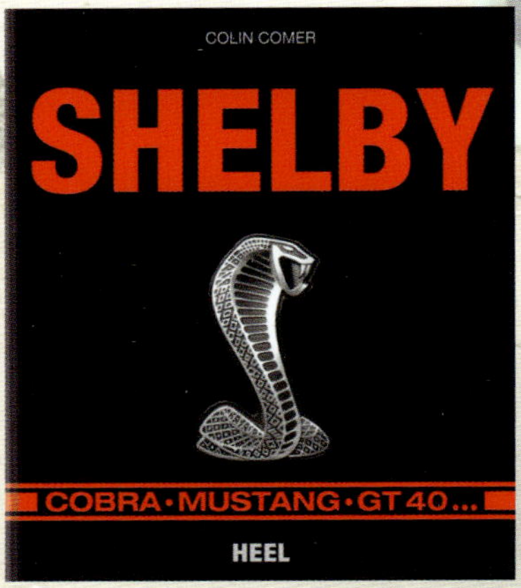

256 Seiten, ca. 350 größtenteils farbige Abbildungen, 245 x 280 mm, gebunden im Schmuckschuber
ISBN: 978-3-86852-810-7
€ 59,–

240 Seiten, ca. 350 farbige Abbildungen, 275 x 310 mm, geb. mit Schutzumschlag, mit Ausklapptafeln und vier Fotodrucken
ISBN: 978-3-86852-809-1
€ 49,95

240 Seiten, 350 Abbildungen, 215 x 275 mm, Hardcover
ISBN: 978-3-95843-898-9
€ 49,95